安徽省高等学校教学质量工程规划教材

新时代 高等学校计算机类专业教材

U0385529

计算机组成原理实用教程

第4版

王万生 彭雅琴 张露露 编著

清华大学出版社
北京

内 容 简 介

本书主要是针对普通院校计算机应用专业的学生编写的。全书共9章,第1章主要介绍计算机系统的组成、计算机的发展历史及计算机的应用;第2章主要讲解信息的数字化表示,重点讨论数值数据的原码、补码和反码表示方法,非数值数据的表示方法;第3章介绍运算器的作用及实现,重点讨论定点数的加法器、乘法器、除法器的设计方法;第4章介绍存储器工作原理与存储器体系结构,重点讨论半导体存储器和磁存储器的工作原理,存储器体系结构及解决的问题;第5章介绍计算机指令系统,重点讨论指令结构及寻址方式;第6章介绍CPU的组成和作用,重点介绍组合逻辑控制器和微程序控制器的实现;第7章介绍总线及总线互连结构;第8章介绍常用外设的作用与工作原理;第9章介绍输入输出系统,重点讨论中断与DMA工作方式。

本书提供思政教育素材,以及丰富的数字教学资源。

本书也适合计算机类各专业(计算机科学与技术、软件工程、网络工程)本科学生参考使用。

图书在版编目(CIP)数据

计算机组成原理实用教程/王万生,彭雅琴,张露露编著. —4版. —北京:清华大学出版社,2024.1(2024.7重印)

新时代高等学校计算机类专业教材

ISBN 978-7-302-65476-6

Ⅰ.①计…　Ⅱ.①王…　②彭…　③张…　Ⅲ.①计算机组成原理－高等学校－教材　Ⅳ.①TP301

中国国家版本馆 CIP 数据核字(2024)第 019941 号

责任编辑:袁勤勇
封面设计:常雪影
责任校对:郝美丽
责任印制:宋　林

出版发行:清华大学出版社
　　网　　址:https://www.tup.com.cn,https://www.wqxuetang.com
　　地　　址:北京清华大学学研大厦 A 座　　　　邮　　编:100084
　　社 总 机:010-83470000　　　　　　　　　　邮　　购:010-62786544
　　投稿与读者服务:010-62776969,c-service@tup.tsinghua.edu.cn
　　质量反馈:010-62772015,zhiliang@tup.tsinghua.edu.cn
　　课件下载:https://www.tup.com.cn,010-83470236
印 装 者:三河市龙大印装有限公司
经　　销:全国新华书店
开　　本:185mm×260mm　　　印　　张:17.25　　　字　　数:422千字
版　　次:2006年10月第1版　　2024年2月第4版　　印　　次:2024年7月第2次印刷
定　　价:58.00元

产品编号:096217-01

前言 FOREWORD

计算机组成原理课
程讲解的主要内容

一本好的教材必须经过时间的检验,并被广大读者认可。它不仅内容体系完整,也能根据新技术的发展不断进行内容更新,更重要的要能起到"培根铸魂、启智增慧"的作用。

《计算机组成原理实用教程》自 2006 年 10 月首版以来,累计发行 4 万余册,100 多所院校采用本书作为"计算机组成原理"课程教材。本次修订力求突出以下几点。

(1) 增加课程思政元素,以数字媒体形式提供大量的课程思政和党的二十大精神内涵教育素材。

(2) 为方便读者阅读和理解,每章都增加了知识思维导图,以提高学习效率。在确保内容完整性的基础上,兼顾希望通过考研获得进一步深造的同学的需求,内容的安排上覆盖了"408 课程"考研大纲对"计算机组成原理"课程所有知识点的要求。

(3) 提供为教材配套的微视频教学资源。这些视频资源及与教材配套的其他教学资源在 2021 年中国计算机教育大会上被教育部高等学校计算机类专业教学指导委员会、全国高等学校计算机教学与产业实践资源建设专家委员会、清华大学出版社评为计算机类教学资源建设优秀课程配套资源"特等奖"。

(4) 教材的编写思想是将复杂的问题简单化,突出对学生的逻辑思维能力的训练和培养,引导学生用简单的思路、现成的方法和工具去解决复杂的工程问题。为了能使学生更好地理解和掌握各章节所学的内容,结合每章的重点和难点知识,增加了大量例题,并对例题中的问题进行详细分析,方便学生课后复习。

(5) 更新了每章的习题,使习题的内容更贴近教材的内容。通过习题练习,学生可以加深对课堂教学内容的理解和巩固。

与教材配套的"计算机组成原理"课程网络资源被超星集团收录为示范教学包,被众多的兄弟学校选用。

本教材被列为安徽省 2021 一流教材建设项目。

第 4 版中作者增加了张露露,张露露除负责对全书内容进行审核和校对外,重点负责与教材配套的网络资源建设。

　　在第4版的编写过程中，秦锋教授提出了许多宝贵建议，在此表示感谢！封面图片由摄影记者储灿林提供，在此表示感谢！

　　因水平所限，书中的错误和不足之处在所难免，希望读者和同行专家批评指正。

作　者

2024 年 1 月

目录

Contents

第1章

计算机系统概论

本章详细内容参见图 1-0。

图 1-0　知识点思维图

课程思政
材料

自 1946 年 2 月 15 日第一台计算机 ENIAC（Electronic Numerical Integrator and Computer，电子数字积分计算机）诞生以来，计算机技术发生了翻天覆地的变化，计算机在各个领域得到了广泛的应用，特别是随着移动互联网的高速发展，可以说计算机已经深入我们生活的每个角落。那么，究竟什么是计算机？一个完整的计算机系统由哪些部分组成？各部分的作用是什么？计算机是如何工作的？本书将给出这些问题的答案。

本章主要讨论以下问题：

（1）什么是计算机？发明计算机的最初目的是什么？

（2）一个完整的计算机硬件系统应该包括哪些功能部件？各功能部件的主要作用是什么？这些功能部件是如何相互连接协调工作的？

课程内容
介绍视频

（3）计算机软件有什么作用？软件是如何驱动硬件工作的？

（4）计算机的发展历史及计算机在不同领域的主要应用。

（5）冯·诺依曼计算机体系结构的特点及计算机发展需要突破的方向。

（6）计算机主要性能指标。

视频：计算
机定义及发
展历史

1.1　计算机的发展状况

1.1.1　计算机的定义

为了将人从复杂的计算事务中解脱出来，各国科学家迫切希望能有一个高速、自动、准确的计算工具代替手工计算。很多科学家都对此进行了研究，其中最突出的是美国科学家阿塔纳索夫（Atanasoff）教授和他的学生贝里（Berry），莫克利（J. W. Mauchly）教授和他的学生艾克特（J. P. Eckert），冯·诺依曼（John von Neumann）教授等。他们最终成功地研制出具有实用价值的计算机 ABC（Atanasoff-Berry Computer）和 ENIAC。

定义：电子计算机是一种能够存储程序、自动连续地执行程序，对各种数字信息进行算术运算和逻辑运算的快速电子工具。

计算机就是一个电子计算工具。发明计算机的人的最初目的就是将人从繁重、复杂的计算活动中解脱出来。这个计算工具不同于我们中国的算盘，它具有自动、连续、高速、准确等特点。为了实现自动连续的计算，必须根据计算步骤来编写操作流程，然后存储该操作流程，并根据操作流程自动完成计算。

因此，用计算机解决问题，必须根据一定的算法编写程序，并以文件的形式存储程序，然后通过执行程序完成对信息的处理和加工。程序是实现一定算法的指令集合，指令是指挥计算机硬件完成某一功能的命令。通常，普通用户使用计算机实际上就是按照文件名运行一个具体程序，然后计算机将运行的结果通过输出设备告诉用户。

1.1.2　计算机的发展

世界上第一台计算机由美国宾夕法尼亚大学莫尔学院电机系莫克利教授和他的学生艾克特及同事共同研制，取名 ENIAC。它采用十进制运算，共使用 18 000 多个电子管、1500 个继电器,运行时耗电 150kW,占地面积约 140m^2,重 30t,每秒可以完成 5000 多次加法运算和 50 次乘法运算,可以进行平方和立方运算以及 sin 和 cos 函数运算。ENIAC 从诞生到 1955 年 10 月 2 日,10 年间共运行了 80 223h。

计算机的发展史常以器件来划分(不要和微处理器的发展混淆)。通常可以划分为以下几个时代。

1. 第一代电子计算机

第一代计算机为电子管计算机(1946—1957)。它是将电子管和继电器存储器用绝缘导线互连在一起,组成单个 CPU,CPU 用程序计数器和累加器完成定点运算,采用机器语言或汇编语言,CPU 用程序控制 I/O 设备。此时,软件一词尚未出现。其特点是体积大,速度慢(10^4 次/s,即每秒钟运算次数为 10^4,下同),功耗大,存储器容量小。典型产品有 ENIAC、IAS 和 IBM701。

2. 第二代电子计算机

第二代计算机为晶体管计算机(1958—1964)。它采用晶体管组成更复杂的算术逻辑部件和控制单元,存储器由磁芯构成,实现了浮点运算,并且提出了变址、中断、I/O 处理等新概念。软件得到了相应发展,出现了高级语言编程,为计算机提供了系统软件。其特点是比第一代计算机体积小,速度快(10^5 次/s),功耗低,可靠性高。典型产品有 IBM7094、CDC1604、PDP-1 计算机。

3. 第三代电子计算机

第三代计算机为中小规模集成电路计算机(1965—1971)。单个封装的晶体管称分立元件。分立元件分开制造,封装在自己的容器中,然后再焊接到电路板上。第三代早期计算机大约包含 10 000 个晶体管,后来达数十万个。集成电路制造技术是利用光刻技术把晶体管、电阻、电容等构成的单个电路制作在一块芯片上。使用集成电路制造的电子计算机称为集成电路计算机。这期间,因受半导体制造技术的限制,集成电路的规模较小,通常称为小规模集成电路(Small Scale Integrated Circuits,SSIC)或中规模集成电路(Middle Scale Integrated Circuits,MSIC)。其主要特点是开始采用微程序控制、流水线、高速缓存、虚拟存储器、先行处理技术等,软件采用多道程序设计和分时操作系统。典型产品有 IBM 公司的 System/386 和 DEC 公司的 PDP-8 等。

4. 第四代电子计算机

第四代计算机为大规模、超大规模、极大规模、甚大规模集成电路计算机(1972 年至今)。随着大规模集成电路与微处理技术的长足进步,大规模集成电路(Large Scale Integrated Circuits,LSIC)、超大规模集成电路(Super Large Scale Integrated Circuits,SLSIC)、极大规模集成电路(Ultra Large Scale Integrated Circuits,ULSIC)和甚大规模集成电路(Very Large Scale Integrated Circuits,VLSIC)成为计算机的主要部件,计算机的运行速度越来越快。并行处理技术的研究与应用以及众多巨型机的产生是这个阶段的一大特点。另一个特点就是计算机网络的发展及广泛应用，20 世纪 90 年代计算机与通信技术的高速发展与密切结合，掀起了网络热。大量计算机通过互联网相连，大大扩展和加速了信息的流通，增强了社会的协调与合作能力，使计算机的应用方式由个人计算方式向分布式和群集式计算发展，计算机不再是单纯的电子计算工具，还是媒体传输的终端设备。另外，随着后 PC 时代的到来，消费电子、计算机、通信（consumption、computer、communications，3C）一体化趋势日趋明显，数字化社会的发展使嵌入式系统（embedded system）日益受到市场和厂家的关注，嵌入式设备越来越普及。特别是移动互联网的高速发展，使计算机成为人们日常工作和生活不可或缺的必需品。同时，软件技术也得到了极大发展，高级程序编程、网络操作系统、个人计算机操作系统、网络数据库技术都得到了极大发展。多进程和多线程编程以及软件工程越来越受到人们的重视。

除了主要器件采用 VLSIC 这一显著特点外，微处理器技术的发展也是计算机发展史上的里程碑式事件，从 1971 年 Intel 公司的 4 位微处理器 4004 到现在的 64 位多核处理器 i7、i5、i3，计算机应用也从大型实验室和研究部门走进了家庭。

5. 新一代计算机

目前，计算机技术仍然使用硅材料组成的半导体器件，计算机的基本结构仍然遵循冯·诺依曼体系结构（指令驱动的串行计算机，对现实世界中的大量并行处理具有先天不足）。新一代计算机正寻求速度更快、功能更强的全新元器件，如神经元、生物芯片、超导材料、量子芯片等。计算机的基本结构试图突破冯·诺依曼结构体系，采用自然语言为计算机的逻辑推理语言，使计算机具有更多的智能，如深蓝（Deep Blue）和阿尔法狗（AlphaGo）等。

1.1.3 微处理器的发展

在计算机发展过程中，有两项技术对计算机发展起了重要作用：微处理器技术和半导体存储器技术。早期存储器采用的是铁磁环，1970 年仙童（Fairchild）公司利用集成电路技术生产出第一个半导体存储器芯片（256 位二进制信息），从此开创了半导体存储器技术发展的新天地。从 1970 年开始，随着微电子技术的发展，半导体存储容量越来越大，速度越来越快，价格也越来越便宜，这为运行大规模软件提供了物质基础。另外，微处理器技术的发展使计算机的功能越来越强，速度越来越快。表 1-1 是 Intel 公司早期 CPU（Central Processing Unit，中央处理单元）的主要性能表。

表 1-1　Intel 公司早期主要 CPU 的性能表

年代	芯片名	集成度（晶体管）	主频时钟/MHz	线宽/μm	数据总线/位	地址总线/位
1971	4004	2000	2	2	4	
1974	8080	8000	4	1.5	8	20
1978	8086	3 万	5～8	1.5	16	20
1984	80286	13 万	10	1～1.5	16	24

续表

年代	芯片名	集成度（晶体管）	主频时钟/MHz	线宽/μm	数据总线/位	地址总线/位
1985	80386	27 万	33	1～1.5	32	32
1989	80486	100 万	35～40	1	32	32
1993	Pentium 586	300 万	60～150	0.6	64（32 位处理器）	32
1995	Pentium Pro	550 万	150～200	0.6	64（32 位处理器）	32
1997	Pentium Ⅱ	750 万	300～450	0.35	64（32 位处理器）	32
1999	Pentium Ⅲ	800 万	600～1000	0.25	64（32 位处理器）	32
2000	Pentium 4	1000 万	1400	0.18	64（32 位处理器）	32

随后，Intel 公司于 2005 年推出双核 CPU Pentium D，2006 年推出双核 CPU Core 2，2011 年推出了 Core i3、Core i5、Core i7 多核 CPU，2022 年推出了第 13 代 Core 多核 CPU。目前，CPU 的主频已达到 6GHz，线宽也突破了 8nm。64 位四核、八核 CPU 也已商业化。

1.2　计算机系统的组成

视频:计算机系统组成＋硬件系统

一个完整的计算机系统包括硬件和软件两部分。图 1-1 所示为计算机系统的组成。

图 1-1　计算机系统的组成

- 硬件部分：构成计算机的所有物理部件的集合，是能看得见摸得着的物理实体，如 CPU、内存、硬盘、主板、显示器、键盘、鼠标、机箱和电源等。硬件是计算机系统的物质基础。
- 软件部分：为运行、维护、管理计算机以及使用计算机时所编制的所有程序的总和。软件必须在硬件的支持下才能运行。没有软件的计算机称为"裸机"。在计算机系统中软件的作用越来越重要。

硬件是计算机系统的物质基础，是计算机的躯体，软件是计算机的头脑和灵魂，只有将两者有效地结合起来，计算机系统才能有生命力。整个计算机系统的好坏，取决于软硬件功能的总和。

1.2.1　计算机硬件系统

为了告诉计算机做什么事、按什么步骤去做，需要事先编制程序（由计算机指令组成的序列），然后把编制好的程序和原始数据预先存入计算机的主存储器。计算机在工作时连续、自动、高速地从存储器中取出一条条指令并加以执行。存储程序的概念最早是由美籍匈牙利数学家冯•诺依曼教授于 1946 年提出的。其基本思想是：

（1）采用二进制形式表示数据和指令。

（2）采用存储程序的工作方式。

（3）由运算器、控制器、存储器、输入设备和输出设备五大功能部件组成计算机硬件系统，并规定了这五大部分的基本功能作用。

冯•诺依曼计算机的这种存储程序工作方式，称为指令（控制流）驱动方式，即按照指令的执行序列，依次读取指令，根据指令所含的控制信息，调用数据进行处理。这种计算机从根本上讲是采取串行顺序处理机制、逐条执行指令的单处理机结构体系。在现实世界中，对某一具体问题只要可以找出解决该问题的相应算法，就可以编制有效的计算程序，该问题就可以在计算机上解决。

半个多世纪以来，计算机技术发生了很大的变化，但计算机的基本组成仍然遵循冯•诺依曼计算机的体系结构。图 1-2 所示为计算机的硬件组成框图。

(a) 经典的冯·诺依曼计算机硬件结构图

(b) 以存储器为中心的计算机硬件结构图

图 1-2　计算机的硬件组成框图

由于经典的冯•诺依曼计算机硬件结构是以运算器为中心的，所有的输入、输出操作都要经过运算器，所以计算效率低下。现代计算机已采用图 1-2(b)所示以存储器为中心的结构。

1. 控制器

控制器(controller)是计算机的核心部件,它指挥计算机各部件自动、协调地工作,即控制计算机自动执行程序。控制器的核心部件是控制单元(control unit,CU),它产生计算机工作时需要的各种控制信号。除了控制单元外,控制器中还包括以下部件。

1) 程序计数器

程序计数器(program counter,PC)或指令指针(instruction pointer,IP)用来存放将要执行的下一条指令的地址,除非遇到转移指令,否则,CPU 每次从内存取出指令之后,总是自动地将 PC 值加上一个增量(该增量为当前所取指令占用的内存单元数)。程序计数器始终保持指向下一条要执行指令的地址,这就保证了程序自动连续地运行。

2) 指令寄存器

从内存中读出的指令存放在指令寄存器(instruction register,IR)中,然后由指令译码器进行译码。为了提高计算机的并行操作能力,现代计算机 CPU 中的指令寄存器数量已经不是一个而是一组。

3) 指令译码器和控制单元

指令译码器(instruction decode,ID)对指令寄存器中的指令进行译码,并将译码结果输送给控制单元。控制单元产生执行该指令的各种微操作命令序列,用于控制所有的被控对象,完成指令的功能。

2. 运算器

运算器(arithmetic unit)是用来加工和处理信息(算术运算和逻辑运算)的功能部件,主要由算术逻辑运算单元(arithmetic logic unit,ALU)和各种寄存器组成。

早期控制器和运算器是分开制造的,现在已经把它们集成在一个芯片上,这个芯片就是中央处理单元(central processing unit,CPU),如 Intel 公司 80x 系列的 8086/8088/80286/80386/80486/Pentium(80586)/Pentium Pro/Pentium Ⅱ/Pentium Ⅲ/Pentium 4/Core 系列等,AMD 公司的 Athlon 系列、Duron 系列等。

除此以外,CPU 中还包括标志寄存器(FLAG),用来指示指令执行结果的标志,常用标志包括结果是否为零标志、结果是否为负标志、结果是否产生进位标志、结果是否溢出标志等。有的 CPU 也称标志寄存器为程序状态字寄存器(program status word,PSW)。另外,CPU 中还包括暂存器(TEMP,用来保存运算时的中间结果)以及大量通用寄存器 Rn 等。

3. 主存储器

主存储器(main memory)又称内存,用来存放正在运行的程序和数据,主存可以与CPU 直接交换信息。将 CPU 和主存储器合在一起就是常说的主机。

4. 输入设备

输入设备(input device)的作用是以某种形式接收数据和指令,并将其转换成计算机可以识别的机器码,供计算机处理。常用的输入设备有键盘、鼠标、扫描仪等。

5. 输出设备

输出设备（output device）的作用是将计算机处理的结果转换为人们可以识别或其他计算机可以接收的形式。常用的输出设备有显示器、打印机等。输入设备和输出设备统称为外设。

五大功能部件通过总线连接在一起，就构成了计算机硬件系统。

1.2.2 PC 的基本结构

PC（personal computer）又称为个人计算机，主要面向个人和家庭用户。自 1981 年 IBM 公司推出第一台 PC 以来，不仅拓宽了计算机的应用领域，而且大大地促进了计算机的普及和发展。

下面是一台完整的 PC 所有硬件部分的实物图。

1. 主机

主机包括 CPU（控制器＋运算器）和存储器（主存＋辅存），如图 1-3 所示。

(a) CPU

(b) 硬盘和内存

图 1-3 CPU 和存储器

2. 输入输出设备

键盘、鼠标和显示器是 PC 不可缺少的输入输出设备，如图 1-4 所示。

3. 主板

CPU、主存、输入/输出（I/O）设备等部件之间需要相互通信，因此必须有将这些部件连接在一起的通路。连接各种部件通路的集合称为互连结构（interconnection structure）。多年来人们尝试过许多互连结构，至今为止最普遍采用的是总线结构，主板就是提供总线的载体。CPU 和主存就安装在主板的插槽（座）上，硬盘、光驱通过电缆线连接到主板的插槽上，主板上还集成了大量的标准接口（如 R-232 接口、USB 接口），供外部设备与计算机连接。不仅如此，主板还集成了与 CPU 相配套的外围电路控制芯片组，

图 1-4　输入输出设备(键盘、鼠标、显示器)

如总线控制器、DMA 控制器、中断控制器、I/O 接口电路等。随着电路集成化程度的提高,声卡、网卡甚至显卡都集成在主板上,如图 1-5 所示。

图 1-5　主板

4. 机箱和电源

将各功能部件安装在机箱内,配上计算机专用电源,再将键盘、鼠标、显示器等外部设备通过插头接入主板上对应的插座,就构成了一台完整的 PC。图 1-6 所示为机箱和电源。

图 1-6　机箱和电源

1.2.3　计算机软件系统

仅有硬件的计算机称为"裸机"，可以说是毫无用途的，只有配上相应的软件，计算机才能工作。软件是所有程序的总称。计算机刚问世时，并没有建立软件的概念，随着计算机的发展及应用范围的扩大，才逐渐形成了软件系统。计算机软件系统通常可以分为两大类：系统软件和应用软件。

1. 系统软件

系统软件主要用来管理整个计算机系统，监视服务，使系统资源得到合理调度，确保系统高效运行。系统软件主要包括操作系统、语言处理程序、标准程序库、服务性程序、数据库管理系统、网络软件等。

1）操作系统

操作系统是系统软件的核心，它的作用是管理计算机系统的各种软硬件资源，为用户使用计算机提供操作界面，方便用户使用。例如，Windows 98/2000/XP、Windows 7、Windows 10、UNIX、Linux、Android 以及苹果 iOS 等都是操作系统。

2）语言处理程序

语言处理程序是为翻译计算机各种语言而设置的一组程序。计算机只能识别由 0 和 1 组成的机器码。为了提高编程效率，程序设计人员往往采用高级语言或汇编语言编程，计算机在执行这些程序时必须先把它翻译成计算机可以识别的机器语言，语言处理程序就是承担这样的工作。常用的语言处理程序有汇编程序、编译程序和解释程序。

3）标准程序库

标准程序库是系统事先配置的一些通用的、优化的标准子程序，供用户编程时调用，以便提高用户的编程效率。

4）服务性程序

服务性程序（即工具软件）是为了帮助用户使用与维护计算机而编制的一类程序，一般指程序的输入与装配程序、编辑工具、调试工具、诊断程序以及可供调用的通用性应用软件（如文字处理软件、表格处理软件、图像处理软件）。由于操作系统发展趋势是将内核做得精炼紧凑，因此，这些服务性程序往往是操作系统可调用的文件，用户视需要选取或扩充，也可将它们视为操作系统可扩充的外壳。

5）数据库管理系统

数据库和数据库管理软件一起组成了数据库管理系统。

6）网络软件

负责对网络资源的管理和组织，实现连接在网络中的各计算机之间的通信。

2. 应用软件

应用软件是计算机用户在各自的应用领域中开发和使用的程序，是为用户使用计算机解决某一具体问题而编写的程序。

3. 软件的发展

早期的计算机只有机器语言,用户必须用 0、1 编码表示的机器语言编写程序,工作量大,容易出错,而且对程序员的要求很高,要求他们不仅对计算机的硬件和指令系统有正确和深入的理解,而且掌握熟练的编程技巧,只有少数专家才能达到此要求。为了方便记忆,将 0、1 序列表示的机器语言用一组符号(又称为助记符)表示,形成汇编语言。汇编语言程序的大部分语句是与机器指令一一对应的,汇编语言的语法、语义结构仍然和机器语言基本相同,与人的传统解题方法相差甚远。经过人们的努力,又研究出面向计算的高级语言,如 C、Python、Java 等。随着计算机语言的发展,对计算机系统资源的管理、方便用户对计算机的使用和操作也越来越得到重视,操作系统也开始得到迅速的发展。

软硬件技术的高速发展,使得技术更新换代周期越来越短,这在我们享受高技术成果的同时,也带来了严重的环境污染,大量被淘汰的电子产品的处理也给环境保护带来了压力。因此,我们要在尽可能地延长电子产品使用寿命的同时,对废弃的电子产品要做到合理回收,不乱扔乱丢,爱护环境人人有责。

1.3　计算机的应用

视频:计算机的主要应用

计算机之所以能得到迅速发展,源于它的广泛应用。目前,计算机的应用范围几乎涉及人类社会的各个领域:从国民经济各部门到个人家庭生活,从军事部门到民用部门,从科学教育到文化艺术,从生产领域到消费娱乐等。可以说,计算机已经无处不在。计算机的应用主要可以归纳为以下几方面。

1. 科学计算

在科学技术及工程设计中所遇到各种数学问题的计算,统称为科学技术计算。它是计算机应用最早的领域,也是应用得较广泛的领域。例如,数学、化学、原子能、天文学、地球物理学、生物学等基础科学的研究,以及航天飞行、飞机设计、桥梁设计、水力发电、地质勘探等方面的大量计算都要用到计算机。利用计算机进行科学计算,可以节省大量时间、人力和物力。例如,19 世纪中叶,数学上提出的地图着色的"四色定理"问题(画一张地图要使相邻的两国不出现同一种颜色,只要用 4 种颜色就够了)。由于运算量巨大长期得不到精确证明,成为一大世界难题。直到 1976 年,科学家才运用高速计算机,花费 1200h 完成了证明。其计算量相当于一个人日夜不停地计算十几万年。

2. 自动控制

自动控制是涉及面极广的一门学科,它是计算机根据给定的数据对生产过程实现自动化控制。工业、农业、科学技术、国防以至我们日常生活的各个领域都需要自动控制。特别是有了体积小、价格便宜、工作可靠的微型计算机和单片机后,自动控制就有了强有力的工具,自动控制进入了以计算机为主要控制设备的新阶段。例如,在食品厂,采用计算机进行自动配料、温度控制、产品的质量分析、成品的自动包装；在钢铁厂，采用计算机控制加料、控制炉温及冶炼时间；采用计算机控制的数控机床，可以对复杂的零件进行精细加工。

3. 数据处理

计算机不仅运用于数值计算，还大量运用于非数值计算领域，如文字、报表、图形图像和声音处理等，即数据处理。例如，银行的数据库系统、公安部门的人口和户籍管理系统等都是非数值计算。在企业，计算机广泛应用于财会统计与经营管理，如编制生产计划、统计报表、成本核算、销售分析、市场预测、利润预估、采购订货、库存管理、工资管理等。在气象领域，可用计算机对大量的气象数据进行处理分析，以便获得精确的天气预报。

4. 计算机辅助设计、计算机辅助制造和计算机辅助教学

计算机具有快速的数值计算能力、较强的数据处理及模拟能力。目前，在飞机、船舶、光学仪器、超大规模集成电路（VLSIC）等设计制造过程中，计算机辅助设计（computer aided design，CAD）、计算机辅助制造（computer aided manufacturing，CAM）占据着越来越重要的地位。随着网络技术的发展以及计算机所具有的交互性，计算机辅助教学（computer aided instruction，CAI）越来越受到人们的重视，它不再仅仅是对传统教学的补充，而且可以做到完全脱离传统的教学手段。

5. 人工智能

人类的许多脑力劳动，如证明数学定理、进行常识性推理、理解自然语言、诊断疾病、下棋游戏、破译密码等，都需要"智能"。人工智能（artificial intelligence，AI）是将人脑进行的演绎推理过程、规则和所采取的策略、技术等编成计算机的程序，在计算机中存储一些公理和推理规则，然后让机器去自动探索解题的方法，这种程序不同于计算机的一般应用程序，计算机本身可以通过学习不断完善"自己"的判断能力。主要应用方向包括以下几方面。

（1）模式识别。计算机对某些感兴趣的客体（如图像、文字等，统称为模式）进行定量或结构的描述，并自动地分配到一定的模式类别中去，如指纹识别、手写体的计算机输入系统。

（2）语言识别和语言翻译。语言识别是利用计算机对人的语言特征进行分析对比，找出所需要的重要信息，这些在情报部门都发挥了重要的作用。语言翻译是利用计算机将不同的语言进行互译，也是人工智能的一个重要研究领域。

（3）专家系统。指用计算机来模拟专家的行为并做出决策，而且还可以通过"再学习"提高决策的可靠性。

（4）机器人。使用计算机来模仿人的思维和逻辑推理的机器人是人工智能研究的又一成果。目前世界上有大量的工业机器人在生产线或各种有害环境中替代人工作业。

（5）虚拟现实。虚拟现实是利用计算机生成的一种模拟环境，通过多种传感设备使

用户"投入"该环境中实现用户与环境直接交互的目的,如赛车游戏、飞机驾驶模拟训练软件和战场作战模拟环境软件等。

6. 电子商务

凡是以电子形式在信息网上进行的商品交易活动和服务都可以归为电子商务。电子商务以其公平、快捷、方便、效率高、成本低、中间环节少、无国籍和全天候等优点在短短的几年内得到突飞猛进的发展。

视频:计算机的层次结构和性能指标

1.4　计算机系统的层次结构

1. 计算机系统的层次结构

现代计算机是一个很复杂的系统,由于软件、硬件的设计者和使用者都从不同的角度,以各种不同的语言来对待同一台计算机,因此,他们看到的计算机系统的属性和对计算机系统提出的要求也是不同的。计算机系统的层次结构(computer architecture,1960 年后引入到计算机领域)的概念就是针对这一要求提出的。但目前还没有一个统一的标准。比较一致的看法如图 1-7 所示。

图 1-7　计算机系统的结构层次

第 1 层是微程序设计层。它是一个实实在在的硬件层,是具体实现机器指定功能的中央控制部分。

第 2 层是传统机器语言层,也是硬件层,这层主要是微程序解释机器指令。

第 3 层是操作系统层,又称混合层,它由操作系统实现。这一层中的机器语言是传统的机器语言,如算术运算、逻辑运算;操作系统指令如打开文件、读写文件、关闭文件等。

第 4 层是汇编语言层,它给用户提供一种符号语言(汇编语言),由汇编语言执行和支持。通过汇编程序把指令翻译成机器语言。

第 5 层是高级语言层,它是面向问题的,主要是用户为解决某些具体问题编写的应用程序,由高级语言的编译程序支持和执行。

图 1-7 所示的每一层都得到下层的支持。

绝大部分普通的计算机用户通过操作系统提供的操作界面来执行应用程序，从而解决具体问题，他们不关心计算机内部是如何工作的，只关心程序执行的结果。因此，可以用图 1-8 所示的更简单的层次描述计算机层次结构。

计算机是电子计算工具。制造计算机时考虑的是如何提高计算机的性能，而使用计算机时考虑的则是如何使用计算机高效地解决具体问题。

2."计算机组成原理"课程研究的主要内容

"计算机组成原理"课程主要讨论传统的机器语言层和微程序设计层的组成及工作原理，也就是常说的计算机硬件。其主要内容包括控制器和运算器的组成和实现，各种不同存储器的存储原理，常用的输入输出设备的作用及工

图 1-8　简单层次结构

作原理，各主要功能部件之间的互连结构，计算机的工作过程，影响计算机性能指标的主要因素，提高计算机性能指标的方法等。

1.5　计算机的主要性能指标

一台计算机的性能如何，有多项技术指标来综合评价，不同用途的计算机强调的侧重点是不同的。以下介绍一些基本指标。

1. 机器字长

机器字长是指 CPU 一次能处理的二进制数据的位数。它决定着寄存器、运算部件、数据总线的位数。机器字长越长，表示数的范围越大，精度也越高，相应的硬件成本也越高，计算机字长有 8、16、32、64 位不等（通常是字节 8 位的 2^n 倍）。

2. 主频

CPU 工作的节拍是由计算机的主时钟控制的。主时钟不断产生固定频率的时钟脉冲，该固定频率就是 CPU 的主频。主频越高，CPU 的工作速度越快。

3. 存储容量

存储容量主要是指主存和辅存的存储容量，单位为字（word）或字节（byte）。以字为单位时，通常用字数（存储单元的个数）乘以字长表示容量，如 64K×32 表示 64K 个单元，每个单元字长为 32 位。以字节为单位时，通常用字节的数量表示，如 1024B。CPU 可以直接访问的存储器单元个数一般受地址线根数的限制，其关系为：n 根地址线可以访问 2^n 个存储单元，如 20 根地址线可直接访问的存储单元数为 1M 个。辅存容量一般用字节表示，容量大都是以 GB 为单位。各存储单位之间的关系为

$$Kilo \quad 1KB = 1024B = 2^{10}B$$

$$Mega \quad 1MB = 1024KB = 2^{20}B$$

$$Giga \quad 1GB = 1024MB = 2^{30}B$$

$$Tera \quad 1TB = 1024GB = 2^{40}B$$

$$Peta \quad 1PB = 1024TB = 2^{50}B$$

$$Exa \quad 1EB = 1024PB = 2^{60}B$$

$$Zetta \quad 1ZB = 1024EB = 2^{70}B$$

$$Yotta \quad 1YB = 1024ZB = 2^{80}B$$

目前,大多数硬盘(包括 U 盘)采用 1K＝1000 的进制关系(采用通信容量),而不是 1K＝1024 的进制关系。

4. 运算速度

一般采用单位时间内执行指令的平均条数或浮点运算次数作为运算速度指标。用每秒执行百万条指令(million instruction per second,MIPS)表示,或每秒完成百万次浮点运算次数(million floating-point operation per second,MFPOPS)表示,也有用执行一条指令所需要的时钟周期数(cycle per instruction,CPI)来衡量。计算机的运行速度与许多因素有关,如 CPU 的主频、执行的操作类型、主存的速度等。

5. 可靠性

可靠性是衡量计算机质量的一个重要指标,常用平均无故障时间(mean time between failures,MTBF)表示。平均无故障时间越长,表明计算机的质量越好。

6. 兼容性

兼容性(compatibility)一般是指同一个软件不加修改就可以在另一台计算机上运行。通常 CPU 厂家在推出新的 CPU 时都会考虑与原来的 CPU 保持指令的兼容,以便原来开发的程序都能在新计算机上直接运行。兼容性可保护用户的软件投资不受或少受损失。

第 1 章课堂练习 　　　　　　　第 1 章小结

习 题 1

一、选择题

1. 微型计算机的发展通常以_____为技术指标。

    A. 微处理器   B. 寄存器数目   C. 内存   D. 操作系统

2. 将有关数据加以分类、统计、分析，以取得有价值的信息，称为_____。

    A. 数据处理   B. 辅助设计   C. 实时控制   D. 数值计算

3. 计算机技术在半个世纪中虽有很大的进步，但至今其运行仍遵循科学家_____提出的基本原理。

    A. 爱因斯坦   B. 爱迪生   C. 牛顿   D. 冯·诺依曼

4. 冯·诺依曼计算机工作方式的基本特点是_____。

    A. 按地址访问并顺序执行指令   B. 堆栈操作

    C. 选择存储器地址   D. 按寄存器方式工作

5. 目前的 CPU 包括_____和 cache。

    A. 控制器、运算器   B. 控制器、逻辑运算器

    C. 控制器、算术运算器   D. 运算器、算术运算器

6. 下列描述中正确的是_____。

    A. 控制器能理解、解释并执行所有的指令并且可以存储结果

    B. 一台计算机硬件系统包括输入设备、输出设备、控制器、存储器及算术逻辑运算部件五个部件

    C. 所有的数据运算都在 CPU 的控制器中完成

    D. 以上答案都是正确的

7. 用于科学计算的计算机中，标志系统性能的主要参数是_____。

    A. 主频   B. 主存容量   C. MIPS   D. MFLOPS

8. 只有当程序要执行时，它才将源程序翻译成机器语言，并且一次只能读取、翻译并执行源程序中的一行语句，此程序为_____。

    A. 目标程序   B. 编辑程序   C. 解释程序   D. 汇编程序

9. 下列选项中，描述浮点数操作速度指标的_____。

    A. MIPS   B. CPI   C. IPC   D. MFLOPS

二、填空题

1. 数字式电子计算机的主要外部特性是_____、_____、_____、_____。

2. 世界上第一台数字式电子计算机诞生于_____年，取名为_____。

3. 第一代电子计算机逻辑部件主要由_____组装而成。第二代电子计算机逻辑部件主要由_____组装而成。第三代电子计算机逻辑部件主要由_____组装而成。第四代电子计算机逻辑部件主要由_____组装而成。

4. 当前计算机的发展方向包括_____、_____和_____等。

5. 电子计算机与传统计算工具的区别是_____。

6. 冯·诺依曼机器结构的主要思想是_____，_____，_____。

7. 冯·诺依曼机器结构由_____、_____、_____、_____和_____五大部分组成。

8. 中央处理器(CPU)由_____和_____两部分组成。

9. 计算机中的字长是指_____。

10. 运算器的主要部件是_____。

11. 控制器工作的实质是_____工作。

12. 存储器在计算机中的主要功能是存储_____和_____。

13. 计算机的兼容性是指_____。

14. 表示计算机硬件特性的主要性能指标有_____、_____、_____、_____、
_____。

15. 可由硬件直接识别和执行的语言是_____。

16. 与机器语言相比,汇编语言的特点是_____、_____。

17. 计算机系统的软硬件界面是_____。

18. 软硬件逻辑功能等效是指_____,在逻辑功能上是等价的。由硬件实现功能的特
点是_____、_____。由软件实现功能的特点是_____,但_____。

19. 计算机厂家在发展新机种时,遵循_____的原则。

20. 计算机的字长决定_____、_____和_____的位数。

三、解答题

1. 某计算机的主频为 1.2GHz,其指令分为 4 类,它们在基准程序中占比及 CPI 分别为:A
类指令占 50%,CPI=2;B 类指令占 20%,CPI=3;C 类指令占 10%,CPI=4;D 类指令
占 20%,CPI=5。求该计算机的 MIPS。

2. 假定基准程序 A 在某计算机上运行时间为 100s,其中 90s 为 CPU 时间,其余为 I/O
时间。若 CPU 速度提高 50%,I/O 速度不变,则运行基准程序 A 所耗费的时间是
多少?

3. 程序 A 在某计算机上执行时间为 20s。编译器优化后,A 执行的指令数减少到原来的
70%,而 CPI 增加到原来的 1.2 倍,则 A 程序在该计算机上执行的时间是多少?

第 2 章

计算机中信息的表示方法

本章详细内容参见图 2-0。

图 2-0　知识点思维图

　　计算机要对各种信息或数据进行处理,首先遇到的问题是必须将各种信息或数据以计算机可以识别的方式表示,并且以一定的形式存储在计算机中。现代计算机大都是以二进制表示数据的数字计算机。采用二进制,是因为二进制数只有0和1两个不同的数字符号,易于用物理器件实现,如晶体管的"截止/导通"、电容的"有电荷/无电荷"、平面的"有反射光/无反射光"。只要规定一个状态表示1、另一状态表示0即可。同时,二进制数的运算规则简单(0+0=0;1+0=1;0+1=1;1+1=0并向高位进1;0-0=0,1-1=0;1-0=1;0-1=1从高位借1;1×1=1;1×0=0;0×1=0;0×0=0),易于用电子元件实现。

　　本章主要讨论以下问题。

　　(1) 数据的分类。

　　(2) 不同进制数值数据之间的相互转换方法。

　　(3) 数值数据的符号如何用0和1表示成机器数。

　　(4) 原码、补码、反码的定义、求法、特点以及所表示的真值数的范围。

　　(5) 小数点的表示及定点数与浮点数的概念。

　　(6) 非数值数据(字符、文字、图形、图像、声音)的机器数表示方法。

课程思政
材料

2.1　概　　述

视频:概述

　　数据表示研究的是计算机硬件能够直接识别,可以被指令系统直接调用的数据类型。国际标准化组织(ISO)对数据和信息都进行了专门定义。数据的定义是:"数据是对事实、概念或指令的一种特殊表达形式,这种特殊表达形式可以用人工的方式或自动化装置进行通信、翻译转换或者进行加工处理。"根据定义,数字、文字、符号、图形、图像、声音都包括在数据范畴中。数据的概念要比人们日常生活中理解的"可以比较其大小的数值"要广泛得多。图2-1列出了数据的类型。信息的定义是:"信息是对人有用的数据,是能影响人们的行为和决策的数据。"计算机对信息进行处理,实质上是由计算机对数据进行加工处理得到对人类有用的信息的过程,不同的部门根据得到的信息产生的决策和行动也往往不同。在很多场合,数据和信息往往并不严格加以区别。

　　将数据通过编码以0和1的形式表示成的计算机可以识别的数称为机器数(或机器码),同一个数据采用不同的编码方式所对应的机器数是不同的,不同的信息可以采用不同的编码方法。为了对数据进行有效的处理,数据编码应遵循以下原则。

　　(1) 唯一性:每一个代码只能唯一表示一个数据。

　　(2) 合理性:代码结构要与分类体系相适应,尽量反映编码对象的特征。

　　(3) 简单性:代码简单可以减少差错,容易理解,容易记忆。

　　(4) 规范性:代码应与已有的国际或国家标准一致。

　　(5) 可扩充性:应留有一定的后备容量,适应可能出

图 2-1　数据类型

现的增加。

（6）处理简单：处理简单会降低运算器设计的难度。

对数据的处理主要涉及对数值数据的算术运算（加、减、乘、除）和非数值数据的逻辑运算（与、或、非、移位等）。采用不同编码表示的机器数，其运算的复杂程度是不同的，对运算器的硬件实现也存在很大的差异，这就是进行运算方法研究的目的。也就是说，数据的表示方法、运算方法与运算器的实现密不可分，好的编码方法和高效的运算方法可以大大简化运算器的设计成本和设计周期。

2.2 数值数据的机内表示方法

视频：数值
数据信息的
机内表示
方法

2.2.1 数值数据在机内的表示

数值数据是计算机进行算术运算所使用的操作数，它有大小，可以在数轴上表示出来。数值数据又分有符号数和无符号数，无符号数常用来表示存储单元的物理地址，或不会出现负值的数据，如人的年龄。数值数据有 3 个基本的要素：进位记数制、小数点的表示、符号的表示。

在计算机中，数值数据用二进制表示。

2.2.2 进位记数制及相互转换

1. 进位记数制

按照一定的进位方法进行记数的数制称为进位记数制，简称进制。通常在进行加法运算时逢几进一就称为几进制，如加法运算逢十进一就称为十进制，也可以理解为按照选用基本数码的个数来命名，如十进制，基本数码的个数是 10 个（0～9）。在日常生活中，人们习惯使用的进制是十进制（decimal），但在计算机内部采用的进制却是二进制（binary）。由于用二进制表示的数的位数长，书写不便，因此为了便于书写，常采用八进制（octal）和十六进制（hexadecimal）作为中间进制。要将一个数表示成计算机可以识别的二进制数，首先必须将各种不同进制的数转换成二进制数。一个任意进制数 S 可以表示为

$$S = \sum_{-m}^{n} K_i \times R^i, \quad K_i = \{0, 1, 2, \cdots, R-1\}$$

（1）基数。

进制是以表示数值可以选用基本数码的个数来命名的，允许选用的基本数码的个数称为基数，用 R 表示。

（2）权。

在进位记数制中，同一个数码处在数的不同位置上，它所代表的数值的大小是不同的。每一个数位被赋予 R^i 的数值称为位权，简称权。例如，十进制 333，个位上的 3 代表 3，它的权为 10^0；十位上的 3 代表 30，它的权为 10^1；百位上的 3 代表 300，它的权为 10^2。

（3）进位记数制的按权展开式。

在进位记数制中，每个数位的数值等于该位数码与该位的权 R^i 相乘，即 $K_i \times R^i$。各种进位制的数都可以写成按权展开的多项式和的形式，一个以 R 为基数的数 S 可表示为

$$S = \sum_{-m}^{n} K_i \times R^i$$

$$= K_n \times R^n + K_{n-1} \times R^{n-1} + \cdots + K_1 \times R^1 + K_0 \times R^0 + K_{-1} \times R^{-1} +$$
$$\quad K_{-2} \times R^{-2} + \cdots + K_{-m} \times R^{-m}$$

$$= S_1.S_0$$

其中

$$S_1 = K_n \times R^n + K_{n-1} \times R^{n-1} + \cdots + K_1 \times R^1 + K_0 \times R^0 \quad （S 的整数部分）$$
$$S_0 = K_{-1} \times R^{-1} + K_{-2} \times R^{-2} + \cdots + K_{-m} \times R^{-m} \quad\quad （S 的小数部分）$$

2. 进位记数制之间的相互转换

1）二进制数、八进制数和十六进制数转换成十进制数

二进制、八进制和十六进制数转换成十进制数常用的方法是“按权展开转换法”，具体做法是二进制、八进制和十六进制数按照权展开，然后再按照十进制求和（也就是逢十进一），所得结果就是十进制数。

【例 2-1】 将二进制数 1100.11 转换成十进制。

$$(1100.11)_2 = 2^3 + 2^2 + 2^{-1} + 2^{-2} = 8 + 4 + 0.5 + 0.25 = (12.75)_{10}$$

【例 2-2】 将八进制数 266.2 转换成十进制。

$$(266.2)_8 = 2 \times 8^2 + 6 \times 8^1 + 6 \times 8^0 + 2 \times 8^{-1} = 128 + 48 + 6 + 0.25 = (182.25)_{10}$$

【例 2-3】 将十六进制数 0A3.4 转换成十进制。

$$(0A3.4)_{16} = 10 \times 16^1 + 3 \times 16^0 + 4 \times 16^{-1} = 160 + 3 + 0.25 = (163.25)_{10}$$

2）十进制数转换成二进制数

十进制数转换成二进制数分整数部分和小数部分分别进行转换。

（1）十进制整数转换成二进制整数。常用两种方法：减权定位法和除二取余法。

① 减权定位法。从高位起依次与二进制各位的权 2^i 进行比较，若够减，则 $K_i = 1$，减去权值 2^i 后再往下比较。若不够减则 $K_i = 0$，继续与下一位的权 2^{i-1} 比较，直到所有二进制位的权都比较完毕为止。

【例 2-4】 将十进制数 205 转换成二进制形式。

由于 $256 > 205 > 128$ 即 $2^8 > 205 > 2^7$，所以从权值 $128 = 2^7$ 开始比较：

$$205 - 128 = 77, \quad 所以 \quad K_7 = 1 \quad (128 > 77 > 64 = 2^6)$$
$$77 - 64 = 13, \quad 所以 \quad K_6 = 1 \quad (16 > 13 > 8 = 2^3)$$
$$13 - 8 = 5, \quad 所以 \quad K_3 = 1 \quad (8 > 5 > 4 = 2^2)$$
$$5 - 4 = 1, \quad 所以 \quad K_2 = 1 \quad (2 > 1 \geqslant 1 = 2^0)$$
$$1 - 1 = 0, \quad 所以 \quad K_0 = 1$$

所以$(205)_{10}=(11001101)_2$。

② 除二取余法。假设十进制整数 S 可以表示成二进制 $S=K_n\times2^n+K_{n-1}\times2^{n-1}+\cdots+K_1\times2^1+K_0\times2^0$，则等式两边同时除以 2 得 $S/2=(K_n\times2^n+K_{n-1}\times2^{n-1}+\cdots+K_1\times2^1+K_0)/2=(K_n\times2^{n-1}+K_{n-1}\times2^{n-2}+\cdots+K_1\times2^0)+K_0/2=$ 商$[$整数部分$]\cdots[$余数部分$]$。得到余数 K_0，再将所得的商除以 2，得到新的商和新的余数 K_1，不断循环直到商为 0。

把十进制整数连续除以 2，依次取得余数，直到商为零，依次得出的余数即是该数的二进制形式从低位到高位各数位的系数 $K_0,K_1,\cdots,K_n$。

【例 2-5】　将十进制数 61 转换成二进制形式。

$$
\begin{array}{r|l}
2 & 61 \\
2 & 30 \cdots K_0=1 \\
2 & 15 \cdots K_1=0 \\
2 & 7 \cdots K_2=1 \\
2 & 3 \cdots K_3=1 \\
2 & 1 \cdots K_4=1 \\
2 & 0 \cdots K_5=1 \\
\end{array}
$$

得$(61)_{10}=(111101)_2$。

从上述两种方法中可以看到，减权定位法直观，但各步操作不统一，不易于用机器实现，适于手算；除二取余法每步都重复执行除以 2 取余，操作统一，便于机器实现。

（2）十进制小数转换成二进制小数。常用两种方法：减权定位法和乘二取整法。

① 减权定位法。二进制小数各位的权依次是 $2^{-1},2^{-2},2^{-3},\cdots$转换从减 0.5 开始，够减则 $K_{-i}=1$，不够减则 $K_{-i}=0$，直至差为 0 或已经得到希望的位数为止。若无法得到差为 0，则可按小数点后取多少位或按机器字长决定取数的位数。

【例 2-6】　将十进制数 0.8125 转换成二进制形式。

$$1>0.8125>0.5(2^{-1}) \qquad 0.8125-0.5=0.3125 \qquad K_{-1}=1$$
$$0.5>0.3125>0.25(2^{-2}) \qquad 0.3125-0.25=0.0625 \qquad K_{-2}=1$$
$$0.125>0.0625\geqslant0.0625(2^{-4}) \qquad 0.0625-0.0625=0 \qquad K_{-4}=1$$

故$(0.8125)_{10}=(0.1101)_2$。

② 乘二取整法。假设十进制小数 S 可以表示成二进制 $S=K_{-1}\times2^{-1}+K_{-2}\times2^{-2}+\cdots+K_{-m}\times2^{-m}$，则等式两边同时乘以 2，得 $2S=2(K_{-1}\times2^{-1}+K_{-2}\times2^{-2}+\cdots+K_{-m}\times2^{-m})=K_{-1}+(K_{-2}\times2^{-1}+\cdots+K_{-m}\times2^{-m+1})$，得到整数 K_{-1}。将剩下的积的小数部分（上式括号中部分）继续乘以 2，直到小数部分为 0 或已经得到希望的位数为止。依次得出乘积 2^i 的整数部分序列就是二进制小数从高位到低位各数位上的系数 K_{-1},K_{-2}，$K_{-3},\cdots,K_{-m}$。

【例 2-7】　将十进制数 0.8125 转换成二进制形式。

$$0.8125 \times 2 = 1.625 \quad K_{-1} = 1$$
$$0.625 \times 2 = 1.25 \quad K_{-2} = 1$$
$$0.25 \times 2 = 0.5 \quad K_{-3} = 0$$
$$0.5 \times 2 = 1.0 \quad K_{-4} = 1$$

故 $(0.8125)_{10} = (0.1101)_2$。

在转换过程中，可能乘积的小数部分总是得不到 0，即转换得到的希望的位数后（受到机器字长的限制）还有余数，这种情况下得到转换结果只能是近似值。

（3）十进制实数转换成二进制实数。十进制实数既有整数部分，又有小数部分，其转换方法是将整数部分和小数部分分别转换，然后将这两部分拼起来即可。

【例 2-8】　将十进制数 63.6875 转换成二进制数。

整数部分：$(63)_{10} = (111111)_2$

小数部分：$(0.6875)_{10} = (0.1011)_2$

所以 $(63.6875)_{10} = (111111.1011)_2$

3）二进制数转换成八进制数、十六进制数

因为八、十六进制的基数分别为 $8 = 2^3$ 和 $16 = 2^4$，所以二进制数转成八进制数和十六进制数时非常简单，三位二进制数对应一位八进制数，四位二进制数对应一位十六进制数。

（1）二进制数转换成八进制数。即从小数点的位置开始，整数部分向左、小数部分向右，每三位二进制数分为一组，对应一位八进制数，不足三位则补零，整数在高位补，小数在末位补。

【例 2-9】　将二进制数 10110101.1011 转换为八进制数。

$$(10110101.1011)_2 = (\underline{010}\ \underline{110}\ \underline{101}.\underline{101}\ \underline{100})_2 = (265.54)_8$$

（2）二进制数转换成十六进制数。方法与二进制数到八进制数转换方法类似，每四位二进制数对应一位十六进制数。

【例 2-10】　将二进制数 11110110101.10101 转换到十六进制数。

$$(11110110101.10101)_2 = (\underline{0111}\ \underline{1011}\ \underline{0101}.\underline{1010}\ \underline{1000})_2 = (7B5.A8)_{16}$$

4）八进制数、十六进制数转换成二进制数

（1）八进制数转换成二进制数。即每一位八进制数用相应的三位二进制数代替。其中整数中的最高位、小数部分的末位 0 可以省去不写。

【例 2-11】　将八进制数 $(75.26)_8$ 转换成二进制数。

$$(75.26)_8 = (\underline{111}\ \underline{101}.\underline{010}\ \underline{110})_2 = (111101.01011)_2$$

（2）十六进制数转换成二进制数。即每一位十六进制数用相应的四位二进制数代替。其中整数中的最高位、小数部分的末位 0 可以省去不写。

【例 2-12】　将十六进制数 $(48.A)_{16}$ 转换成二进制数。

$$(48.A)_{16} = (\underline{0100}\ \underline{1000}.\underline{1010})_2 = (1001000.101)_2$$

各进制数之间的转换可以用图 2-2 表示。

从例 2-12 可以看出，同一数值表示成不同进制形式时，基数 R 越大，数码越短，字码形式越多，分辨率越高。但是，到目前为止，计算机内部信息都采用二进制形式表示，这

图 2-2   数据进制之间相互转换示意图

主要因为：

① 二进制形式便于物理元件的实现。二进制数只有 0 和 1 两个数字，因此，可以用物理元件的两种稳定状态来表示。例如，晶体管的导通和截止，只要规定其中一个状态为 1，另一个状态就为 0，就可以表示二进制数了。要找到有 10 种稳定状态的物理元件表示十进制数是很困难的。

② 二进制运算规则简单。十进制数做乘法运算时，需用九九乘法表，而二进制乘法运算规则只有 4 个：

$$0 \times 0 = 0; \quad 0 \times 1 = 0; \quad 1 \times 0 = 0; \quad 1 \times 1 = 1$$

二进制数运算方法简单，实现运算的电路也相应简单了。

③ 可以用二进制数码 1、0 表示真、假逻辑量，可使计算机方便地进行逻辑运算。

二进制也有书写冗长、阅读不便的缺点，所以，人们在书写和表达时常用既能克服二进制缺点，又能与二进制直接转换的八进制或十六进制作为中间过渡进制。

2.2.3   数的符号表示

数值数据又可以分为有符号数和无符号数，无符号数常用来表示存储器单元的地址。由于计算机中只有 0 和 1 字符，所以符号也必须用 0 和 1 来表示，即数字化。

1. 无符号数和有符号数

- 机器数：将一个数连同符号一起数字化后在计算机中用二进制表示称为机器数。机器数通常有无符号数和有符号数两种形式。
- 无符号数：机器数的所有二进制位都用来表示数值，称为无符号数。一般在全部正数运算且不出现负值结果的场合可以省略符号位，使用无符号数表示，常用于表示地址。
- 有符号数：将数的符号也数字化的数（连同符号一起用二进制数表示的数）称为有符号数。通常用 0 表示＋号，1 表示－号，符号放在二进制数的最高位，称为符号位。
- 真值：因为符号在计算机中占据一位，机器数的形式值就不等于真正的数值，为了区别起见，把带符号位的机器数所对应的实际数值称为机器数的真值。

2. 有符号数的表示

在计算机中,有符号数的表示是将符号和数一起进行编码,常用的编码有原码、补码和反码。在这些编码中,通常用一位(一般是最高位)表示符号,剩余的位数表示数值部分的编码。

视频:符号的机内表示法之原码

1) 原码表示法

在原码表示法中,最高位为符号位,其余位为数的绝对值。

(1) 原码的定义(机器字长为 $n+1$,其中一位符号位)。

小数的原码:

$$[X]_{原}=\begin{cases}X, & 0\leqslant X<1 \\ 1+\mid X\mid=1-X, & -1<X\leqslant 0\end{cases}$$

整数的原码:

$$[X]_{原}=\begin{cases}X, & 0\leqslant X<2^n \\ 2^n+\mid X\mid=2^n-X, & -2^n<X\leqslant 0\end{cases}$$

(2) 原码的求法。原码表示直观,与真值的转换方便,只要将真值符号位的+用 0 表示,-用 1 表示,剩下的位数就是真值的绝对值。

用原码表示的机器数进行乘除运算比较方便,只要将数值部分直接乘除,符号位相异或就可以获得正确的结果。但是进行加减运算时,既要考虑数的绝对值大小又要考虑数的符号,比较麻烦。原码的另一个缺点是零的表示不是唯一的(假设机器字长为 4):

$$[+0]_{原}=0.000 \quad [-0]_{原}=1.000 \quad (小数)$$
$$[+0]_{原}=0000 \quad [-0]_{原}=1000 \quad (整数)$$

2) 补码表示法

为了克服原码表示法的上述两个缺点,引入了补码的概念,补码表示的数在进行加减运算时,符号位可以看成数值一起参加运算,只要不溢出(数的大小超过机器数表示的范围称溢出),结果都是正确的,从而简化了加减法运算规则,也简化了运算器的设计。

视频:补码、反码

(1) 模和同余的概念。

模:一个计量器的容量或一个计量单位称为模或模数,记作 M,如四位二进制数的模 $M=2^4=16$。

同余:设 a、b 两整数被同一正整数 M 去除而余数相同,则称 a、b 对 M 同余。记为 $a=b(\bmod M)$。

例如,$9/12=(12-3)/12=1+(-3)/12$ 即 9 和 -3 关于模 12 是同余的。具有同余关系的两个数具有互补关系,即 -3 的补码是 9。求一个负数的补码时,将模加上该负数即可。

(2) 补码的定义(机器字长为 $n+1$,其中一位符号位)。

小数的补码:

$$[X]_{补}=\begin{cases}X, & 0\leqslant X<1 \\ 2+X, & -1\leqslant X<0\end{cases}$$

整数的补码：

$$[X]_{补} = \begin{cases} X, & 0 \leqslant X < 2^n \\ 2^{(n+1)} + X, & -2^n \leqslant X < 0 \end{cases}$$

（3）求法。从补码的定义可以看出，正数的补码和原码相同，都等于真值。负数的补码可以用定义来求，也可以用更直观的方法来求，即将符号位用 1 表示，真值的数值位直接取反再在最低位加 1。

【例 2-13】　求 $X = -1100$ 的补码(机器字长为 5 位)。

$$[X]_{补} = 10011 + 1 = 10100$$

【例 2-14】　求 $X = -0.1100$ 的补码(机器字长为 5 位)。

$$[X]_{补} = 1.0011 + 0.0001 = 1.0100$$

补码求真值：正数的补码与原码相同，负数的补码除符号位外按位取反再在最低位加 1 得原码，然后由原码得真值。

【例 2-15】　求 $[X]_{补} = 10100$ 的真值。

符号位是 1，这是一个负数，除符号位外按位取反再在末位加 1 得到 X 的原码

$$[X]_{原} = 11011 + 1 = 11100$$

$$真值 X = -1100$$

（4）补码的表示范围(机器字长为 $n+1$ 位)。

小数：$-1 \leqslant X \leqslant 1 - 2^{-n}$

整数：$-2^n \leqslant X \leqslant 2^n - 1$

在补码的定义中负数的定义域扩大了一个数，且不再有负零。补码的零只有一种表示方法：

$$[0]_{补} = [-0]_{补} = [+0]_{补} = 0000$$

3）反码的表示法

反码一般用来作为原码求补码或补码求原码的工具，计算机中很少采用反码进行数的运算。反码定义如下所示。

小数的反码：

$$[X]_{反} = \begin{cases} X, & 0 \leqslant X < 1 \\ (2 - 2^{-n}) + X, & -1 < X \leqslant 0 \end{cases}$$

整数的反码：

$$[X]_{反} = \begin{cases} X, & 0 \leqslant X < 2^n \\ (2^{n+1} - 1) + X, & -2^n < X \leqslant 0 \end{cases}$$

根据定义，正数的反码和原码相同，负数的反码将符号位用 1 表示，数值位按位取反即可。反码的表示范围与原码的表示范围是相同的。

4）三种码的比较

（1）在原码、补码、反码表示中，最高位表示符号位，1 表示负数，0 表示正数。

（2）三种码的正数表示相同。负数的原码、补码和反码除符号位用 1 表示外，原码的数字部分是真值的数值部分，补码的数字部分是真值的数值"按位取反，末位加 1"，反码的数字部分是真值的数值"按位取反"。

（3）原码适合乘除运算，补码适合加减运算，在补码运算过程中符号位和数值位一起参加运算，只要不超过数的表示范围，结果都是正确的（见第3章）。

（4）原码和反码所能表示的数是关于0对称的，假设机器字长为$n+1$，整数$\pm(2^n-1)$，小数为$\pm(1-2^{-n})$。补码在负数上多一个最小负数，即整数-2^n，小数为-1。

（5）原码和反码有±0，而补码中0的表示是唯一的。

【例2-16】　机器字长为8位，含1位符号位，求$X=-8$的补码。

首先将十进制转换成二进制，$X=-8=(-1000)_2$，由于机器字长是8位，所以再补足位数达到机器字长8位的要求（补0的原则是不能改变数的大小，整数在符号后，有效数字前补0，小数在最末位后补0），$X=-8=(-1000)_2=(-0001000)_2$，最后根据负数的真值求补码的方法（符号位用1表示，数值位直接取反再在最低位加1）求出-8的补码，即$[-8]_{补}=11111000$。

2.2.4　数的小数点表示

在进行算术运算时，需要指出小数点的位置，在计算机中，小数点有两种表示方法：定点表示法和浮点表示法。

1. 定点表示法

定点表示法约定数据的小数点的位置固定不变，小数的小数点通常放在有效数字的前面符号的后面，整数的小数点就放在有效数字的末尾，这就形成了定点小数和定点整数。无论是整数还是小数，小数点都是以隐含的方式来表示，不占有效的数据位，这样做的目的是使字长一定的计算机，数的表示范围最大。

只有定点数据的计算机称为定点计算机。定点计算机只能表示纯小数或整数，所能表示的数的范围有限，尤其是定点小数，数的表示范围小于1，这在实际使用时很不方便，现代计算机大多采用浮点表示法。

假设机器字长为$n+1$位，其中有一位是符号位，三种不同的编码定点数的表示范围如下。

小数：

原码：$-(1-2^{-n})\leqslant X\leqslant 1-2^{-n}$

补码：$-1\leqslant X\leqslant 1-2^{-n}$

反码：$-(1-2^{-n})\leqslant X\leqslant 1-2^{-n}$

整数：

原码：$-(2^n-1)\leqslant X\leqslant 2^n-1$

补码：$-2^n\leqslant X\leqslant 2^n-1$

反码：$-(2^n-1)\leqslant X\leqslant 2^n-1$

2. 浮点表示法

频；浮点
表示

任意一个实数，都是既有整数部分又有小数部分，无法直接采用隐含方式表示小数点位置。可以采用浮点表示法表示实数的小数点位置。任意一实数X，采用科学记数可

得 $X = M \cdot R^{\pm E} = \pm m \cdot R^{\pm E}$。其中，$m$ 中小数点的位置随着 E 的变化而左右移动，小数点左移一位，E 加 1；小数点右移一位，E 减 1。在这种表示方法中，小数点的位不是固定的，而是可以左右移动，称为浮点表示法。在浮点表示法中，E 称为浮点数的阶数，用定点整数表示，一般采用补码或移码表示；M 称浮点数的尾数，用定点小数表示。尾数的符号表示数的正负；R 是阶数的底，又称尾数的基数（简称基）。在二进制中，基为 2，在机器数中一般可以省略，以隐含的方式表示。

3. 规格化浮点数

一个浮点数可以写成多种形式，如 $(0.001)_2 = 0.0001 \times 2^1 = 0.010 \times 2^{-1}$。一般来说，尾数右移 n 位（在计算机中小数点都是以定点隐含方式给出的，尾数右移相当于小数点左移，尾数左移相当于小数点右移），阶数就要加 n，尾数左移 n 位，阶数就要减 n，这样才能保持整个浮点数的值不变。用浮点数表示的数不是唯一的，这给计算机系统的处理带来了很大的麻烦，为使浮点数表示唯一，常采用规格化的浮点数来表示。当基是 2 时，规格化的浮点数的尾数为 $\pm 0.1 \times \times \times \times \cdots$ 小数点后面第一位必须是 1。规格化后，得

正数的原、补码：$0.1 \times \times \times \times \cdots$

负数的原码：$1.1 \times \times \times \times \cdots$

负数的补码：$1.0 \times \times \times \times \cdots$

无论是正数还是负数，规格化浮点数的补码的符号位与最高数字位是相反的（正数符号位为 0，最高数字位为 1，负数符号位为 1，最高数字位为 0）。

对于非规格化的浮点数，总是可以通过尾数移位和调整阶数的方法将其转化成规格化的浮点数。规格化的浮点数表示是唯一的。

【例 2-17】 将二进制数 -0.0111101 用规格化浮点数表示。格式要求：数符 1 位，放在最高位。阶码 4 位，含 1 位符号位。尾数 8 位，包含 1 位数符。阶码和尾数均用补码表示，阶码以 2 为底。

解：首先规格化，有 $-0.0111101 = -0.111101 \times 2^{-1}$，然后分别将阶数和尾数按照字长的要求补足，再分别求出其补码。

尾数的补码：$[-0.111101]_{补} = [-0.1111010]_{补} = \underline{1}.0000110$

阶数的补码：$[-1]_{补} = [-001]_{补} = \underline{1}111$

1 位数符位	4 位阶码，含 1 位符号位	7 尾数位
1	1111	0000110

4. 移码

在浮点数中，阶数可正可负，在进行加减运算时必须先进行对阶操作（两个操作数的阶数相同，尾数才能直接相加减），对阶要比较数的大小（比较符号位），操作比较复杂。为了克服这一缺点，将阶码用移码表示，使阶码表示的数不出现负数。

移码的定义：如果阶码有 $n+1$ 位，则阶数 X 的移码为

$$[X]_{移} = 2^n + X, \quad -2^n \leqslant X \leqslant 2^n - 1$$

式中：2^n 称为偏置常数。移码表示的数全 0 为最小,全 1 为最大,移码的大小直观地反映了真值的大小,不必考虑符号位,因此,在浮点运算中,对阶就比较方便了。

在移码表示中,当 $X < 0$ 时,$[X]_{移}$ 最高位为 0;当 $X \geqslant 0$ 时,$[X]_{移}$ 最高位为 1。因此,最高位仍然可以看成符号位,只是与原码、补码表示相反。$[X]_{移}$ 与 $[X]_{补}$ 除符号位外其他位都相同。在移码中,0 有唯一的编码 $[000 \cdots 0]_{移} = 1000 \cdots 0$。$[X]_{移}$ 等于全 0 时,表明阶数最小。

5. IEEE 754 标准浮点格式

现代计算机中,浮点数一般采用 IEEE 制定的 IEEE 754 标准浮点格式,其规定的浮点数格式为

1 位数符	阶码(含 1 位阶符)	规格化的尾数

按照 IEEE 标准,规定的浮点数有 3 种,如表 2-1 所示。

表 2-1　IEEE 规定的浮点数

浮点数类型	数 符 位 数	阶 码 位 数	尾 数 位 数	总　位　数
短实数	1	8	23	32
长实数	1	11	52	64
临时实数	1	15	64	80

在 IEEE 754 标准中,尾数用原码表示,规格化的浮点数最高数字位是 1,隐含不表示,实际表示的是 $\pm 0.x \cdots x$,这样可以多一位字长,这就相当于将尾数左一位。为了保证数的大小不变,将阶数 X 减 1,实际阶数为 $X - 1$。也可以理解为在 IEEE 754 标准中,规格化的浮点数的尾数为 $\pm 1.x \cdots x$,用原码表示,且最高位 1 省略不存储,阶数用移码表示,且偏置常数为 $2^n - 1$(阶码字长 $n+1$)。

以 32 位短实数为例,最高位是数符,尾数占 23 位,用原码表示。由于规格化浮点数尾数为 $\pm 1.x \cdots x$,小数点前的 1 省略,即 $\pm 0.x \cdots x$,这样尾数可以多表示一位,实际表示的位数是 24 位。阶码占 8 位,用移码表示,偏置常数为 $2^7 - 1 = 127$ 隐含以 2 为基数。

在 IEEE 754 标准浮点格式中,阶数是整数,尾数是纯小数,小数点仍然可以采用前面讨论的定点数的方法,以隐含的方式表示,不占用有效的数值位,规格化的浮点数用三部分表示：①最高位是数的符号位,②用移码表示的定点整数的阶数,③原码表示的定点小数的尾数。

【例 2-18】　将二进制数 $+1101.101$ 用 32 位 IEEE 754 浮点格式表示。

解：首先规格化,有 $1101.101 = 1.101101 \times 2^3$。

尾数 23 位,且用原码表示,最高位的 1 省略,同时将尾数的数值位补齐到 23 位为

$$m = 1.1011\ 0100\ 0000\ 0000\ 0000\ 000$$

$$[m]_{原} = 0.1011\ 0100\ 0000\ 0000\ 0000\ 000$$

阶码用移码表示,偏置常数是 $2^7-1=127$,所以阶码为

$$[3]_{移码}=127+3=1111111+11=10000010$$

其存放格式如表 2-2 所示。

表 2-2　浮点数存放格式

1 位数符位	8 位阶码(移码表示)	23 位尾数(原码表示)
<u>0</u>	10000010	1011 0100 0000 0000 0000 000

在浮点数表示中,阶数的位数决定了数的表示范围,阶数位数越多,表示的数的范围越大,尾数的位数决定了数的表示精度,尾数位数越多,表示的数的精度越高。浮点数的表示和计算要比定点数复杂得多。

视频:数字和字符的编码

2.2.5　十进制数据的表示

十进制数在计算机中是以十进制的二进制编码 BCD(Binary Coded Decimal)码表示的。大多数计算机有专门的十进制运算指令,可以直接对十进制数进行处理。十进制有10 个数符(0~9),需要用 4 位二进制编码表示。4 位二进制共有 16 种状态,从这 16 种状态中任取 10 个来表示 1 位十进制的 10 个数字,有多种表示方法,因此,可以产生多种BCD 码。

1. 十进制数据有权码

十进制数据有权码是指表示每个十进制数位的 4 个二进制位(称为基 2 码)都有一个确定的权。常见的有 8421 码(也称自然码,NBCD)、2421 码、5211 码、84-2-1 码和 4311码,如表 2-3 所示。

表 2-3　四位有权码

十 进 制 数	8421 码	2421 码	5211 码	84-2-1 码	4311 码
0	0000	0000	0000	0000	0000
1	0001	0001	0001	0111	0001
2	0010	0010	0011	0110	0011
3	0011	0011	0101	0101	0100
4	0100	0100	0111	0100	1000
5	0101	1011	1000	1011	0111
6	0110	1100	1010	1010	1011
7	0111	1101	1100	1001	1100
8	1000	1110	1110	1000	1110
9	1001	1111	1111	1111	1111

除 8421 码外,其他几种有权码具有以下特点。

(1) 任何两个十进制数位相加产生的和为 10 或大于 10 时,相应的基 2 码会在最高位向左产生进位,便于实现逢十进一的记数和加法规则。

(2) 任何两个数相加和等于 9 的十进制数位的基 2 码互为反码,即满足二进制数按 9 互补的关系,便于减法运算。

2. 十进制数据无权码

十进制数据无权码是指表示每个十进制数位的 4 个二进制位没有一个确定的权。常用的有余 3 码和格雷码(又称循环码),如表 2-4 所示。

表 2-4　四位十进制数无权码

十 进 制 数	余 3 码	格 雷 码	十 进 制 数	余 3 码	格 雷 码
0	0011	0000	5	1000	0111
1	0100	0001	6	1001	0101
2	0101	0011	7	1010	0100
3	0110	0010	8	1011	1100
4	0111	0110	9	1100	1101

余 3 码的编码规则是在 8421 码的基础上,将每个 8421 码直接加 0011 而形成的。其主要优点是执行加法运算时,能正确产生进位,而且还能给减法带来方便。

格雷码的编码规则是任何两个相邻的代码只有一个二进制位不同,其余三位完全相同。这样,从一个编码变到下一个编码时只有一位发生变化,变码速度最快,有利于得到更好的译码波形,故在 D/A(数/模)和 A/D(模/数)转换电路中得到了很好的运行结果。此外,用数字逻辑电路实现时不会产生冒险竞争。

2.3　非数值数据的表示

字符、汉字、图形、图像、语言及逻辑数据没有大小之分,统称为非数值数据。它们在计算机中也用 0、1 编码表示。

2.3.1　逻辑数据

逻辑数据由若干位二进制数字组成,每位之间没有权的内在联系,只有逻辑值"真"和"假"。逻辑数据只能参加逻辑运算,如逻辑与、逻辑或、逻辑非,特点是只进行本位操作。

2.3.2　字符编码

字符也必须用 0、1 表示。使用最广泛的就是 ASCII(American Standard Code for

Information Interchange,美国标准信息交换码）。在这种编码中，每个字符用 8 个二进制位（占一个字节）来存储和发送。最高位一般设置为 0，或用作数据传输时错误检测的奇偶校验位。余下的 7 位最多可以编码表示 128 个不同的字符。在 ASCII 中，数字 $0 \sim 9$ 的 ASCII（$0110000 \sim 0111001$）的低四位与 $0 \sim 9$ 的 BCD（$0000 \sim 1001$）完全相同。与另外一种 EBCDIC（Extended Binary Coded Decimal Interchange Code）码表示的 $0 \sim 9$ 的低四位（$11110000 \sim 11111001$）也是相同的。由 BCD 可以很方便地获得 ASCII，数字的 ASCII=30H+数字的 BCD。26 个英文字母分大小写，大写字母 $A \sim Z$ 的 ASCII 从 $1000001 \sim 1011010$（41H$\sim$5AH）是连续的，小写字母 $a \sim z$ 的 ASCII 从 $1100001 \sim 1111010$（61H$\sim$7AH）是连续的，且大小字母的 ASCII 只有倒数第 6 位不同（小写字母这一位是 1，大写这一位是 0），这使得大小写字母之间的转换非常方便，小写字母 ASCII=大写字母 ASCII+0100000（20H）。ASCII 如表 2-5 所示。

表 2-5　ASCII 表

$b_3 b_2 b_1 b_0$	$b_6 b_5 b_4$							
	000	001	010	011	100	101	110	111
0000	NUL	DLE	SP	0	@	P	`	p
0001	SOH	DC$_1$	!	1	A	Q	a	q
0010	STX	DC$_2$	"	2	B	R	b	r
0011	ETX	DC$_3$	#	3	C	S	c	s
0100	EOT	DC$_4$	$	4	D	T	d	t
0101	ENQ	NAK	%	5	E	U	e	u
0110	ACK	SYN	&	6	F	V	f	v
0111	BEL	ETB	'	7	G	W	g	w
1000	BS	CAN	(	8	H	X	h	x
1001	HT	EM	)	9	I	Y	i	y
1010	LF	SUB	*	:	J	Z	j	z
1011	VF	ESC	+	;	K	[	k	{
1100	FF	FS	,	<	L	\	l	|
1101	CR	GS	—	=	M	]	m	}
1110	SO	RS	.	>	N	↑	n	~
1111	SI	US	/	?	O	_	o	DEL

2.3.3　汉字编码

视频：汉字的机内表示法

汉语是组合文字语言，内容的表达是通过单个汉字的不同组合来实现的。汉字的传承性和稳定性高，现在的一个中学生都能够没有任何障碍地阅读先秦诸子百家的著作，他们可以自在地在跨越千年后直接和历史上的先贤进行思想对话。如果一个英国人去读四百年前莎士比亚的原著就已经很困难了,更不要说去读乔叟的诗句了。而且在日益发展的今天,每天都有大量的新词被创造出来,英文这样的拼音文字只能新创造一个新单词让你背,而汉字就可以通过单个汉字组合,通过联想来达到记忆的目的,例如雷达、黑客、宅男、代购、网购等,非常容易理解和记忆,所以可以说汉字是未来最有生命力的语言。除此之外,汉字书法之美也是其他文字无法比拟的,汉字韵力之美,如中国的诗词,也是其他语言无法比拟的。民族的自信是源于文化的自信,可以肯定地说汉语是这个星球上最美丽的语言,汉字型美如画,音美如歌,意美如诗,她简洁、高效、生动,是最先进的文字语言。

中文信息的基本组成单位是汉字,汉字也是字符,但汉字是表意文字,一个汉字就是一个方块图形。汉字有以下特点。

(1) 汉字是一种象形文字,据统计,有 50 000 多个字形各异的汉字,常用汉字有 7000 个左右。

(2) 汉字字型结构复杂,笔画繁多。

(3) 汉字重音字多。例如,"在""再"是重音字。

(4) 汉字多音字多。例如,"会计""会议"中的"会"是多音字。

计算机要对汉字信息进行处理,首先必须将汉字转换成计算机可以接收的由 0、1 组成的编码输入计算机,这种编码称为汉字输入码。输入码进入计算机必须转换成汉字内码(又称机内码),才能进行信息处理。为了最终显示、打印汉字,机内码必须转换成汉字字形码(又称字模)。为了使不同的汉字处理系统之间能够交换信息,还必须设有汉字交换码。

1. 汉字输入码

计算机是西方国家发明的,而西文是拼音文字,只要用很少的键就可以输入所有的信息。要用西文键盘输入汉字,首先必须解决汉字输入问题,这就是汉字输入法要解决的问题。汉字的输入方法很多,常用的有以下几种。

1) 数字编码

国际区位码是最常用的数字编码,它是将汉字字符集编成 94 行(区)×94 列(位)的表,每个汉字对应表中唯一的位置号(区号+位号),这个位置号就是区位码。区号是 01~94,位号也是 01~94,区号在前、位号在后,用 4 位数字来表示。例如,汉字"多"在区位表中的位置为 11 行、22 列,则区位码为 1122。这样,每输入一个汉字必须敲 4 次键盘。区位码的特点是没有重码,输入时可以完全实现盲打,但要记住所有汉字的区位码是非常困难的,不易推广。

2) 字音编码

字音编码是基于汉字发音的一种编码方法,是以汉语拼音为基础的输入法,包括全拼、双拼及智能 ABC 等。其特点是只要会汉语拼音就能输入汉字,不需要再进行复杂的系统训练,是目前绝大部分非专业人员输入汉字的首选输入法。由于汉字同音字多,重码率高,不能做到盲打,速度不如汉字五笔输入法。

3）字形编码

字形编码是根据汉字的字形结构分类而给出的编码方法，如汉字五笔输入法。其特点是输入速度快，需要通过训练才可以达到较快的输入速度，通常只有专业的文字录入人员使用这种方法。

4）形音编码

形音编码是字音编码和字形编码相结合的一种编码方法。例如，首尾编码是利用汉字的左上角和右下角的笔形（字形编码法）以及汉字的第一个音符所对应的拼音字母（字音编码）进行编码的方法。

除了上面的输入法外，随着人工智能技术的高速发展，智能手机与平板电脑的普及，手写输入法和语音输入法也大量被采用，并且这些输入方法比较适合老年人以及无键盘的移动智能设备。

2. 汉字交换码

汉字交换码是在两个汉字处理系统之间进行汉字信息交换时使用的编码，也称国标码。同一个汉字在不同的计算机系统中可以采用不同的表示方法。但在不同的计算机系统之间交换信息时，必须采用统一标准规范，否则难以进行交换。为此，我国制定并颁布了国家标准《GB 2312—1980 信息交换用汉字编码字符集——基本集》，简称"国标码"。该字符集规定了常用汉字 6763 个和一些其他字符（俄文字母、日语假名、拉丁字母、希腊字母、汉语拼音和一般图形字符）682 个。

在国标码中的每个字符用两个字节进行编码，每个字节的低 7 位表示信息，最高位为 0，共有 2^{14} 个编码。

国标码与区位码有简单的对应关系：国标码＝区位码＋2020H。加 2020H 的目的是使两个字符都避免与 ASCII 码的控制字符发生冲突（ASCII 的控制字符的编码都小于 20H，如换行 LF 的 ASCII 码为 0AH，回车 CR 的 ASCII 码为 0DH）。

3. 汉字机内码

汉字机内码是汉字信息处理系统在计算机内部存储和处理汉字信息时使用的编码。不同计算机系统可以使用不同的机内码，但同一计算机系统中的汉字机内码应该相同，而且不同计算机之间在交换汉字信息时都必须将汉字机内码转换成标准的国标码。另外，汉字系统中机内码在编码时必须考虑既能与 ASCII 严格区分，又能与国标码有简单的对应关系，机内码的编码方案应能在国标码的基础上方便地得到（减少码的转换时间）。常用的方案是把国标码每个字节的最高位的 0 变成 1，其他各位的信息保持不变。例如，"大"的国标码为 3473H（对应的二进制 00110100，01110011B），将两个字节的最高位的 0 换成 1，则"大"的机内码为 B4F3H（对应的二进制 10110100，11110011B）。

汉字机内码与国标码和区位码之间的关系为

$$机内码＝国标码＋8080H＝区位码＋A0A0H$$

在一个处理汉字信息系统的计算机内部，区分计算机内部信息是一个 ASCII 的字符还是汉字编码的字符，只要判别连续两个字节的最高位是否为 1 即可。若为 1，则连续的两个字节构成一个汉字,否则该字节的低 7 位是一个 ASCII 的字符。

4. 汉字的字形码

计算机中的汉字内码是不能直接在屏幕上显示和打印的,必须把它转换成对应的汉字字形码。汉字字形一般通过点阵图的形式产生,用 1 表示黑点,0 表示白点,图 2-3 所示为字符 A 的点阵图。

汉字字库就是存放全部汉字字形点阵码的存储空间及读取程序。汉字信息处理系统中一定要包含字库(font),以便计算机在屏幕上显示或在打印机上打印汉字。

图 2-3　字符 A 的点阵图

2.3.4　图像(图形)的数字表示

一幅连续的模拟图像在输入计算机时,必须通过输入设备(扫描仪、摄像机等)将其转换为数字图像才能进行存储和处理。图像的数字化包括采样和量化两个步骤。空间坐标的数字化称为图像采样,色彩的数字化称为图像的量化。连续图像 $f(x,y)$ 可按等间隔采样,将 (x,y) 平面分成网眼似的小方格,则 $f(x,y)$ 可表示为一个 $m\times n$ 的二维数组,数组中的每个元素称为像素。每个像素的灰度(或彩色信号的颜色)再进行数字化,通常用 k 级($k=2^p$,p 是表示一个像素点颜色所需要对应的二进制位数)来表示。存储一幅图像的大小 $B=(m\times n\times p)$ 位。

视频:图形图像和声音的机内表示

2.3.5　语音的计算机表示

语音通过拾音设备转换成频率、幅度连续变化的电信号(模拟量),然后通过声卡对模拟量进行采样(标准的采样频率为 11.025kHz、22.05kHz 或 44.1kHz,采样点可以是8 位和 16 位样本信息 A/D 值)和 A/D 转换得到数字信号。图 2-4 所示为模拟量到数字量的转换。

图 2-4　模拟量转换数字量

完成这项工作的部件是声卡,声卡有两个重要的指标:采样频率和 A/D 转换的精度。采样频率是指每秒对音频信号的采样次数。采样频率越高,数字信号就越接近原声。根据奈奎斯特采样定理,采样频率只要大于或等于被采样信号最高频率的 2 倍,就能够不失真地描述被采样的信号。人耳可以分辨的音频频率范围为 20Hz～20kHz,现在，几乎所有声卡的采样频率都达到 44.1kHz。A/D 转换精度取决于 A/D 转换器输出的数字量的位数，它决定了记录音乐的动态范围，用位（bit）为单位，常采用 8 位和 16 位。8 位可以把声波分成 $256(2^8)$ 级，16 位可以把声波分成 $65\,536(2^{16})$ 级，目前大都是 16 位声卡。位数越高，声音的保真度越高。

数字化后的声音存储容量与采样频率和 A/D 转换的精度成正比。其容量为

$$B = 采样频率 \times A/D\ 的位数 \times 时间（位）$$

例如，采用 16 位的声卡，采样频率为 44.1kHz，每分钟单声道的数字量为 5.05MB，则 1 小时为 302.81MB。这个量是非常大的，通常需要对数据进行压缩，如压缩成 MP3 格式。

声音文件通过声卡中的 D/A 转换器转换成模拟信号，再通过音频放大器放大，最后通过喇叭输出。

2.3.6　校验码

为了防止数据在传输过程中出错，通常对被传输的数据进行校验。常用的校验方法有奇偶校验、海明校验和循环冗余校验。奇偶校验采用的方法是增加一位校验位，根据数据位中 1 的个数是奇数还是偶数来确定校验位是 1 还是 0。将校验位与数据位合并在一起称为校验码。设数据 $X = (X_{n-1}X_{n-2}\cdots X_0)_2$，校验位为 C，则：

奇校验位：$C = X_0 \oplus X_1 \oplus \cdots \oplus X_{n-1} \oplus 1$

即 X 中 1 的个数是奇数时，$C = 0$。

偶校验位：$C = X_0 \oplus X_1 \oplus \cdots \oplus X_{n-1}$

即 X 中 1 的个数是偶数时，$C = 0$。

【例 2-19】　已知 $X = 01100101$，分别求 X 的奇偶校验位和奇偶校验码（奇偶校验位放在 X 的最前面）。

解：

奇校验位：$C = X_0 \oplus X_1 \oplus \cdots \oplus X_{n-1} \oplus 1 = 1 \oplus 0 \oplus 1 \oplus 0 \oplus 0 \oplus 1 \oplus 1 \oplus 0 \oplus 1 = \underline{1}$

偶校验位：$C = X_0 \oplus X_1 \oplus \cdots \oplus X_{n-1} = 1 \oplus 0 \oplus 1 \oplus 0 \oplus 0 \oplus 1 \oplus 1 \oplus 0 = \underline{0}$

奇校验码：$\underline{101100101}$

偶校验码：$\underline{001100101}$

数据在传输时，与校验位一起传输，接收端将接收到的数据的校验位（对已接收数据求出的校验位）与接收到的校验位进行比较，如果两个校验位不同，则说明接收的数据有错。奇偶校验通常只能发现数据在传输过程中奇数个数据位同时出错的错误，不能发现偶数个数据位同时出错的错误，且没有纠错能力（不知道哪位出错）。1950 年，海明（Richard Hamming）提出了海明校验码。它的基本思想是对数据位分组采用奇偶校验，通过增加校验位的位数来确定错误位发生的位置。由于增加了校验位，海明校验码通常用于存储器中数据的存取校验，不适合长距离的数据通信。另外一种既具有很强检错能力又具有纠错能力的校验是循环冗余校验（cyclic redundancy check，CRC）。该方法主要用于网络通信的数据信息（数据信息都是二进制的比特流，也可以理解为数据包）校验。

第 2 章课堂练习

第 2 章小结

习　题　2

一、选择题

1. 下列数中,最小的数是_____,最大的数是_____。
   A. $(101001)_2$　　　　B. $(52)_8$　　　　C. $(2B)_{16}$　　　　D. $(45)_{10}$

2. 在_____中,0 的表示是唯一的。
   A. 原码　　　　B. 反码　　　　C. 补码　　　　D. 以上三种编码

3. 计算机中表示地址时使用_____。
   A. 原码　　　　B. 补码　　　　C. 反码　　　　D. 无符号数

4. 在定点小数的机器中,下列说法正确的是_____。
   A. 只有原码能表示 -1　　　　　　B. 只有反码能表示 -1
   C. 只有补码能表示 -1　　　　　　D. 原码、反码、补码都不能表示 -1

5. 字长 16 位,用定点补码小数表示时,一个字能表示的范围是_____。
   A. $-1 \sim (1-2^{-15})$　　　　　　B. $0 \sim (1-2^{-15})$
   C. $-1 \sim +1$　　　　　　　　　D. $-(1-2^{-15}) \sim (1-2^{-15})$

6. 若 $X_补 = 10000000$,则十进制真值为_____。
   A. -0　　　　B. -127　　　　C. -128　　　　D. -1

7. 定点整数 16 位,含 1 位符号位,原码表示,则最大正数为_____。
   A. 2^{16}　　　　B. 2^{15}　　　　C. $2^{15}-1$　　　　D. $2^{16}-1$

8. 当 $-1 < x < 0$ 时,$[x]_原 = $_____。
   A. x　　　　B. $1-x$　　　　C. $4+x$　　　　D. $(2-2^n)-1 * 1$

9. 8 位反码表示整数的最小值和最大值为_____。
   A. $-127, +127$　　B. $-128, +128$　　C. $-256, +256$　　D. $-255, +255$

10. $n+1$ 位二进制正整数的取值范围是_____。
    A. $0 \sim 2^n-1$　　B. $1 \sim 2^n-1$　　C. $0 \sim 2^{n+1}-1$　　D. $1 \sim 2^{n+1}-1$

11. 若在计算机中表示为 1.0011,转换为二进制定点小数真值是 -0.1101,则该数采用的编码方法是_____。
    A. 原码　　　　B. 补码　　　　C. 反码　　　　D. 移码

12. 设 $[X]_原 = 1.X_1X_2X_3X_4$,当满足_____时,$X > -0.5$ 成立。
    A. X_1 必须为 1,$X_2X_3X_4$ 至少有一个为 1

  B. X_1 必须为 0，$X_2 X_3 X_4$ 至少有一个为 1

  C. X_1 必须为 1，$X_2 X_3 X_4$ 任意

  D. X_1 必须为 0，$X_2 X_3 X_4$ 任意

13. 浮点数的表示范围和精度取决于_____。

  A. 阶码的位数和尾数的位数

  B. 阶码的位数和尾数采用的编码

  C. 阶码采用的编码和尾数采用的编码

  D. 阶码采用的编码和尾数的位数

14. 在浮点数编码表示中，_____在机器数中不出现，是隐含的。

  A. 尾数   B. 符号   C. 基数   D. 阶码

15. 在浮点数机器中，判断补码规格化形式的规则是_____。

  A. 尾数的符号位与第一位数值位不相同

  B. 尾数的符号位与第一位数值位相同

  C. 尾数的符号位固定，第一位数值位固定

  D. 尾数的符号位与数值位都为 1

16. 移码和补码比较，只有_____不同，其他都相同。

  A. 正号   B. 负号   C. 符号   D. 标志

17. 一个 24×24 点阵的汉字，需要_____字节的存储空间。

  A. 62   B. 72   C. 64   D. 32

18. 62 个汉字的机内码需要_____。

  A. 62 字节   B. 32 字节   C. 124 字节   D. 248 字节

19. ASCII 码是对_____进行编码的一种方案。

  A. 字符、图形符号 B. 汉字   C. 数字   D. 声音

20. D/A 转换是_____。

  A. 把计算机输出的模拟量转化为数字量

  B. 把模拟量转化为数字量，把数字量输入到计算机

  C. 把数字量转化为模拟量

  D. 把输入计算机的模拟量转为数字量

21. 以下 BCD 码中，_____是无权码。

  A. 8421 码   B. 2421 码   C. 5211 码   D. 格雷码

22. $[x]_{补} = 1.0000 \cdots 0$，x 代表的真值是_____。

  A. -0 B. -1 C. $+1$ D. $+0$

23. 已知两个浮点数，$N_1 = 2^{J_1} \times S_1$，$N_2 = 2^{J_2} \times S_2$，当_____成立时，$N_1 > N_2$。

  A. $S_1 > S_2$

  B. $J_1 > J_2$

  C. S_1 和 S_2 均为规格化数，$J_1 > J_2$

  D. S_1 和 S_2 均为规格化数，$S_1 > S_2$

24. 设 X 为真值，X^* 为其绝对值，则等式 $[-X^*]_{补}=[-X]_{补}$ 的条件是_____。

    A. X 为任意   B. X 为正数   C. X 为负数   D. 都不成立

二、填空题

1. 二进制中的基数为_____，十进制中的基数为_____，八进制中的基数为_____，十六进制中的基数为_____。

2. $(27.25)_{10}$ 转换成十六进制数为_____。

3. $(0.65625)_{10}$ 转换成二进制数为_____。

4. 在原码、反码、补码三种编码中，_____数表示的范围最大。

5. 在原码、反码、补码三种编码中，符号位为 0，表示数是_____。符号位为 1，表示数是_____。

6. 假设机器字长为 8 位，0 的原码为_____；0 的补码为_____；0 的反码为_____。

7. 在补码和移码表示的机器数中，零的表示形式是_____的。

8. $(-11011011)_2$ 的补码为_____，原码为_____，反码为_____。

9. $(11001010)_2$ 的补码为_____，原码为_____，反码为_____。

10. 浮点数的表示范围由浮点数的_____部分决定。浮点数的表示精度由浮点数的_____部分决定。

11. 在浮点数的表示中，_____部分在机器数中是不出现的。

12. 浮点数进行左规格化时，_____；浮点数进行右规格化时，_____。

13. 真值为 $(11.101)_2$ 的实数，若对其进行浮点数规格化，尾数采用补码形式，尾数占 6 位（包括一位符号位），则其尾数的形式为_____。

14. 真值为 $(-100101)_2$，假设计算机机器字长为 8，其补码形式为_____。

15. 浮点数一般由_____两部分组成。

16. 在计算机中，"A"与"a"的 ASCII 是_____。

17. 在计算机中，一个字母或数字用_____位 ASCII 表示。

18. 某信息在传送没有出现错误，奇偶校验码 101011011，应为_____编码。

19. 某信息在传送没有出现错误，奇偶校验码 101111011，应为_____编码。

20. 浮点数需要进行规格化的原因是_____。

21. 假设机器字长为 5 位，$X=(-100)_2$ 的补码为_____。

22. 下列数据代码设为偶校验，请在横线上填写相应的偶校验位。

    A. _____ 1101011   B. _____ 0101101

23. 下列数据代码设为奇校验，请在横线上填入相应的奇校验位。

    A. _____ 1101011   B. _____ 0101101

24. 表示一个数据的基本要素是_____、_____、_____。

25. 在计算机内部信息分为两大类，即_____和_____。

26. 假设机器字长为 6 位，$(-11010)_2$ 的移码为_____。

27. 定点整数格式字长为 8 位（包含 1 位符号位），若 x 用补码表示，则 $[x]_{补}$ 的最大正数是_____，最小负数是_____。（用十进制真值表示）

28. 已知下列数字的 ASCII、8421 码和余三码，请在横线上写明它们是何种代码。

2：0101 _____　　　　0110010 _____　　　　0010 _____

9：0111001 _____　　　　1100 _____　　　　1001 _____

三、解答题

1. 将二进制数−0.0101101 用规格化浮点数格式表示。格式要求：阶码 4 位，含 1 位符号位；尾数 8 位，含 1 位符号位。阶码和尾数均用补码表示，阶码以 2 为底。

2. 将二进制数＋1101.101 用规格化浮点数格式表示。格式要求：阶码 4 位，含 1 位符号位；尾数 8 位，含 1 位符号位。阶码和尾数均用补码表示，阶码以 2 为底。

3. 在计算机系统中，数据主要包括什么？数值数据的特点是什么？非数值数据的特点是什么？

第 3 章

chapter 3

运算方法和运算器

本章详细内容参见图 3-0。

图 3-0　知识点思维图

计算机要对各种信息进行加工和处理,如对数值数据进行加、减、乘、除等数值运算,对非数值数据进行与、或、非等逻辑运算。在计算机中必须有对数据进行处理和加工的部件,这个部件就是运算器。目前,大多数计算机都将运算器和控制器集成在一个芯片上,也就是常说的中央处理器单元(central processing unit,CPU)。

课程思政
材料

在计算机内部,所有的数据都以各种不同的编码方式以机器数的形式存在,符号、小数点也都用数字来表示,这样用常规的运算方法来设计运算器对机器数直接进行运算已经无法满足要求。本章重点讨论各种不同编码表示的机器数的运算规律,并以此来设计运算器。

本章主要讨论以下问题。

(1) 定点数的补码运算规律及定点加法器的实现。

(2) 溢出的概念及溢出判别方法。

(3) 定点数的原码运算规律及乘除法器的实现。

(4) 浮点数的运算方法及浮点运算器的实现。

（5）影响运算器速度的主要因素及提高运算器速度的主要方法。

设计运算器必须满足以下要求。

- 保证运算结果正确。
- 结构尽可能简单。
- 最大限度地提高运算速度。

视频：补码
加减运算

3.1　定点数的加减法运算

定点数的加减在计算机中通常采用补码进行，运算时连同符号位一起运算，结果也用补码表示。

3.1.1　补码加减法所依据的关系

加法：$[X+Y]_补=[X]_补+[Y]_补$

减法：$[X-Y]_补=[X]_补+[-Y]_补=[X]_补+\overline{[Y]_补}+1$（最末位）

其中，$[-Y]_补$是将$[Y]_补$连同符号位一起取反后，再在最低位加1，即$[-Y]_补=\overline{[Y]_补}+1$（最末位）。也就是说，在计算机内部，减法最终是通过加法来实现的，这对运算器的物理实现将会带来很大的简化。

3.1.2　补码加减法运算规则

补码加减法运算规则如下。

（1）参加运算的操作数用补码表示。

（2）符号位等同于数值一起参加运算。

（3）对于两数相加减的各种情况，计算机都执行加法操作。当操作码为加运算时就直接进行相加，当操作码为减时，将减数连同符号位一起求反、末位加1后再与被减数相加。

（4）结果用补码表示。

以上关系不做证明，仅通过实例来验证。

【例 3-1】　已知 $X=0.1001,Y=-0.0110$，机器字长为 5 位，用补码运算求 $X+Y$。

解：　　　$[X]_补=0.1001$

　　　$+\quad[Y]_补=1.1010$

　　　$[X+Y]_补=\boxed{1}\,0.0011$

超过机器字长，自然丢失

所以 $X+Y=0.0011$。

【例 3-2】　已知 $X=-0.1001,Y=-0.0101$，机器字长为 5 位，用补码运算求 $X+Y$。

解：　　　　　　$[X]_{补} = 1.0111$

　　　$+$　　　$[Y]_{补} = 1.1011$

$[X+Y]_{补} = \boxed{1}\,1.0010$

　　　　　　超过机器字长，自然丢失

所以 $X+Y = -0.1110$。

【例 3-3】　已知 $X = 0.1001$，$Y = 0.0110$，机器字长为 5 位，用补码运算求 $X-Y$。

解：　　　　　$[X]_{补} = 0.1001$　　　　　　$[Y]_{补} = 0.0110$

　　　$+$　　$[-Y]_{补} = 1.1010$

$[X-Y]_{补} = \boxed{1}\,0.0011$

　　　　　超过机器字长，自然丢失

所以 $X-Y = 0.0011$。

【例 3-4】　已知 $X = -0.1001$，$Y = -0.0110$，机器字长为 5 位，用补码运算求 $X-Y$。

解：　　　　　$[X]_{补} = 1.0111$　　　　　　$[Y]_{补} = 1.1010$

　　　$+$　　$[-Y]_{补} = 0.0110$

$[X-Y]_{补} = 1.1101$

所以 $X-Y = -0.0011$。

【例 3-5】　已知 $X = +0.1011$，$Y = +0.1001$，机器字长为 5 位，用补码运算求 $X+Y$。

解：$[X]_{补} = 0.1011$，$[Y]_{补} = 0.1001$

　　　　　$[X]_{补} = 0.1011$

　　　$+$　　$[Y]_{补} = 0.1001$

$[X+Y]_{补} = 1.0100$

所以 $X+Y = -0.1100$。

　　两个正数相加，结果不可能是负数，显然这结果是错误的。造成错误的原因是 $X+Y = 0.1011 + 0.1001 = 1.0100 > 1$，超过了定点小数补码的表示范围，也就是溢出了。

3.1.3　溢出的概念及检测方法

视频：溢出
的判断方法

　　由于计算机字长限制，溢出造成的大型事故是非常多的，例如，1996 年阿丽亚娜 5 火箭第一次发射时就凌空爆炸。事后分析原因时发现，火箭的一段控制程序是直接移植自阿丽亚娜 4 火箭的。而这段程序里的一个需要接收 64 位数据的变量为了节省存储空间使用了 16 位字。当时的程序员仔细计算了阿丽亚娜 4 的代码，分析出这个变量收到的数据无论如何不会超过 16 位。故此采取了这个方案。可是阿丽亚娜 5 接收的数据会超过 16 位，事后却没有人检查出这个问题，于是飞行中变量就溢出了。然后火箭就变成一个几亿欧元的大"烟花"。大国制造，一定要有工匠精神，工作要一丝不苟，否则将会给国家带来不可弥补的损失。

1. 溢出的概念

加法器或寄存器由多少个二进制位组成,这通常称为定点运算器的字长(或运算器一次处理二进制数的位数)。当选定了运算器字长及数据表示格式后,所能表示的数据范围也就确定了。计算机执行算术运算所产生的结果超出机器数所能表示的数的范围称为溢出。只有符号相同的两数进行加法运算才有可能产生溢出。计算机进行数值运算时,必须对运算结果是否产生溢出进行判断,以保证运算结果的正确性。

2. 溢出的检测方法

1) 采用一位符号位判断

设 A 和 B 是两个操作数,S 为运算结果

$$A = a_n a_{n-1} \cdots a_0$$
$$B = b_n b_{n-1} \cdots b_0$$
$$S = A + B = s_n s_{n-1} \cdots s_0$$

式中,a_n、b_n、s_n 分别代表两个操作数和结果的符号。当 $a_n = 1$,$b_n = 1$ 而 $s_n = 0$(两个负数相加,结果是正数,说明产生溢出,且为负溢出),或当 $a_n = 0$,$b_n = 0$ 而 $s_n = 1$(两个正数相加,结果是负数,说明也产生了溢出,且为正溢出),真值表如表 3-1 所示。

表 3-1 采用一位符号位判断的真值表

a_n	b_n	s_n	OVER
0	0	1	1
1	1	0	1

溢出位 OVER $= \bar{a}_n \bar{b}_n s_n + a_n b_n \bar{s}_n$。图 3-1 所示为溢出判断电路。

2) 用 c_{n-1} 和 c_n 判断

c_{n-1} 表示最高数值位向符号位的进位,c_n 表示符号本身产生的进位,在进行补码加法运算时,如果最高数值位和符号位不同时产生进位,则结果产生溢出,其真值表如表 3-2 所示。溢出位 OVER $= c_{n-1} \oplus c_n$。图 3-2 所示为溢出判断电路。

$$OVER = \bar{a}_n \bar{b}_n s_n + a_n b_n \bar{s}_n$$

$$OVER = c_n \oplus c_{n-1}$$

图 3-1 溢出判断电路 1   图 3-2 溢出判断电路 2

表 3-2　用 c_{n-1} 和 c_n 判断的真值表

c_n	c_{n-1}	OVER
0	1	1(这是两个正数相加,结果是负数的情况)
1	0	1(这是两个负数相加,结果是正数的情况)

3) 采用双符号位(也称变形补码)判断

用 s_{f1} 和 s_{f2} 表示最高符号位和第二个符号位,00 表示正数,11 表示负数。两个正数(符号位为 00)相加,结果的符号位为 01,表示有正溢出;两个负数(符号位为 11)相加,结果的符号位为 10,表示有负溢出,真值表如表 3-3 所示。溢出位 OVER $= s_{f1} \oplus s_{f2}$。图 3-3 所示为溢出判断电路。

表 3-3　采用双符号位判断的真值表

s_{f1}	s_{f2}	OVER
1	0	1
0	1	1

图 3-3　溢出判断电路 3

根据上面的讨论,对例 3-5,运用溢出判断公式,有

$$\text{OVER} = \bar{a}_n \bar{b}_n s_n + a_n b_n \bar{s}_n = 1 \cdot 1 \cdot 1 + 0 \cdot 0 \cdot 0 = 1$$

或 OVER $= c_{n-1} \oplus c_n = 1 \oplus 0 = 1$,结果溢出。

【例 3-6】　$X = -0.1101$, $Y = -0.1011$,机器字长 6 位,求 $X+Y$。采用变形补码。

解:

$$
\begin{array}{r}
[X]_{补} = 11.0011 \\
+ \quad [Y]_{补} = 11.0101 \\
\hline
[X+Y]_{补} = 110.1000
\end{array}
$$

自然丢失

结果的符号位是 10,OVER $= s_{f1} \oplus s_{f2} = 1 \oplus 0 = 1$ 溢出,且负溢出。

为了保证运算结果的正确,必须对运算结果进行溢出检测,并把检测的结果保存在标志寄存器 FLAG(或程序状态字寄存器 PSW)中,然后采用指令对溢出标志位进行检测。标志寄存器 FLAG 中除了溢出标志外,还有一些其他标志位,如进位标志、符号标志、结果为零标志等。

3.2　二进制加法器

视频:半加器和全加器

3.2.1　半加器

两个一位二进制数 A_i、B_i 相加(不考虑低位的进位),称为半加。实现半加操作的电路称为半加器。根据二进制运算规则得到表 3-4 所示的半加器真值表。其中 A_i、B_i 为参加运算的操作数,S_i 为和,C_i 为进位位。

表 3-4　半加器真值表

A_i	B_i	S_i	C_i	A_i	B_i	S_i	C_i
0	0	0	0	1	0	1	0
0	1	1	0	1	1	0	1

根据真值表可以写出逻辑表达式：

$$S_i = \overline{A}_i B_i + A_i \overline{B}_i = A_i \oplus B_i$$

$$C_i = A_i B_i$$

根据逻辑表达式，用门电路实现如图 3-4 所示
的半加器逻辑电路，并用逻辑符号表示。

(a) 半加器逻辑电路　(b) 半加器逻辑符号

图 3-4　半加器

3.2.2　全加器

在实现多位二进制数相加时，不仅考虑本位，还要考虑从低位来的进位。考虑低位
的进位加法运算就是全加运算，实现全加运算的电路称为全加器。根据二进制运算规则
可以得到表 3-5 所示的全加器真值表。其中 A_i、B_i 为参加运算的操作数，S_i 为和，C_i 为
本位向高位进位位，C_{i-1} 为从低位来的进位。

表 3-5　全加器真值表

A_i	B_i	C_{i-1}	S_i	C_i	A_i	B_i	C_{i-1}	S_i	C_i	A_i	B_i	C_{i-1}	S_i	C_i
0	0	0	0	0	1	1	0	0	1	1	0	1	0	1
0	1	0	1	0	0	0	1	1	0	1	1	1	1	1
1	0	0	1	0	0	1	1	0	1					

根据真值表可以写出逻辑表达式并进行化简：

$$S_i = \overline{A}_i B_i \overline{C}_{i-1} + A_i \overline{B}_i \overline{C}_{i-1} + \overline{A}_i \overline{B}_i C_{i-1} + A_i B_i C_{i-1} = A_i \oplus B_i \oplus C_{i-1}$$

$$C_i = A_i B_i \overline{C}_{i-1} + \overline{A}_i B_i C_{i-1} + A_i \overline{B}_i C_{i-1} + A_i B_i C_{i-1} = A_i B_i + (A_i \oplus B_i) C_{i-1}$$

根据逻辑表达式，用门电路实现如图 3-5 所示的全加器逻辑电路，并用逻辑符号表示。

(a) 全加器逻辑电路图　(b) 全加器逻辑符号

图 3-5　全加器

一位全加器只能实现一位二进制数的加法，另外门电路都有延迟，这个延迟影响了整

个加法器的运算速度。假设一级门的延迟时间是 1ty,则产生 S_i 要两级门延时时间 2ty,产生进位 C_i 要三级门延时时间 3ty(为了简化讨论,假设所有门电路的延时时间相同)。

3.2.3 加法器

一位全加器只能实现一位二进制数的加法,要实现 n 位数相加就要组成加法器,最基本的加法器就是串行加法器和并行加法器。

1. 串行加法器

如果 n 位字长的加法器仅有一位全加器,使用移位寄存器从低位到高位串行地提供操作数,分 n 步进行相加,称为串行加法器。图 3-6 所示为串行加法器框图。移位寄存器 A 中存放一个操作数 A,并保存最后的运算结果,移位寄存器 B 中存放另一个操作数 B。移位寄存器在移位脉冲的控制下,将低位送到全加器的输入端进行加法运算。串行加法器每步操作产生一位和,并串行地送入结果寄存器中(通常用累加器,在图 3-6 中的移位寄存器 A),进位信号则用一位 D 触发器寄存并参与下一位运算。由于要完成两个 n 位数的加法运算需要进行 n 步的一位加法和 n 次的移位,速度太慢,现代计算机几乎不再采用。

图 3-6 串行加法器框图

2. 并行加法器

并行加法器的全加器个数和操作数位数相同,能同时对所有位求和。下面讨论组成 n 位并行加法器的几种方法,主要讨论并行加法器采用的几种进位结构,以及不同的进位结构对运算速度的影响。在这些结构中,最基本的是串行进位和并行进位。在此基础上可将整个加法器分组、分级,对组内、组间、级间分别采用串行和并行进位。

1)进位公式分析

$$C_i = A_i B_i + (A_i \oplus B_i) C_{i-1}$$

令

$$G_i = A_i B_i$$
$$P_i = A_i \oplus B_i$$

其中 G_i 为全加器第 i 位的进位产生函数(carry generate function),其含义是若本位两个输入均为 1,则向高位产生进位,与低位进位无关,所以又称本位进位;P_i 为全加器第 i 位的进位传递函数（carry propagate function），其含义是当 $P_i=1$ 时，若低位有进位，则本位将产生进位，也就说，$P_i=1$ 时，低位传送过来的进位能越过本位向更高位传送，P_i 又称进位传送条件，$P_i C_{i-1}$ 称为传送进位。将 G_i、P_i 代入上式，得

$$C_i = G_i + P_i C_{i-1}$$

2）串行进位加法器

将 n 个全加器的进位位按照串行串联方法，从低到高逐位依次连接起来（低位全加器的进位输出连接到高位全加器的进位输入）就可以得到 n 位串行进位加法器。图 3-7 所示为四位串行进位加法器。

图 3-7　四位串行进位加法器　　　　　　　　四位串行进位加法器

用这种方法组成的加法器，从最低位来的进位信号是一位一位逐位串行向高位传播的，所以又称为行波进位加法器，在行波进位加法器中，进位信号的逻辑表达式为

$$C_1 = G_1 + P_1 C_0$$
$$C_2 = G_2 + P_2 C_1$$
$$C_3 = G_3 + P_3 C_2$$
$$\vdots$$
$$C_n = G_n + P_n C_{n-1}$$

后一级的进位直接依赖前一级，进位是逐级形成的，假设一级门的延迟时间是 1ty，最长进位延迟时间为 $(2n+1)$ty，形成最后和的时间是 $2n$ty，与 n 成正比。可见，行波进位加法器的加法速度比较低。通常 CPU 工作的周期是以 ALU 的工作时间为依据，加法器的延迟时间越长，CPU 的工作速度就越低，因此，提高加法器的速度有重要的意义。

3）先行进位加法器

视频：先行
进位加法器

提高加法器的运算速度的关键因素有两个：一个是减小门电路的延迟时间，门电路的延迟时间的减少受限于半导体集成电路的制造工艺和技术；另一个是电路结构造成的进位信号的延迟，高位的和必须等到低位的进位信号产生后才能完成。因此，改变加法器的电路结构、消除行波进位中的进位逐位串行传播、让各位进位独立地同时形成是提高运算速度有效方法。下面以四位加法器为例，将进位信号用 G_i、P_i 表示成以下形式：

$$C_1 = G_1 + P_1 C_0$$
$$C_2 = G_2 + P_2 C_1 = G_2 + P_2(G_1 + P_1 C_0)$$
$$C_3 = G_3 + P_3 C_2 = G_3 + P_3(G_2 + P_2(G_1 + P_1 C_0))$$
$$C_4 = G_4 + P_4 C_3 = G_4 + P_4(G_3 + P_3(G_2 + P_2(G_1 + P_1 C_0)))$$

展开整理,得

$$C_1 = G_1 + P_1 C_0$$

$$C_2 = G_2 + P_2 G_1 + P_2 P_1 C_0$$

$$C_3 = G_3 + P_3 G_2 + P_3 P_2 G_1 + P_3 P_2 P_1 C_0$$

$$C_4 = G_4 + P_4 G_3 + P_4 P_3 G_2 + P_4 P_3 P_2 G_1 + P_4 P_3 P_2 P_1 C_0$$

由以上公式可知,四个进位输出信号仅由进位产生函数 G_i、进位传递 P_i 和最低进位 C_0 决定,与各自低位进位位无关。图 3-8 所示为四位先行进位电路图和四位先行进位加法器。

(a) 先行进位产生电路

(b) 四位先行进位加法

图 3-8　四位先行进位加法器

输入信号 A_i、B_i、C_0 是同时提供的,这样,所有的进位延迟时间都是 3ty,因为进位信号同时产生,所以称为同时进位或并行进位(carry look ahead,CLA),把这种进位信号由逻辑线路产生,再送去求和而构成的加法器,称为先行进位加法器。

理论上讲,这种先行进位加法器可以扩充到 n 位字长,但是,当加法器位数增加时,进位函数 C_{i+1} 会变得越来越复杂(n 位字长的加法器,最高进位位需要一个 $n+1$ 位输入的或门和 $n+1$ 位输入的与门电路实现),这在早期的电路实现是比较困难的。通常的做法是采用分组的方法,在保证进位快速性的同时,减少电路的复杂性。如以四位先行进位加法器为一组,在组间分别采用串行进位或并行进位。

4) 组间行波进位加法器

把四个先行进位加法器的组间按照如图 3-9 所示串联起

十六位行组间串行进位,组内并行进位加法器来，组成一个16位的行波进位加法器。在这种结构中，由于组间进位C_4、C_8、C_{12}、C_{16}仍然是串行产生的，最高进位的产生时间为$4 \times (3ty) = 12ty$。采用这种结构，在大大地缩短了进位延迟时间的同时，兼顾了电路设计的复杂性。如果还需要进一步提高速度，可以采用两级先行进位结构。这里不再讨论。

图 3-9　16位行波进位加法器

3. 实现补码加减运算的逻辑电路

图 3-10 所示为实现补码加减运算的逻辑电路。图中的 FA 代表加法器，A、B 代表两个寄存器，其功能是存放参加运算的数据（补码）。A 寄存器还用来保存运算结果。$A \rightarrow FA$、$B \rightarrow FA$、$\overline{B} \rightarrow FA$ 以及 $FA \rightarrow A$ 分别表示送加法器两个输入端及运算结果回送 A 的控制信号。$1 \rightarrow C_0$ 为加法器的最低进位信号。

图 3-10　实现补码加减运算的逻辑电路　　　　补码加减运算的逻辑电路

假设参加运算的数已送到 A、B 寄存器，实现加法运算时，控制器产生 $A \rightarrow FA$ 及 $B \rightarrow FA$ 两个控制信号则将$[A]_补$和$[B]_补$送到加法器 FA 的两个输入端，FA 完成$[A]_补 +[B]_补$的加法过程，然后通过 $FA \rightarrow A$ 控制信号将加法运算结果存入 A 寄存器。如果实现减法运算，控制器产生 $A \rightarrow FA$ 及 $\overline{B} \rightarrow FA$ 以及 $1 \rightarrow C_0$ 控制信号，则将$[A]_补$和$\overline{[B]_补}$送到加法器 FA 的两个输入端，1 送 C_0，FA 完成$[A]_补 +[-B]_补$的加法过程，然后通过 $FA \rightarrow A$ 控制信号将减法运算结果存入 A 寄存器。

3.2.4　十进制加法器

在计算机中，处理十进制数有两种常用的方法：一种方法是先将输入的十进制数转换为二进制数，在计算机中进行二进制运算，再将运算结果转换为十进制数，这种方法适用于数据不太多而计算量大的场合；另一种方法是采用 BCD 码进行十进制运算，这种方法适用于数据量多而计算较简单的场合。目前，许多通用计算机都采用第二种处理方法。

3.3 定点数的乘除法运算

乘除法运算是计算机的基本运算之一。各类计算机实现乘除法运算的方法可能不同,但是不管采取什么方法,乘除法的基本原理是相同的,即通过多次相加和移位操作来实现乘除法运算;或直接采用硬件,用阵列乘法器与阵列除法器来实现。

3.3.1 移位操作

移位操作是计算机进行算术运算和逻辑运算不可缺少的基本操作,利用移位也可以进行寄存器中信息的串行传送。因此,几乎所有计算机的指令系统中都设置有各类移位操作指令。移位操作可以分为三大类:逻辑移位、循环移位和算术移位。图 3-11 所示为三种移位操作。

图 3-11　三种移位操作示意图

1. 逻辑移位

逻辑移位只有数码位置的变化而无数量的变化,左移低位补 0,右移高位补 0。在逻辑移位指令中,左移高位进进位位,右移低位进进位位。

2. 循环移位

循环移位是指寄存器两端触发器有移位通道,形成闭合的移位环路。分不带进位位循环(小循环,进位位不参与循环)和带进位位循环(大循环,进位位参与循环)。

3. 算术移位

算术移位是数的符号位不变而数量发生变化。左移一位相当于乘以 2,右移一位相当于除以 2。数的编码方法不同,算术移位的规则也不同。

正数:当机器数是正数时,原码、补码、反码的符号位为 0,数值部分都与真值相等。所以不论左移、右移,移位后的空位均补 0。

负数:负数的原码移位后,符号位不变,空位补 0,负数的补码左移空位补 0,右移空位补 1,负数的反码移位后空位补 1。

3.3.2　原码一位乘法

视频:乘法
运算器 1(加
移位)

在计算机中,乘法一般采用原码进行。原码实现乘法运算非常简单,原因是乘积的符号位与积是分开考虑的。积的符号位为相乘两数的符号的"异或"值(同号得正,异号得负),其数值部分为两数的绝对值之积,即原码的数值部分之积。以定点小数为例,设

$$[X]_原 = x_s.x_1x_2\cdots x_n$$
$$[Y]_原 = y_s.y_1y_2\cdots y_n$$
$$[X]_原 \times [Y]_原 = x_s \oplus y_s(0.x_1x_2\cdots x_n)(0.y_1y_2\cdots y_n)$$

1. 运算方法

原码一位乘法是从手工算法演变而来的。下面举例说明。

【例 3-7】　$X = 0.1101$　$Y = 0.1011$

$$
\begin{array}{r}
0.1\,1\,0\,1 \\
\times\ \ 0.1\,0\,1\,1 \\
\hline
1\,1\,0\,1 \\
1\,1\,0\,1 \\
0\,0\,0\,0 \\
1\,1\,0\,1 \\
\hline
XY = 0.1\,0\,0\,0\,1\,1\,1\,1
\end{array}
$$

在上述手工计算过程中,两个二进制数的乘法有以下特点。

(1) 用乘数 Y 的每一位依次乘以被乘数 X 得 $X \times y_i$。若 $y_i = 0$,得 0,若 $y_i = 1$ 得 X。

(2) 把(1)中求的各项结果 $X \times y_i$ 在空间上向左错位排列,即逐次左移。可以表示为 $X \times y_i \times 2^{-i}$。

(3) 对(2)求得的结果求和 $\sum X \times y_i \times 2^{-i}$。这就是两个正数的积。

计算机在进行这一计算过程时应解决:

(1) ALU 只有两个输入端,通常一次只能完成对两个数的求和操作,整个乘法操作要执行多次加法操作才能完成。

(2) 在手工计算时,各加数逐位左移,这样两个 n 位数相乘,就需要 $2n$ 位加法器。但每一次相加时,因为加数左移,最低一位被加数实际上是加 0,即不加任何数。因此只

要将它移到另一个寄存器寄存起来而不需要用加法器。这样就可以将被加数右移代替加数左移,加法器的位数不会增加。

计算机在进行乘法运算时采用以下方法。

(1) 将乘数 Y 的一位乘以被乘数得 $X \times y_i$ 后,与前面所得到的部分结果累加获得新的部分积 P_i,这样只要设置一个寄存器保存部分积,初始化时该部分积寄存器为 0。减少了保存每次相乘结果 $X \times y_i$ 的开销。

(2) 在每次求得 $X \times y_i$ 后,不是将它左移与前一次部分积 P_{i-1} 相加,而是将部分积 P_{i-1} 右移一位与 $X \times y_i$ 相加。这是因为加法运算始终对部分积中的高 n 进行的。因此,只用 n 位的加法器(与一位进位位共 $n+1$ 位)就可以实现两个 n 位数的相乘。

(3) 对乘数中的“$y_i = 1$”的位,执行部分积加被乘数绝对值的操作,得到新的部分积,然后将新的部分积右移一位。对乘数中的“$y_i = 0$”的位,执行部分积加 0 并右移一位(也可以采用部分积直接右移,这样节省了部分积的生成时间)。以上过程的理论根据为

$$X \times Y = X \times (0.y_1 y_2 \cdots y_n) = X \times y_1 \times 2^{-1} + X \times y_2 \times 2^{-2} + \cdots + X \times y_n \times 2^{-n}$$
$$= 2^{-1}\{2^{-1}[2^{-1} \cdots 2^{-1}(2^{-1}(0 + X \times y_n) + X \times y_{n-1}) + \cdots + X \times y_2] + X \times y_1\}$$

设 $P_0 = 0$,则

$$P_1 = 2^{-1}(P_0 + X \times y_n)$$
$$P_2 = 2^{-1}(P_1 + X \times y_{n-1})$$
$$\vdots$$
$$P_i = 2^{-1}(P_{i-1} + X \times y_{n-(i-1)})$$
$$\vdots$$
$$P_{n-1} = 2^{-1}(P_{n-2} + X \times y_2)$$
$$P_n = 2^{-1}(P_{n-1} + X \times y_1)$$

所以 $X \times Y = P_n = 2^{-1}(P_{n-1} + X \times y_1)$。

乘法的数值部分通过多次累加和移位完成。每累加一次右移一位,所得结果为部分积,最后一次部分积即为乘积的数值部分。所以,欲求 $X \times Y$,需要设置三个寄存器 A、B、C。寄存器 A 用于保留部分积高位。乘法开始时,令其初值为 0,然后每乘一位乘数与前一次部分积相加并右移一位,得到一个新的部分积。寄存器 B 用于存放被乘数的绝对值。寄存器 C 用于存放乘数的绝对值,因为乘数每乘一位,此位代码就不再使用了,所以可以用乘数寄存器与部分积寄存器联合右移存放逐次增加的部分积低位。乘法结束时,A 中存放乘积的高位,C 中存放乘积的低位。

$X = 0.1101,Y = 0.1011$,计算机进行 $X \times Y$ 操作过程如下。

部分积 A	乘数 C	操作说明

$$
\begin{array}{llll}
\text{部分积 } A & \text{乘数 } C & \text{操作说明} \\
0\,0\,0\,0\,0 & 1\,0\,1\,\underline{1} & y_i=1,\text{部分积加被乘数绝对值} \\
+\quad 0\,1\,1\,0\,1 & & \\
\hline
0\,1\,1\,0\,1 & & \\
\rightarrow\ 0\,0\,1\,1\,0 & 1\,1\,0\,\underline{1} & \text{部分积与乘数一起右移一位} \\
+\quad 0\,1\,1\,0\,1 & & y_i=1,\text{部分积加被乘数绝对值} \\
\hline
1\,0\,0\,1\,1 & & \\
\rightarrow\ 0\,1\,0\,0\,1 & 1\,1\,1\,\underline{0} & \text{部分积与乘数一起右移一位} \\
+\quad 0\,0\,0\,0\,0 & & y_i=0,\text{部分积加 }0 \\
\hline
0\,1\,0\,0\,1 & & \\
\rightarrow\ 0\,0\,1\,0\,0 & 1\,1\,1\,\underline{1} & \text{部分积与乘数一起右移一位} \\
+\quad 0\,1\,1\,0\,1 & & y_i=1,\text{部分积加被乘数绝对值} \\
\hline
1\,0\,0\,0\,1 & & \\
\rightarrow\ 0\,1\,0\,0\,0 & 1\,1\,1\,1 & \text{部分积与乘数一起右移一位}
\end{array}
$$

积的符号位$=0\oplus0=0$，所以 $XY=0.1\,0\,0\,0\,1\,1\,1\,1$

2. 原理框图

实现原码一位乘法的程序流程图和逻辑电路原理框图如图 3-12 和图 3-13 所示。图中，CNT 表示计数器，其初始值 $CNT=n$。

图 3-12　原码一位乘法流程图

图 3-13　实现原码一位乘法运算的逻辑电路

乘法步骤：

(1) 初始化，被乘数→B，乘数→C，0→A，n→CNT。

(2) 若 $C_0=1$(C 的最末位，即 y_i)，A+B→A；否则 $C_0=0$ 时，A+0→A。

(3) A、C 联合右移一位。

(4) CNT−1→CNT，若 CNT≠0，按照(2)、(3)步循环，直至 CNT=0。

乘积为 $2n$ 位，高位在 A 中，低位在 C 中，符号位由异或门决定并冠在乘积最高位之前。

3.3.3　阵列乘法器

用加、移位的方法来实现乘法运算,对于两个 n 位数的乘法运算需要执行 n 次加和 n 次右移,随着数值位的增加,运算速度比较慢,高速乘法运算器都不采用这种方法。在前面讨论的用手算实现两个定点数绝对值相乘的执行过程中,在计算机内,可以用组合逻辑电路实现,图 3-14 所示为乘法器。

图 3-14　直接实现定点乘法的阵列乘积器

由于该乘法器呈现阵列结构的形式,故称为阵列乘法器(array multiplier)。图 3-14 中实现了 $X \times Y$ 的乘法运算,即

$$X \times Y = \sum (X \times y_j) 2^j = \sum \left(\sum (x_i \times y_j) 2^i \right) 2^j$$

式中的一位乘积 $x_i \times y_j$ 可以用一个两输入端的与门实现。每一次加法操作用一个全加器实现。2^i 和 2^j 的因子所蕴含的移位是由全加器空间错位来实现的。与门和全加器的功能可以用一个单元组合起来,在图 3-14 中用一个方框表示。

在阵列乘法器中,每一行由乘数的每一数位 y_j 控制,即 $x_i \times y_j \times 2^i$,而每一斜列则由被乘数的每一数位 x_i 控制,即为 $x_i \times y_j \times 2^i$。这种阵列乘法器的元件代价随 n 平方增加(n 是数据的位数)。

阵列乘法器的组织结构规则性强,标准化程度高。适合用超大规模集成电路实现,且能获得很高的运算速度。

3.3.4　定点除法运算

1. 原码除法运算

除法运算比乘法运算要复杂,它也是由手算演变来的。

1) 手算过程

下面以 $0.10011101 \div 0.1011$ 两个定点小数为例说明手算的一般过程,如图 3-15 所示。

图 3-15　手工除法

（1）被除数与除数进行比较（试商），决定上商。若被除数小，上商为 0，否则上商为 1。并得到部分余数。

（2）将除数右移，再与上一步所得的部分余数比较，决定上商，并得到新的部分余数。

（3）重复执行第（2）步，直到得到的商的位数足够为止。

原码一位除法运算与原码一位乘法运算一样，符号位和数值位是分别处理的，商的符号位为相除两数的符号位"异或"（同号得正，异号得负）。商的数值位为两数绝对值之商。

2）为方便计算机实现采用的方法

（1）比较运算用减法（用补码加法）来实现，根据减法结果的符号位的正负来判断两数的大小，结果为正，上商为 1，结果为负，上商为 0。

（2）进行减法运算时，加法器中两数对齐是用部分余数左移实现，并与除数比较，以代替手算时的除数右移与部分余数比较。左移出界的部分余数的高位都是 0，对运算不会产生任何影响。

（3）在计算机中设置商值寄存器。每一次上商都写到最低位，然后将部分余数同商一起左移，腾空商值寄存器的最低位，以备上新的商。

由于采用部分余数减除数的方法比较二者大小，当减法结果为负，即上商为 0 时，破坏了部分余数。为了保证运算结果的正确，可以采用两种方法：第一种方法是将减去的余数再加回去，恢复原来的部分余数，这种方法称为恢复余数法；第二种方法是在这一步中多减去的除数在下一步运算时补回来，这种方法称为不恢复余数法，又称为加减交替法。

2. 恢复余数法

若已知两个定点小数 X 和 Y，$X=(0.x_1x_2\cdots x_n)$，$Y=(0.y_1y_2\cdots y_n)$，求 X/Y 的商和余数的方法如下。

（1）$R_1=X-Y$。若 $R_1<0$，则上为商 $q_0=0$，同时恢复余数 $R_1=R_1+Y$；否则，上商 $q_0=1$。说明商大于 1。根据计算机中的定点小数表示规定，超过了数的表示范围，做溢出处理。

（2）若已求得第 i 次的部分余数 R_i，则第 $i+1$ 次的部分余数 $R_{i+1}=2R_i-Y$。若 $R_{i+1}<0$，则上商 $q_i=0$，同时恢复余数 $R_{i+1}=R_{i+1}+Y$；否则，上商 $q_i=1$。

（3）不断循环（2），直到求得所需要的商的位数 $(n+1)$。

其中，R_i 为部分余数（开始时为被除数 X）。

【例 3-8】 已知 $X=0.1011$，$Y=-0.1101$。用恢复余数法求 $X\div Y$。

因为原码除法是将符号位和商分开考虑的，商是直接用两个数字的绝对值相除，试商时，采用部分余数减除数是采用补码相加来实现的。先求两个数绝对值的补码。$|X|=0.1011$，$|Y|=0.1101$，$[|X|]_{补}=00.1011$，$[|Y|]_{补}=00.1101$，$[-|Y|]_{补}=11.0011$。采用恢复余数，$-|Y|$ 可以用 $+[-|Y|]_{补}$ 来实现。采用双符号位（防止左移时部分余数会改变符号位产生溢出）。在计算机中隐含了小数点，运算过程如图 3-16 所示。

	余数 R	商 Q	操作说明
	0 0 1 0 1 1	0 0 0 0 0	开始 $R_0=X$
+	1 1 0 0 1 1		$R_1=X-Y$
	1 1 1 1 1 0	0 0 0 0 0	$R_1<0$，则上商 $q_0=0$
+	0 0 1 1 0 1		恢复余数 $R_1=R_1+Y$
	0 0 1 0 1 1		得 R_1
←	0 1 0 1 1 0	0 0 0 0 0	部分余数同商一起左移 $2R_1$
+	1 1 0 0 1 1		$2R_1-Y$
	0 0 1 0 0 1	0 0 0 0 1	$R_2>0$，则上商 $q_1=1$
←	0 1 0 0 1 0	0 0 0 1 0	部分余数同商一起左移 $2R_2$
+	1 1 0 0 1 1		$2R_2-Y$
	0 0 0 1 0 1	0 0 0 1 1	$R_3>0$，则上商 $q_2=1$
←	0 0 1 0 1 0	0 0 1 1 0	部分余数同商一起左移 $2R_3$
+	1 1 0 0 1 1		$2R_3-Y$
	1 1 1 1 0 1	0 0 1 1 0	$R_4<0$，则上商 $q_3=0$
+	0 0 1 1 0 1		恢复余数 $R_4=R_4+Y$
	0 0 1 0 1 0		得 R_4
←	0 1 0 1 0 0	0 1 1 0 0	部分余数同商一起左移 $2R_4$
+	1 1 0 0 1 1		$2R_4-Y$
	0 0 0 1 1 1	0 1 1 0 1	$R_5>0$，则上商 $q_4=1$

图 3-16　原码一位恢复余数法

商的符号 $=0\oplus1=1$。所以 $X/Y=-0.1101$（商），余数为 0.0111×2^{-4}。

实现两个正数的除法的逻辑电路如图 3-17 所示。图 3-18 所示为恢复余数算法的流程图。其中寄存器、加法器、计数器的功能如下。

寄存器 R：初始值为被除数，除法运算过程中存放部分余数，除法结束时存放余数。

寄存器 Y：存放除数。

寄存器 Q：初始值为 0，除法运算过程中，与寄存器 R 一起左移，空出的最低位不断上商。除法结束时，存放商的数值位。

图 3-17　实现原码一位除法运算的逻辑电路

图 3-18　恢复余数算法的流程图

加法器 FA：用补码相加的方法实现部分余数与除数的比较。

计数器 CNT：控制除法的循环次数。初始值为数据的位数，每循环一次，自动减 1。当 CNT＝0 时，控制除法运算的结束。

3. 不恢复余数法（加减交替法）

视频：除法
运算器2（不
恢复余数法）

在恢复余数的算法中，当部分余数为负时，要恢复余数，这时要多做一次加法运算操作($+Y$)，这样不仅降低了运算速度，而且还使控制线路变得复杂。因此，在计算机中，很少采用恢复余数的算法，而普遍采用加减交替法。实现原理为：

在恢复余数的除法中，第 i 次的余数 R_i，若 $R_i \geqslant 0$，则第 $i+1$ 次的部分余数 $R_{i+1} = 2R_i - Y$。

若 $R_i < 0$（记位 R_i'），则上商为 $q_i = 0$，同时恢复余数 $R_1 = R_i' + Y$，则 $R_{i+1} = 2R_i - Y = 2(R_i' + Y) - Y = 2R_i' + Y$。所以当第 i 次的部分余数为负时，可以省略恢复余数这一步操作，而在下一次求部分余数时将减除数操作改为加除数操作，这样就节省了一次恢复余数的运算。对两个正数采用不恢复余数的算法的一般步骤归纳于下。

(1) $R_1 = X - Y$。若 $R_1 < 0$，则上商为 $q_0 = 0$，同时恢复余数 $R_1 = R_1 + Y$（实际操作时，是在下一步操作中执行 $R_2 = 2R_1 + Y$）。否则，上商 $q_0 = 1$。说明商大于 0。根据计算机的定点小数表示规定，超过了数的表示范围，做溢出处理。

(2) 如果已求得第 i 次的部分余数 R_i，若 $R_i < 0$，则上商为 $q_{i-1} = 0$，$R_{i+1} = 2R_i + Y$。上次运算中多减的 Y 在这次运算中补回来了，否则，上商 $q_{i-1} = 1$，$R_{i+1} = 2R_i - Y$。

(3) 不断循环(2)，直到求得所需要的商的位数($n+1$)。

注意，在运算到最后一步时，如果部分余数是负的，要进行一次恢复余数。

【例 3-9】　已知 $X = 0.1011$，$Y = -0.1101$。用不恢复余数法求 X/Y。

$|X| = 0.1011$，$|Y| = 0.1101$，$[|X|]_补 = 00.1011$，$[|Y|]_补 = 00.1101$，$[-|Y|]_补 = 11.0011$。采用不恢复余数。$-Y$ 可以用 $+[-|Y|]_补$ 来实现。采用双符号位（防止左移时部分余数会改变符号位产生溢出）。运算过程如图 3-19 所示。

	余数 R	商 Q	操作说明
	00　1011	00000	开始 $R_0 = X$
+	11　0011		$R_1 = X - Y$
	11　1110	00000	$R_1 < 0$，则上商 $q_0 = 0$
←	11　1100	00000	部分余数和商一起左移 $2R_1$
+	00　1101		$2R_1 + Y$
	00　1001	0000<u>1</u>	$R_2 > 0$，则上商 $q_1 = 1$
←	01　0010	000<u>1</u>0	部分余数和商一起左移 $2R_2$
+	11　0011		$2R_2 - Y$
	00　0101	000<u>11</u>	$R_3 > 0$，则上商 $q_2 = 1$
←	00　1010	00<u>11</u>0	部分余数同商一起左移 $2R_3$
+	11　0011		$2R_3 - Y$
	11　1101	00<u>11</u>0	$R_4 < 0$，则上商 $q_3 = 0$
←	11　1010	0<u>1100</u>	部分余数同商一起左移 $2R_4$
+	00　1101		$2R_4 + Y$
	00　0111	<u>0110</u>1	$R_5 > 0$，则上商 $q_4 = 1$

图 3-19　原码一位不恢复余数法

商的符号 $= 0 \oplus 1 = 1$，所以 $X/Y = -0.1101$（商），余数为 0.0111×2^{-4}。

从上面的计算过程可以看出，在不恢复余数除法运算中，每一位商的计算或是减法或是加法，而不是两者都要。

3.4 逻 辑 运 算

在计算机中，对非数值数据的处理主要涉及逻辑运算，逻辑运算主要包括逻辑与、或、非和异或操作。逻辑运算的结果只与本位逻辑数有关，不受其他位的影响。

3.4.1 逻辑与

逻辑与的运算符为∧（或直接用·表示）；运算关系为 $1 \wedge 1=1, 1 \wedge 0=0, 0 \wedge 1=0, 0 \wedge 0=0$；逻辑与的运算口诀为"全 1 得 1，见 0 得 0"。所以逻辑与运算又称为逻辑乘。逻辑与运算器可以直接用与门电路实现，如图 3-20 所示。

3.4.2 逻辑或

逻辑或的运算符为∨（或直接用＋表示）；运算关系为 $1 \vee 1=1, 1 \vee 0=1, 0 \vee 1=1, 0 \vee 0=0$；逻辑或的运算口诀为"见 1 得 1，全 0 得 0"。所以逻辑或运算又称为逻辑加。逻辑或运算器可以直接用或门电路实现，如图 3-21 所示。

图 3-20　逻辑与电路　　　　　　　图 3-21　逻辑或电路

3.4.3 逻辑异或

逻辑异或的运算符为⊕；运算关系为 $1 \oplus 1=0, 1 \oplus 0=1, 0 \oplus 1=1, 0 \oplus 0=0$；逻辑异或的运算口诀为"相同得 0，不同得 1"。逻辑异或运算器可以直接用异或门电路实现，如图 3-22 所示。

3.4.4 逻辑非

逻辑非的运算符为‾，只有一个操作数，运算关系为 $\overline{1}=0, \overline{0}=1$。所以逻辑非运算又被称为取反运算。逻辑非运算器可以直接用非门电路（反向器）实现，如图 3-23 所示。

图 3-22　逻辑异或电路　　　　　　图 3-23　反向器逻辑电路

3.5 定点运算器的组成

3.5.1 定点运算器的基本结构

不同计算机的运算器组成结构是不同的,但一般都包含算术逻辑运算单元、通用寄存器组、专用寄存器和附加的控制线路 4 部分。

1. 算术逻辑运算单元

在计算机中,具体实现算术运算和逻辑运算的部件通常称为算术逻辑运算单元(arithmetic and logic unit,ALU),它是加法器、乘法器和逻辑运算器的集成,是运算器的核心。ALU 通常表示为包含两个输入端、一个输出端和多个功能控制信号端的逻辑符号,如图 3-24 所示。加法器是 ALU 的核心,是决定 ALU 运算速度的主要因素。

图 3-24 基本的运算部件

2. 通用寄存器组

为了避免频繁地访问存储器,运算器中提供了暂时存放参加运算的数据和中间结果的单元。为此,在运算器内部设定若干通用寄存器,构成通用寄存器组。通用寄存器越多对提高运算器的性能和程序执行速度越有利。通用寄存器组对用户是开放的,用户可以通过指令去使用它。

在运算器中,用来提供一个操作数并存放运算结果的通用寄存器称为累加器(accumulator,Acc)。累加器可以是一个,也可以有多个。

3. 专用寄存器

为了记录程序执行过程中的重要状态,还要设置一些专用寄存器,如标志寄存器(FLAG)或程序状态字(program status word,PSW)[①]、堆栈指针(stack pointer,SP)等。有些专用寄存器对程序员是透明的,用户不能访问,如循环计数器、暂存器。有些是对程

---

① 标志寄存器和程序状态字是同一个寄存器的不同说法,有的 CPU 称 FLAG(如 80x86 系列),有的 CPU 称 PSW(如 MCS-51 单片机)。

序员开放的,程序员可以通过指令使用它。

4. 附加的控制线路

运算器要求运算速度快,运算精度高。为了达到这一目的,在运算器中附加一些控制线路。例如,运算器中的乘 2^i 或乘 2^{-i} 运算和某些逻辑运算是通过移位操作实现的,通常是在 ALU 的输出端设置移位线路来实现。移位包括左移、右移和直送。移位线路也是一个多路选择器。

3.5.2 集成多功能算术/逻辑运算器

74181 是一个四位 ALU 的集成电路,其逻辑符号如图 3-25 所示,表 3-6 是其在正逻辑下的功能表。它能够对两个四位二进制代码 $A_3 A_2 A_1 A_0$ 和 $B_3 B_2 B_1 B_0$ 进行 16 种算术运算(当 M 为低电平时)和 16 种逻辑运算(当 M 为高电平时),产生结果 $F_3 F_2 F_1 F_0$。这两类各 16 种运算操作分别由 $S_3 S_2 S_1 S_0$ 四位输入控制端来选择。$\overline{C}_n$ 是 ALU 的最低位进位输入,低电平有效,即 $\overline{C}_n = 0$ 表示有进位输入。$\overline{C}_{n+4}$ 是 ALU 进位输出信号。

图 3-25 74181 的逻辑符号

表 3-6 74181 功能表

S_3	S_2	S_1	S_0	M＝1 逻辑运算 F＝	M＝0 算术运算 F＝	
					$\overline{C}_n = 1$	$\overline{C}_n = 0$
0	0	0	0	$\overline{A}$	A	A 加 1
0	0	0	1	$\overline{(A+B)}$	A＋B	(A＋B)加 1
0	0	1	0	$\overline{A} \cdot B$	$A + \overline{B}$	$A + \overline{B}$ 加 1
0	0	1	1	0	减 1	0
0	1	0	0	$\overline{(A \cdot B)}$	A 加(A·$\overline{B}$)	A 加(A·$\overline{B}$)加 1
0	1	0	1	$\overline{B}$	(A·$\overline{B}$)加(A＋B)	(A·$\overline{B}$)加(A＋B)加 1
0	1	1	0	A $\oplus$ B	A 减 B 减 1	A 减 B
0	1	1	1	A·$\overline{B}$	(A·$\overline{B}$)减 1	(A·$\overline{B}$)
1	0	0	0	$\overline{A}$＋B	A 加(A·B)	A 加(A·B)加 1
1	0	0	1	$\overline{(A \oplus B)}$	A 加 B	A 加 B 加 1
1	0	1	0	B	(A·B)加(A＋$\overline{B}$)	(A·B)加(A＋$\overline{B}$)加 1
1	0	1	1	A·B	(A·B)减 1	(A·B)
1	1	0	0	1	A 加 A	A 加 A 加 1
1	1	0	1	A＋$\overline{B}$	A 加(A＋B)	A 加(A＋B)加 1
1	1	1	0	A＋B	A 加(A＋$\overline{B}$)	A 加(A＋$\overline{B}$)加 1
1	1	1	1	A	A 减 1	A

将两片 74181 级联(低位的进位输出 $\overline{C}_{n+4}$ 端同高位的进位输入端 $\overline{C}_n$ 直接相连),可以实现组内并行进位组间串行进位的 8 位多功能算术逻辑运算单元,如图 3-26 所示。

图 3-26 两片 74181 级联构成 8 位的 ALU 逻辑图

另外还有一个与 74181 配套使用的超前进位芯片 74182,图 3-27 所示为 74182 的逻辑符号。1 片 74182 与 4 片 74181 组合(74181 的 P、G 端输出作为 74182 的 P、G 端输入,74182 的输出产生超前进位 C_{n+4}、C_{n+8} 和 C_{n+12},分别作为 74181 的 C_n 输入)可以实现 16 位超前进位运算器,图 3-28 所示为 74181 与 74182 组成的 16 先行进位加法器。

图 3-27 74182 逻辑符号

图 3-28 74181 与 74182 组成的 16 先行进位加法器

视频:浮点运算器的实现

3.6 浮点数运算

浮点数的运算涉及阶数和尾数两部分,所以要比定点数复杂得多,特别是加减法,必须进行对阶操作。

3.6.1 浮点数的加减法

设两个二进制规格化的浮点数 X 和 Y 可以表示为

$$X = Mx \times 2^{Ex}, \quad Y = My \times 2^{Ey}$$

则

$$X + Y = Mx \times 2^{Ex} + My \times 2^{Ey} = (Mx \times 2^{Ex-Ey} + My) \times 2^{Ey}$$
$$= Mb \times 2^{Eb} \quad (假设 \ Ex \leqslant Ey)$$
$$X - Y = Mx \times 2^{Ex} - My \times 2^{Ey} = (Mx \times 2^{Ex-Ey} - My) \times 2^{Ey}$$
$$= Mb \times 2^{Eb}$$

在计算机中进行 X 和 Y 的加减运算的步骤如下。

1. 对阶

对阶的目的使 X 和 Y 的阶数相同，只有阶数都相同，尾数才能相加减。阶数的比较是通过两阶数的减法来实现的，统一取大的阶数（小阶数转换为大阶数，尾数小数点左移，尾数减小，由于计算机中小数点的位置是隐含固定的，实际做法是将尾数右移，在高位补零。由于受字长的限制，移出去的最低位将丢失，这样造成的误差是最小的。如果采用大阶数转化小阶数，尾数将左移，移出去的将是最高位，造成的误差最大）。右移的步数可以表示为 $|\Delta E| = |Ex - Ey|$。

若 $\Delta E \leqslant 0$，则 $Eb \leftarrow Ey$，$Mx \leftarrow Mx \times 2^{Ex-Ey}$。

若 $\Delta E > 0$，则 $Eb \leftarrow Ex$，$My \leftarrow My \times 2^{Ey-Ex}$。

对阶时，小阶数尾数在右移时应该注意：

（1）原码形式的尾数右移时，符号位不参加移位，数值位右移，空出位补 0。补码形式的尾数右移时，符号位与数据位一起右移，但符号位保持不变，实际上就是算术右移。

（2）尾数右移，使尾数中原有的 $|\Delta E|$ 位有效位被移出，移出的这些位不要丢掉，应保留并参加后续运算，这对提高运算结果的精度有一定好处。这些被保留的多余位又称为警戒位。

2. 尾数相加减

对完阶后，尾数直接相加减。

$$Mb \leftarrow Mx \pm My$$

3. 规格化

在完成浮点数的加减运算的基本操作后，并不能保证结果一定是规格化的，因此必须对尾数进行规格化处理，同时对结果的溢出情况要进行处理。规格化与尾数的编码方式有关。假设浮点数的尾数是用补码且采用双符号位表示，则规格化形式的尾数应是如下形式：

尾数为正：$001x\cdots x$。其中 00 为双符号位，1 最高数值位的值，x 为 0 或 1 任意值。

尾数为负：$110x\cdots x$。其中 11 为双符号位，0 最高数值位的值，x 为 0 或 1 任意值。

尾数违反规格化的情况有以下两种可能。

（1）尾数加、减法运算中产生溢出。表现为符号位异常，正溢出 01，负溢出 10。规格化采用的方法是：尾数右移一位，阶码加 1，即右规。可以表示为 $Mb \leftarrow Mb \times 2^{-1}$，$Eb \leftarrow Eb + 1$。

（2）尾数的绝对值小于二进制数的 0.1。补码形式的尾数表现为最高数值位与符号位同值。

尾数为正：$000\cdots01x\cdots x$（除符号位 00 外，有 k 个 0）。

尾数为负：$111\cdots10x\cdots x$（除符号位 11 外，有 k 个 1）。

此时，规格化采取的方法是：符号位不动，数值位逐次左移，阶码逐次减 1，直到满足规格化形式的尾数,即最高数值位与符号位不同值为止。这种规格化称为左规。可表示为 $Mb \leftarrow Mb \times 2^k, Eb \leftarrow Eb - k$。

4. 尾数的舍入处理

在尾数的对阶和尾数的右规中都有可能产生警戒位,为了提高数据的计算精度,需要对尾数结果(警戒位)进行舍入处理。常用的方法如下。

(1) 0 舍 1 入法。就是警戒位的最高位为 1 时,在尾数的最低位+1。

(2) 恒 1 法(又称冯·诺依曼舍入法)。不论警戒位是什么,直接在尾数的最低有效位置 1。

(3) 恒舍法。不论警戒位是什么,都舍去。

5. 阶码的溢出处理

在对结果进行规格化处理时,对阶码进行了加减运算操作,这都有可能导致阶码溢出。若阶码 Eb 正溢出,表示浮点数已超出允许表示的数的范围上限,置溢出标志。若阶码 Eb 负溢出,则运算结果趋于 0,结果置机器 0。否则,浮点数的加减运算正常结束,结果为 $Mb \times 2^{Eb}$。

3.6.2　浮点数的乘除法运算

浮点数的乘除法运算步骤类似于浮点数的加减法运算步骤。二者主要区别是浮点数加减要对阶,浮点数的乘除法没有对阶这一步操作。二者对结果的后处理都是相同的,都包括结果的规格化、舍入处理和阶码的溢出判断。

设两个规格化的浮点数为 $X = Mx \times 2^{Ex}, Y = My \times 2^{Ey}$,实现乘除法的运算如下。

$$X \times Y = (Mx \times 2^{Ex}) \times (My \times 2^{Ey}) = (Mx \times My) \times 2^{Ex+Ey} = Mb \times 2^{Eb}$$

$$X \div Y = (Mx \times 2^{Ex}) \div (My \times 2^{Ey}) = (Mx \div My) \times 2^{Ex-Ey} = Mb \times 2^{Eb}$$

1. 浮点数乘法的运算步骤

1) 两浮点数相乘

两浮点数相乘,乘积的阶码为相乘两数阶码之和,尾数为相乘两数尾数之积。可以表示为

$$Mb = Mx \times My, \quad Eb = Ex + Ey$$

2) 尾数规格化

Mx 和 My 都是绝对值大于或等于 0.1 的二进制小数,因此,两数乘积 $Mx \times My$ 的绝对值是大于或等于 0.01 的二进制小数。所以,不可能溢出,也即不需要右规。对于左规来说,最多一位,即 Mb 最多左移一位,阶码 Eb 减 1。

3) 尾数舍入处理

$Mx \times My$ 产生双字长乘积,如果只要单字长结果,那么乘积的低位就当作警戒位进行舍入处理。如果要求结果保留双字长乘积,就不需要进行舍入处理。

4）阶码溢出判断

对 Eb 的溢出判断完全相同于浮点数的加减法的相应操作。

2. 浮点数除法的运算步骤

1）两浮点数相除

若除数 $My=0$，则报告出错。否则，两浮点数相除，商的阶码为被除数阶码减去除数的阶码，尾数为相除两数尾数之商。可以表示为

$$Mb = Mx \div My, \quad Eb = Ex - Ey$$

2）尾数规格化

Mx 和 My 都是绝对值大于或等于 0.1 的二进制小数，因此，两数的商 $Mx \div My$ 的绝对值是大于或等于 0.1 且小于 10 的二进制。所以，对 Mb 不需要左规。对于右规来说，即 Mb 右移一位，阶码 Eb 加 1。

3）尾数舍入处理

同浮点数的加、减法的相应操作。

4）阶码溢出判断

同浮点数的加、减法的相应操作。

早期由于受集成度的限制，在 CPU 内部的运算器是不包含浮点运算器，目前所有的 CPU 中的运算器都包括浮点运算器。

第 3 章课堂练习

第 3 章总结

习   题   3

一、选择题

1. 组成一个运算器需要若干个部件，但下面所列的_____不是组成运算器的部件。

    A. 地址寄存器　　　　B. 数据总线　　　　C. ALU　　　　D. 状态寄存器

2. ALU 属于_____部件。

    A. 运算器　　　　B. 控制器　　　　C. 存储器　　　　D. 寄存器

3. 加法器中进位产生函数是_____。

    A. $A_i + B_i$　　　　B. $A_i \oplus B_i$　　　　C. $A_i - B_i$　　　　D. $A_i B_i$

4. 在定点运算器中，无论采用双符号位还是单符号位，必须有溢出判断电路。一般用_____作为溢出判断电路。

    A. 或非门　　　　B. 移位电路　　　　C. 译码电路　　　　D. 异或门

5. 组间行波进位加法器的进位特点是_____。

    A. 组间串行进位,组内串行进位　　　　　B. 组间先行进位,组内先行进位

    C. 组间串行进位,组内先行进位　　　　　D. 组间先行进位,组内串行进位

6. 在浮点数加减法中对阶操作是指_____。

    A. 将较小的一个阶码调整到与较大的一个阶码相同

    B. 将较大的一个阶码调整到与较小的一个阶码相同

    C. 将被加数的阶码调整到与加数阶码相同

    D. 将加数的阶码调整到与被加数阶码相同

7. 一个 C 语言程序在一台 32 位机器上运行。程序中定义了三个变量 x、y、z,其中 x 和 z 为 int 型,y 为 short 型。当 $x=127$、$y=-9$ 时,执行赋值语句 $z=x+y$ 后,x、y、z 的值分别是_____。

    A. $x=0000007FH$,$y=FFF9H$,$z=00000076H$

    B. $x=0000007FH$,$y=FFF9H$,$z=FFFF0076H$

    C. $x=0000007FH$,$y=FFF7H$,$z=FFFF0076H$

    D. $x=0000007FH$,$y=FFF7H$,$z=00000076H$

8. 假定有 4 个整数用 8 位补码表示,$r1=FEH$,$r2=F3H$,$r3=90H$,$r4=F8H$,若将运算结果存放在 8 位寄存器中,则下列运算中会发生溢出的是_____。

    A. $r1 \times r2$　　　　　B. $r2 \times r3$　　　　　C. $r1 \times r4$　　　　D. $r2 \times r4$

9. 下列说法中正确的是_____。

    A. 采用变形补码进行加减法运算可以避免溢出

    B. 只有定点数运算才可能溢出,浮点数运算不会产生溢出

    C. 定点数和浮点数运算都可能产生溢出

    D. 两个正数相加时一定产生溢出

10. 下列有关浮点数加减运算的叙述中,正确的是_____。

    Ⅰ. 对阶操作不会引起阶码上溢和下溢

    Ⅱ.右规时尾数舍入都可能引起阶码上溢

    Ⅲ.左规时可能引起阶码下溢

    Ⅳ.尾数溢出时结果不一定溢出

    A. 仅Ⅱ、Ⅲ　　　　　B. 仅Ⅰ、Ⅱ、Ⅳ　　　　　C. 仅Ⅰ、Ⅲ、Ⅳ　　D. Ⅰ、Ⅱ、Ⅲ、Ⅳ

二、填空题

1. 在补码加减法器中,_____位作为操作数直接参加运算。

2. 在计算机中进行加减运算时常采用_____码。

3. 补码运算的特点是符号位_____。

4. 已知 $X=0.1011$,$Y=-0.1101$,则 $[X+Y]_补=$ _____。

5. 已知 $X=-0.1011$,$Y=0.1101$,则 $[X+Y]_补=$ _____。

6. 已知 $X=-0.0011$,$Y=-0.0101$,则 $[X+Y]_补=$ _____。

7. 已知 $X=-0.0111$,$Y=0.1101$,则 $[X+Y]_补=$ _____。

8. 引入先行进位概念的目的是_____。

9. 先行进位方式通过_____来提高速度。

10. 先行进位 C_{n+1} 的逻辑表达式为_____。

11. 在原码一位乘法中,符号位_____运算。

12. 两个原码数相乘,其积的符号位为相乘两数的符号位_____,其积的数值为相乘两数的_____之积。

13. 在原码除法中,其商的符号位为相除两数的符号位_____。其商的数值为相除两数的_____之商。

14. 完成浮点加减法运算一般要经过_____、_____、_____、_____ 和_____五步。

15. 完成浮点乘法运算一般要经过_____、_____、_____、_____ 和_____五步。

16. 在进行浮点加减法运算时,若产生尾数溢出的情况可用_____解决。

17. 可通过_____部分是否有溢出,来判断浮点数是否有溢出。

18. 在对阶时,一般是_____。

19. 在没有浮点运算器的计算机中我们可以_____。

20. 若 $A=1001B, B=1010B$,那么 $A \vee B=$_____B。

21. 若 $A=1001B, B=1010B$,那么 $A \wedge B=$_____B。

22. 若 $A=1001B, B=1010B$,那么 $A \oplus B=$_____B。

23. 运算器的主要功能是_____,其核心组成是_____。

24. ALU 的核心部件是_____。

25. 并行加法器和串行加法器的区别是_____。

26. 在并行加法器中,串行进位和先行进位的区别是_____。

三、计算题

1. 采用补码进行加减运算(用六位二进制表示,左边二位为符号位),并使用双符号位溢出判断公式来判断结果是否溢出。若溢出,是哪一种溢出?

　　① $14+(-8)$　　　　　　② $(-11)-7$

2. 利用补码进行加减运算(用 5 位二进制表示,左边第一位为符号位),并使用单符号位溢出判断公式来判断结果是否溢出。若溢出,是哪一种溢出?

　　① $13+7$　　　　　　② $12-8$

3. 利用补码进行加减运算(用 5 位二进制表示,左边第一位为符号位),并使用 C_{n-1} 和 C_n 溢出判断公式来判断结果是否溢出。若溢出,是哪一种溢出?

　　① $0.0011+0.1101$　　　　　　② $-0.1101-(-0.1011)$

4. 已知 $X=-0.1011, Y=+0.1110$,用原码的不恢复余数法求 $X \div Y$,写出具体运算过程,分别给出求出的商和余数。

5. 已知被乘数 $X=-1011$,乘数 $Y=-1101$,利用原码一位乘法求 $X \times Y$(要求写出具体乘法步骤)。

第4章

chapter 4

存储器系统

本章详细内容参见图 4-0。

图 4-0 知识点思维图

冯·诺依曼计算机结构的特点是程序驱动,用户使用计算机解决问题必须编写程序、存储程序和执行程序。存储器就是用来存储程序和数据的。

本章主要讨论以下问题。

(1)存储器的分类及各种不同存储器的特点。

(2)半导体存储器的分类及存储原理。

(3)磁存储器的存储原理。

课程思政
材料

（4）光存储器的存储原理。

（5）CPU 与内存的连线、访问控制及内存容量扩展方法。

（6）计算机系统中的存储器系统体系结构要解决的主要问题。

（7）cache 的工作原理及替换算法。

（8）虚拟存储器的概念。

视频：存储
器的基本概
念、分类和
性能指标

4.1 存储器概述

4.1.1 基本概念

存储器的主要功能是存储计算机中的程序和数据。通常把计算机主机内部的存储器称为内存储器或主存储器（main memory），而主机外部的存储器称为外部存储器或辅助存储器（简称辅存），我们通常所说的存储器实际是指主存。存储器一般是指存储硬件。存储硬件和管理存储器硬件的软件组成了存储系统。

主存和辅存是两个独立的系统，主存容量小速度快，CPU 可以直接访问，但断电后不能保存信息。辅存容量大速度慢，CPU 不能直接访问。为了满足 CPU 对存储容量和速度的要求，利用软硬件控制将主存与辅存有机地组织在一起，构成一个完整的存储体系。一个存储器必须包括存储体（也称单元）、指定存储单元的单元地址和读/写控制信号。

CPU 执行指令时能访问的所有存储单元的集合称为 CPU 的可寻址存储空间，存储空间的大小取决于 CPU 的地址线的根数，n 根地址线的最大寻址范围为 $0 \sim 2^n - 1$。

4.1.2 存储器分类

存储器除可分为主存储器和辅助存储器外，还可以有以下 4 种分法。

1. 按存储介质分类

1）磁存储器

利用磁性材料的两种不同剩磁状态（$+B_r$，$-B_r$）分别表示二进制的 0 和 1 来达到存储信息的目的。硬盘、软盘和磁带都是磁存储器。

2）半导体存储器

由半导体材料构成，利用半导体元件组成双稳态电路，一个稳定状态表示 0，另一个稳定状态表示 1，以达到存储信息的目的，如静态 RAM 存储器（SRAM）。或者利用半导体的 PN 极的结电容存储电荷状态来达到存储信息的目的，无电荷表示 0，有电荷表示 1，如动态 RAM 存储器（DRAM）。

3）光存储器

利用激光照到存储介质上，并根据有无反射光来确定存储的信息是 0 还是 1，如 CD 光盘和 DVD 光盘。

2. 按存取方式分类

按照存取方式的不同,存储器可分为 RAM、SAM、DAM 和 ROM。

1) 随机存储器

随机存储器(random access memory,RAM)是任何单元的信息都能随机存取,且存取时间与存储器单元地址无关。内存、高速缓存和磁芯存储器都是 RAM。

2) 顺序存储器

顺序存储器(sequential access memory,SAM)是存取信息需要依地址顺序进行访问,存取时间与存储单元所在的存储器位置有关,磁带和 CD-ROM 都是 SAM。

3) 直接存储器

直接存储器(direct access memory,DAM)的存取方式兼有 RAM 和 SAM 特点,磁盘属于 DAM。它在寻道和扇区方面与 RAM 相似,在扇区内存取数据时与 SAM 相似。

4) 只读存储器

只读存储器(read only memory,ROM)正常工作时,存储体中的数据只能读取不能被改写。ROM 通常用来存放长期不需要改变的程序和数据,如主板上的 ROM BIOS 和显卡上的字符发生器。ROM 可由半导体材料或磁性材料构成。

3. 按信息保存时间分

按信息保存时间的不同,存储器还可以分成易失性存储器和非易失性存储器。

1) 易失性存储器

断电后保存的信息将丢失的存储器称为易失性存储器(volatile memory)。半导体 RAM 存储器属于易失性存储器,动态 DRAM 半导体存储器即使不掉电,信息也只能保持 2ms,所以为了不丢失信息,必须对 DRAM 中的信息进行不断刷新(读/再重写)。

2) 非易失存储器

断电后保存的信息可以保持不变的存储器称为非易失性存储器(nonvolatile memory),也称永久性存储器。磁存储器、光盘存储器、半导体 ROM 存储器都属于非易失存储器。

4. 按功能或存储体系的分层结构进行分类

1) 通用寄存器

CPU 内部配置的通用寄存器,它的速度与 CPU 速度匹配,用于寄存数据和指令,称为寄存器型存储器。

2) 高速缓冲存储器

高速缓冲存储器(cache)是高速小容量的存储器,速度接近 CPU 的速度。cache 是 CPU 和主存之间的缓冲存储器,它用来存储使用频度最高的且当前执行的指令处理的数据。对 PC 而言,它的容量常为 16～512KB。目前 CPU 中大多集成了 cache,并且分 L1 和 L2。如 Intel Pentium 4 2.4G CPU 中,L1 中含指令 cache 12KB,数据 cache 8KB;L2 中含 cache 512KB。

3）主存储器

主存储器又称内存，用来存放当前正在执行的程序和处理的数据，CPU可以直接访问主存，且断电后数据不能保存。容量为8～16GB，存储周期为几纳秒。

4）辅助存储器

辅助存储器又称外存，主要用来保存大量的文件和数据，速度较慢，CPU不能直接访问，断电后数据不会丢失，可以长期保存信息，作为对主存的后备和补充，容量可达几百GB以上。

4.1.3　存储器的性能指标

存储器的主要性能指标包括存储容量、存取周期、可靠性、功耗和性能价格比等。

1. 存储容量

存储容量是指存储器存储二进制信息的量，常以字W（word）或字节B（byte）为单位，也有以二进制位b（bit）为单位的。以字为单位的通常用字数（单元数）乘以字长表示。以字节为单位通常就直接表示成多少B，如1024B。CPU可以直接访问的存储器单元数一般受地址线根数的限制，二者之间的关系为存储器单元数$=2^n$（n为地址根数），20根地址线可直接访问的存储器单元数为1M。辅存储容量一般用字节表示，如500GB的硬盘。各容量之间的换算关系为

$$1W(Word) = 2B(Byte)（IBM公司规定）$$
$$1B(Byte) = 8b(bit)$$
$$1KB = 1024(2^{10})B$$
$$1MB = 1024K(2^{20})B$$
$$1GB = 1024M(2^{30})B$$
$$1TB = 1024G(2^{40})B$$
$$1PB = 1024T(2^{50})B$$
$$1EB = 1024P(2^{60})B$$
$$1ZB = 1024E(2^{70})B$$
$$1YB = 1024Z(2^{80})B$$

但是，目前硬盘和U盘的容量标称仍然采用十进制换算（按照通信容量换算），即

$$1KB = 1000B$$
$$1MB = 1000KB$$
$$1GB = 1000MB$$
$$1TB = 1000GB$$

因此，标称为80GB的硬盘，实际容量只有70多GB。

2. 存取周期

存储器读、写时间（存、取时间）是指读、写命令有效到读、写操作完成所经历的时间，

用 MAT(memory access time)表示,现在大约在纳秒级。

存储周期时间(memory cycle time,MCT)是指两次连续存储器操作所需要的时间间隔。通常 MCT>MAT。

存储器的带宽 B 表示存储器被连续访问时,可提供的数据传输速率,通常用每秒传送信息的位数(或字节数)衡量。

3. 可靠性

存储器的可靠性通常用平均无故障时间(mean time between failures,MTBF)衡量,MTBF 越长,存储器的可靠性越高。

4. 性能价格比

性能价格比也是衡量存储器的一个重要指标,对不同的存储器性能的定义不同,如采用容量或采用速度作为性能指标。

4.2 半导体存储器

视频:半导
体存储器的
分类和组成

4.2.1 半导体存储器概述

1. 半导体存储器分类

半导体存储器可分 RAM 和 ROM 两大类。其中 RAM 根据制造材料不同又可以分双极(bipolar)型和 MOS 型两类。双极型结构复杂,集成度低,成本高,一般用作高速缓存。

主存常用 MOS RAM,根据电路结构不同可分静态 RAM(static RAM,SRAM)和动态 RAM(dynamic RAM,DRAM),比较而言,DRAM 比 SRAM 的集成度要高得多。

ROM 可分为以下 5 类。

1)掩膜编程 ROM

掩膜编程 ROM(masked programmable ROM,MROM)是用户将程序或数据交给芯片制造厂家,厂家在芯片制造过程中,直接把程序或数据写到芯片中,芯片中的数据用户不能再修改。目前,这种芯片主要用在成熟的家电产品中,如空调、洗衣机、微波炉等的控制程序。

2)可编程 ROM

可编程 ROM(programmable ROM,PROM)芯片,用户可以在专用的编程器上将自己的程序或数据写入芯片中。数据一旦写入就不能再修改,通常又称为一次可编程的存储器(one time programmable ROM,OTP ROM)。

3)可擦除可编程 ROM

可擦除可编程 ROM(erasable programmable ROM,EPROM)芯片,用户不仅可以在专用的编程器上将自己的程序或数据写入芯片中,还可以将芯片中的程序或数据用紫外线擦除再（整片擦除）重新编程，常用在早期产品开发阶段的存储器。

4）电可擦除可编程 ROM

电可擦除可编程 ROM（electric erasable programmable ROM，EEPROM）芯片的擦除方式由紫外线擦除改为电擦除。由于紫外线擦除需要专门的擦除设备，对于采用贴片封装焊接在电路板上的芯片的擦除非常不方便。EEPROM 中的内容可以直接用电信号擦除，使用就像 RAM 一样方便，而且断电后内容又可以长期保存。

5）闪存

闪存（flash memory）是 EEPROM 的一种，由于早期 EEPROM 擦除电压比较高，擦除速度比较慢，无法满足读写速度要求较快的数码设备和其他移动设备，闪存在 EEPROM 的基础上降低了擦除操作电压，提高了擦除速度，并实现了按字节擦除。目前，闪存已成为各种存储卡、U 盘中的主要存储体。随着集成度的提高和制造成本的下降，采用闪存制造的固态硬盘也将越来越普及。特别是在智能手机和移动终端中，闪存已经成为主要的存储器。

2. 半导体存储器组成

半导体存储器是由存储体、地址寄存器、译码驱动电路、数据寄存器、读写电路和控制电路组成。图 4-1 所示为半导体存储器的基本组成。

图 4-1　半导体存储器的基本组成

1）存储体

存储体是由大量的记忆单元按一定矩阵结构组成的集合体，它是存储器的核心，用来存储程序和数据信息。存储体中最基本的存储单元为记忆单元，又称存储元，它能记忆一位二进制信息：0 和 1。凡是具有两个稳定状态的元件（电路）都可以做记忆单元。

一个存储单元是由 n 个记忆单元组成（通常以字节为单位，$n=8$），每一个存储单元都有唯一的单元地址，CPU 按地址对存储单元进行读写操作，对于按照字节进行编址的存储单元，存储单元的内容是按 8 位进行并行读写操作。

m 个存储单元按一定的组织形式构成存储体，一种是按线性结构组织（按地址顺序将存储单元组织在一起），另一种是矩阵结构组织（常用的是二维方阵）。在线性组织中，行表示字(单元地址),列表示位(每个单元中对应的数据位),构成 $m \times n$ 存储矩阵,如图 4-2 所示。

图 4-2　存储体的线性组织

2) 地址寄存器和译码驱动电路

地址寄存器和译码驱动电路由地址寄存器(memory address register,MAR)、地址译码器和驱动电路组成。译码器的作用是选择记忆单元,驱动电路的作用是增加选择线的负载驱动能力。地址寄存器和译码驱动电路实际就是存储器的寻址系统。地址译码有一维地址译码方式和二维地址译码方式。

一维地址译码方式仅有一个地址译码器。假设有 n 根地址线,则译码输出结果为 2^n,对应 $2^n(0 \sim 2^n-1)$ 个存储单元的字选择。一维地址译码方式如图 4-3 所示。

二维地址译码方式有两个地址译码器: X 方向(行)译码器和 Y 方向(列)译码器。每个方向的地址线为 $K=nx=ny=n/2$ 根,译码输出 2^K 条驱动线。驱动一行(列)存储单元,每一个存储单元由一条 X 方向驱动线与一条 Y 方向驱动线共同选择,或称 X(行)地址和 Y(列)地址共同定。设 $n=16$,一维译码对应 $2^{16}=65\ 536$ 根地址输出线,二维译码对应 $2 \times 2^8=512$(行、列各 2^8 根)根地址输出线。地址输出线减少了 99.2%。图 4-4 所示为二维地址译码方式。

图 4-3　一维地址译码　　　　　图 4-4　二维地址译码

3）数据寄存器

数据寄存器（memory data register，MDR）的作用是寄存从存储体中读出的数据或CPU写入存储体的数据。由于存储器的速度比CPU速度慢，通过MAR和MDR，CPU对存储器进行读写操作时，只要将所访问的存储单元的地址送到系统的地址总线上。如果是写操作，同时将要写入的数据送到系统的数据总线并在存储器写（MEMW）信号的控制下，将地址和数据分别锁存到MAR和MDR中；如果是读操作，在存储器读（MEMR）信号的控制下将地址锁存到MAR中，这样存储器在进行读写操作时，CPU就不需要一直维持地址和数据信号，实现CPU与存储器的并行操作，提高系统速度。

4）读写电路

读写电路由读放大电路和写放大电路组成，在存储器读或写信号的控制下，对记忆单元进行读写操作。

5）控制电路

控制电路的作用是接收来自CPU的读写命令，产生一系列的控制信号，控制存储器完成相应的读写操作。

4.2.2　RAM存储原理

存储元（记忆单元）是构成存储体的基础，它能存储一位二进制信息，记忆单元必须满足以下条件。

（1）有两个稳定的状态分别表示二进制的0、1。

（2）在外部控制信号（读写信号）的控制下，状态能够改变和输出。

（3）条件不变时，记忆状态能长期保持不变。

静态RAM
存储原理

1. 六管静态 MOS RAM 存储原理

图4-5所示是典型的六管静态双稳态电路。T1、T2构成触发器，工作在开关状态，

图4-5　六管静态 MOS RAM 存储单元

T5、T6为负载电阻，T3、T4是控制管，工作在开关状态，整个电路左右对称，是一个双稳态电路。假设T1截止，T2导通，B点低电位，A点高电位，这一稳定状态表示记忆1；反之，T1导通，T2截止，B点为高电位，A点低电位，这一状态表示记忆0。

1）信息的保持

当存储单元没有被选中时，行选择线X为低电平，T3、T4截止，触发器与外界隔离，保持原信息不变。

2）读写操作

读写操作时意味着存储单元被选中，行选择线X和列选择线Y都为高电平，T3、T4管工作在饱和导通状态，相当于开关闭合，T5、

T6 开关管工作在放大状态,相当于一个有源的负载电阻。

（1）读出。

若 DS1＝A＝1,DS0＝B＝0,即 DS1 有电流流出,DS0 无电流流出,读出 1。否则 DS1＝A＝0,DS0＝B＝1,即 DS1 无电流流出,DS0 有电流流出,读出 0。

SDRAM 是非破坏性读出,信息读出后,原记忆单元状态不变。

（2）写入。

写 1：0→DS0→B,1→DS1→A 使 T1 截止,T2 导通,A 变成高电平,B 变成低电平写入 1。

写 0：0→DS1→A,1→DS0→B 使 T2 截止,T1 导通,B 变成高电平,A 变成低电平写入 0。

从六管静态 RAM 存储单元电路来看,即使在存储器单元不进行读写操作,电路内部也有电流流过。如存储 1,T6 与 T2 导通,电流从电源 V_{cc}→T6→T2→地。存储 0,T5 与 T1 导通,电流从电源 V_{cc}→T5→T1→地。所以静态 RAM 存储器功耗较大。

2. DRAM 存储原理

MOS DRAM 是利用栅极电容 C 存储电荷来实现存储信息的,定义电容两端有电荷为 1,无电荷为 0。图 4-6 所示为单管 DRAM 存储电路。

T1、T2 是 MOS 开关管。当该记忆单元被选中,行、列选择线均为高电平,T1、T2 导通。读出时,如果有电流从 C 经过数据线流出,读出 1;无电流,读出 0。写入时,如果写入 1,数据线上加高电平,电流从数据线向 C 充电,使电容充上电荷,表示存储 1;如果写入 0,只要在数据线上加低电平,将电容 C 上的电荷放尽（如果原来存储的是 1）,电容上无电荷表示 0。DRAM 在读出时 C 放电,是破坏性读出,读出后必须重写,以保持信息不被破坏。另外,由于

图 4-6　单管 DRAM 存储电路

视频：动态 RAM 存储原理

C 较小,在不读出时 T1 的截止电阻不可能无穷大,C 上的电荷有泄漏,必须定时对原来存储 1 的电容进行充电,以保持信息不变,这个过程称为"刷新"。刷新间隔时间一般为 2ms。刷新和读操作是完全不同的操作：刷新操作只提供行地址,不提供列地址,一次读一行所有单元的信息,然后再回写,但不输出到数据线上;读操作提供行、列地址,读出的数据送数据线供 CPU 使用。

4.2.3　半导体 RAM 芯片

视频：半导体 RAM 芯片

将存储体、读写电路、地址译码驱动电路和控制电路封装在一个芯片中,就构成了 RAM 芯片。

1. SRAM（静态 RAM）

图 4-7 所示为 62256 SRAM 芯片引脚图。该芯片容量为 32KB。$A_0 \sim A_{14}$ 为地址线; $I/O_0 \sim I/O_7$ 为数据线;$\overline{CE}$ 为片选线,低电平有效。$\overline{WE}$ 为读写控制线,低电平写控制,高电平读出控制,是分时复用的。

2. DRAM（动态 RAM）

图 4-8 所示为两个 DRAM 芯片的引脚图，为了减小芯片体积和引脚数，采用了地址复用，其中一个芯片仅用 9 根地址线 $A_0 \sim A_8$，在行选通信号 $\overline{RAS}$ 和列选通信号 $\overline{CAS}$ 的作用下分两次将 CPU 送来的地址送到行地址锁存器和列地址锁存器，实现了 $2^{18} = 256K$ 的寻址空间。另一个芯片用 11 根地址线 $A_0 \sim A_{10}$ 实现了 $2^{22} = 4M$ 的寻址空间。读写信号是分时复用的，$\overline{WE} = 0$ 时写有效，$\overline{WE} = 1$ 时读有效。其中一个芯片的一位数据线分成输入 Din 和输出 Dout 两个方向的，该芯片没有片选信号；另一个芯片的数据线为 $D_1 \sim D_4$，是 4 位的，OE 作为输出使能信号线。

图 4-7　62256 SRAM 芯片引脚图

(a) 256K×1DRAM芯片　　(b) 4M×4DRAM芯片

图 4-8　两个 DRAM 芯片封装图

1）DRAM 的刷新

DRAM 的记忆单元是靠半导体的 PN 极的结电容来存储信息的，存储的信息只能维持 2ms，为了保持存储信息不丢失，必须进行"动态刷新"。刷新有集中刷新、分散刷新、异步刷新和透明刷新。

（1）集中刷新。集中刷新是在整个刷新间隔内，前一段时间用于正常读写操作，后一段时间停止读写操作，用于逐行刷新。例如 128×128 存储器矩阵，刷新一遍需要 128 个读写周期的时间（每次刷新一行）。假设每个读写周期为 $0.5\mu s$，刷新间隔为 2ms，那么刷新间隔相当于 4000 个读写周期，前 3872 个读写周期用来进行正常的读写操作，后 128 个读写周期用来进行集中刷新。由于在集中刷新的这段时间内 CPU 不能进行读写操作，即存在死区。图 4-9 所示为集中刷新。

（2）分散刷新。分散刷新是将一个存储周期分为两段，前一段时间 tM 用于正常的读写，后一段时间 tR 用于刷新操作。这样不存在大的死区，但是每个存储周期的时间会加长。设每个读写操作和刷新操作的时间都是 $0.5\mu s$，则一个存储周期为 $1\mu s$，因为每个存储周期都刷新一次，在 2ms 内共进行了 2000 次刷新操作，比 128 次多得多，显然满足刷新要求。但是，在 2ms 内只进行了 2000 次读写操作，要比集中刷新少得多。图 4-10 所示为分散刷新。

图 4-9　集中刷新　　　　　　　　　　　　　　　图 4-10　分散刷新

（3）异步刷新。上述两种方法相结合可构成异步刷新。仍以 2ms 刷新 128 行为例，在 2ms 时间内必须轮流对每一行刷新一次，即每隔 $15.5\mu s$（2000/128）刷新一次，这时仍假设读写与刷新操作的时间都是 $0.5\mu s$，那么前 $15\mu s$ 用于读写操作，后 $0.5\mu s$ 用于刷新。这种刷新效率要比前两种高。图 4-11 所示为异步刷新。

图 4-11　异步刷新

（4）透明刷新。前 3 种刷新方式在刷新时，CPU 均不能访问存储器，因此会延长存储器系统周期，占用 CPU 的时间。实际上 CPU 在取指周期后的译码期间，存储器是空闲的，可以利用这段时间插入刷新操作，这样就不占用 CPU 时间，对 CPU 而言是透明的。这时需要设有单独的 DMA 控制器，刷新由控制器独立完成。目前，高档微型计算机中大部分采用这种方式。

2）DRAM 控制器

DRAM 控制器是 CPU 与 DRAM 芯片的接口，它一方面将 CPU 的控制信号转换为适合 DRAM 芯片的控制信号，另一方面产生 DRAM 所需要的刷新信号。图 4-12 所示为 DRAM 控制器的结构框图。

图 4-12　DRAM 控制器的结构框图

（1）地址多路开关。选择从 CPU 送来的地址或从刷新地址计数器送来的地址，并转换成 DRAM 存储器分时复用的行地址和列地址。

（2）刷新定时器。定时产生刷新请求。

（3）刷新地址计数器。提供刷新行地址。

（4）仲裁电路。当 CPU 的读写请求与刷新请求同时到达时，要根据其优先级进行仲裁。

（5）控制信号发生器。提供$\overline{RAS}$、$\overline{CAS}$和$\overline{WE}$信号以满足对 DRAM 的读写操作。

3）新型 DRAM 芯片

主存用于存放计算机正在执行的程序和被处理的数据。主存的速度对计算机整体性能指标的影响非常大。提高主存的速度，使之与 CPU 的速度相匹配是非常必要的。随着高速 CPU 的出现，与之相配套的新型内存芯片也不断涌现。

（1）增强型 DRAM。增强型 DRAM（enhanced DRAM，EDRAM）是在 DRAM 芯片上集成了一个小容量快速的 SRAM 缓冲器，可以存放前一次读出的一整行单元的内容。在访问存储器时，比较器将本次访问的行地址与前一次访问的行地址进行比较，如果相同，则本次操作就在快速的 SRAM 中进行。另外，刷新可以和读写并行操作，这样就将刷新而使芯片不能进行读写操作的时间减到最低限度。同时，EDRAM 读出的数据通道和写入的数据通道是相互独立的，如果写入操作后紧跟着读操作，则这两个操作可以并行进行，速度大大提高。

（2）同步 DRAM。传统的 DRAM 与处理机之间采用的是异步方式交换数据。处理机发出地址和控制信号后，经过一段延迟时间后，数据才读出或写入。这时处理机处于等待状态而不能进行其他工作。同步 DRAM（synchronous DRAM，SDRAM）是将处理机发出地址和控制信号用锁存器锁存起来，这样 SDRAM 在进行数据准备时，处理机仍然可以进行各种操作。同时 SDRAM 采用成组数据传送方式，在第一次存取操作后不需要地址建立和行、列预充电时间，就能够连续快速地输出一组数据。另外，SDRAM 内部采用双存储体结构，极大地改善了片内存取的并行性。

（3）双边触发 DDR SDRAM。双边触发 DDR SDRAM（double data rate SDRAM）是 SDRAM 的改良产品，SDRAM 在一个读写时钟周期内只完成一次读写操作，DDR SDRAM 是将一个时钟的前后沿都用于触发数据传输，完成两次读写操作，在相同的主频条件下，将峰值数据速度提高了 1 倍。DDR SDRAM 内部采用了 2bit Prefetch（数据预取）技术。工作电压为 2.5V，主频分别为 266MHz、333MHz、400MHz。

（4）DDR2 SDRAM。DDR2 SDRAM 是在 DDR SDRAM 将一个时钟的前后沿都用于触发数据传输的基础上，采用了 4bit Prefetch 技术，这样，在相同的主频工作条件下，将传输数据的位数提高 1 倍，峰值数据速度是 DDR SDRAM 的 2 倍。工作电压为 1.8V，主频分别为 400MHz、533MHz、667MHz、800MHz、1066MHz。

（5）DDR3 SDRAM。DDR3 SDRAM 是在 DDR2 SDRAM 数据传输的基础上采用 8 bit Prefetch 技术，将传输数据的位数再提高 1 倍，这样，在相同的主频工作条件下，峰值数据速度是 DDR2 SDRAM 的 2 倍。除了速度提高外，DDR3 SDRAM 核心工作电压从 DDR2 SDRAM 的 1.8V 降至 1.5V～1.35V，主频分别为 1066MHz、1333MHz、1600MHz、2000MHz。目前市场主流内存芯片已经发展到第 4、第 5 代（DDR4，DDR5），并且随着移动设备的发展与之相匹配的低功耗的内存芯片（LPDDR）也得到了迅速发展。

4.2.4 半导体 ROM 的工作原理

视频：半导体 ROM 存储原理

正常工作状态时只能读出不能写入的存储器称为只读存储器（read only memory，ROM）。ROM 和 RAM 相比，正常工作时，没有写入电路。根据 ROM 的制造工艺，半导体 ROM 可以分为 MROM、PROM、EPROM、EEPROM。如果在芯片制造时就确定单元中的内容,则为 MROM;如果用户可以在专用的编程器上把自己的程序或数据写到芯片中,则为 PROM;如果芯片中的内容可以在紫外线下擦除且可重复编程,则为 EPROM;如果芯片中的内容可以用电擦除且可以重复编程,则为 EEPROM。

1. 掩膜 ROM

掩膜 ROM(masked ROM,MROM)存储的信息由生产厂家在掩膜工艺过程中直接"写入",用户不能再修改。分双极型和 MOS 型两种。图 4-13 所示为一个简单的 2×2 的 MOS 型 ROM 的示意图。采用一维地址译码方式,地址 A0=0 时选中字线 0,地址 A0=1 时选中字线 1。字线和位线交叉点处设置 MOS 管。制造时按照编码要求来控制 MOS 管是否与位线相连,相连为存储 0,不连为存储 1。读出时,字线被选中(选中存储单元),位线上就输出其单元内容。

图 4-13　掩膜 ROM 存储器

2. 可编程 ROM

用户可以在专用的编程器上把自己的程序或数据写到存储单元中去则为可编程 ROM(programmable ROM,PROM),一旦信息被写入后其内容不能再修改,所以又称一次可编程 ROM。根据电路组成,PROM 可分为 P-N 极破坏型和熔丝烧断型两种类型。

1) P-N 极破坏型

P-N 极破坏型 PROM 是在每个存储元的字线和位线之间跨接两个背靠背的二极管。由于二极管具有单向导电性,因此芯片字线与位线之间相当于"断路",如图 4-14 所示。写入时,字线上加电压+E,选中写入的单元。若写 1,则位线上加负电压,将反向偏置的二极管击穿(二极管击穿相当于短路),二极管一旦被击穿就不能再恢复了,所以称为 P-N 极破坏型。若写 0,则位线上不加电压,反向偏置的二极管不被击穿。读出时,在字线上加电压+E 后,P-N 击穿(存 1)的位线有电流流出(因为剩下来的二极管阳极加正电压,正向偏置,二极管导通),读出 1 信号。P-N 未被击穿(存 0)的位线无电流流出,读出 0 信号。

2) 熔丝烧断型

熔丝烧断型 PROM 的每个存储位元由一个三极管组成,其三极管的发射极通过一个熔丝与 D(位线,即数据线)相连,如图 4-15 所示。写入 0 时,W(字线)加正高电压,选中写入的单元。位线上加负高电压使熔丝烧断(烧断后就不能再恢复了),存 0。写入 1 时,位线上不加高电压,熔丝不被烧断,存 1。读出时,W 上加高电压,位线上有电流读出 1 信号,无电流读出 0 信号。

图 4-14　P-N 结破坏型 PROM

图 4-15　熔丝烧断型 PROM

无论是 P-N 极破坏型 PROM 还是熔丝烧断型 PROM，信息一旦被写入，就再也不能被修改，属于一次可编程 ROM。P-N 极破坏型 PROM 的初始内容为全 0，熔丝烧断型 PROM 的初始内容为全 1。

3. 可擦除可编程 ROM

可擦除可编程 ROM(erasable programmable ROM，EPROM)一般采用浮栅雪崩注入 MOS 存储器(floating gate avalanche injection MOS，FAMOS)，N 沟道 FAMOS 管的工艺类似于 NMOS。二者的主要区别是 FAMOS 管的栅极上没有电器引线。栅极是埋在 SiO_2 绝缘层中的，所以称为浮栅。图 4-16 所示为 FAMOS 存储器单元电路。

图 4-16　FAMOS 存储器单元电路

写入 0 时，漏极(从位线)上加上正高压，漏极 P-N 结被局部击穿，产生漏电流 IPS，该电流在 P-N 结的沟道中产生热效应，进一步激发高能空穴，高能空穴从漏区穿过很薄的氧化层到达浮栅上，浮栅上积累了正电荷，漏-源向导电沟道加宽，进一步使漏电流加大，又引起更多空穴到达浮栅，这一过程愈来愈烈(类似雪崩现象)，直到浮栅上带有足够多的正电荷为止。一般此时浮栅上电位可达到 +10V 左右，就好像浮栅上接上了 +10V 电源一样，使 FAMOS 管处于导通状态。写入完毕后，撤销漏极 D 上的高压 V_{CC}，由于 SiO_2 层绝缘性能很好(电阻达 $10^{14} \sim 10^{15}\,\Omega$)，注入浮栅的电荷无泄放回路而保留在浮栅上。

写入 1 时，什么都不做。

读出时，字线加正电压 V_{CC} 信号，选中该单元，若 T2(FAMOS)管栅极带有正电荷，T1、T2 均导通，位线电位接近地，读出 0。反之，T2 栅极不带电荷，T2 不导通，位线上电位为 V_{CC}，读出 1。所以买来的新芯片，所有的单元都是 1，检查时显示"FFH"。

擦除时，只要用紫外线或 X 射线照射，能量大的光子与浮栅上的电荷发生能量交换和转移，使空穴获得足够大的能量，通过 SiO_2 层返回衬底，浮栅不带电，又返回到出厂状态。一般把 EPROM 芯片上的石英窗口对着紫外线灯($12\mathrm{mW/cm^2}$ 规格)，距离 3cm 远，照射 $8 \sim 20\mathrm{min}$，即可擦除芯片上的全部信息，又可以重新进行编程。

4. 电可擦除 ROM

与 EPROM 相比，电可擦除 ROM(electrically erasable programmable ROM，

EEPROM)的内部信息可以通过外电路直接擦除而不是用专门的紫外线擦除仪擦除。这样擦除信息就不需要将芯片从电路板上取下擦除,这给在系统编程(in system program, ISP)带来了极大的方便。EEPROM 具有 RAM 的特点,同时又有 ROM 的特点,断电以后其数据仍然可以保存,只是在写入操作时要执行一次自动擦除,因此写入时速度比较慢。另外擦除是整个芯片信息一次全部擦除。一般可以重复擦写 10 000 次,数据可以保存 10 年以上。

5. 闪存

随着数码产品的普及,对 EEPROM 的速度要求越来越高。这样就研制了闪存(flash memory) ROM。由于它的写入速度可以达到 DRAM 的速度,擦除也可以分段或分页进行,所以用"闪速"来形容。目前,所有的 U 盘以及数码产品的各种存储器卡都是采用 Flash ROM 作为存储颗粒。随着移动终端和智能手机的普及,Flash ROM 已经成为这类设备的主要存储器。

6. EPROM 芯片

图 4-17 所示是 27128 EPROM 芯片的引脚图。其中 $A_0 \sim A_{13}$ 为地址线,14 根地址线,共有 16K 个存储单元。$D_0 \sim D_7$ 是 8 位数据线,表示每个存储单元可以存储 8 位数据位。$\overline{OE}$ 是输出允许信号,低电平有效,该引脚为低电平,且片选信号有效时,存储单元中的内容被输出到对应的数据线上,通常与 CPU 的

图 4-17 27128 EPROM 芯片引脚图

读控制信号相连。$\overline{CE}$(或 $\overline{CS}$)是片选信号,低电平有效,即该芯片被选中。$\overline{V_{pp}}$ 编程电压(视不同的芯片而不同,一般为 11.5V ~ 21.5V),$\overline{PGM}$ 为编程脉冲,这两个引脚控制信号主要是用户在将程序写入到芯片时由专门的编程器提供,正常工作方式时,通常直接接 +5V(参考芯片手册)。

EPROM 芯片通常有以下三种工作方式。

(1) 读方式:正常的工作方式。

(2) 备用方式:当芯片 $\overline{CE}$ =1 时,芯片未被选中,数据线呈现高阻态,称备用方式。

(3) 编程方式:在专用的编程器上把自己的程序或数据写到芯片的单元中去的工作方式。

4.3 存储器的组织

视频:存储器的组织

单片芯片的存储容量有限,要获得一个大容量的存储器,通常要用多个片芯片按照一定的组织方式实现,这就是存储器的组织要解决的问题。存储器的组织一般采取并

联、串联、混联三种方法。

1. RAM 芯片的并联

存储器并联又称位扩展法，存储器单元的数据位一般以字节（或字节的 2^n 整数倍）为单位，当单个芯片的单元数满足系统的要求而数据位不满足要求时，可以采用多个芯片并联来实现。RAM 的并联是指并联多个 RAM 芯片的地址位（直接将芯片的地址线 $A_0 \sim A_n$ 一一对应地接到系统总线的地址线 $A_0 \sim A_n$），将芯片的数据线分别连接到系统的数据总线上来扩展 RAM 的数据位，每个芯片同一地址单元保存一部分数据。

【例 4-1】 用 2114（1K×4 位）芯片并联构成 1KB RAM。

解：系统需要的总容量为 1KB，地址总线 10 根（$1K = 2^{10}$），每个单元 8 位（1B＝8）。单个芯片容量为 1K×4 位，说明单个芯片单元数满足系统要求，但每个单元只能存 4 位数据，必须采用并联来实现。

（1）计算所需要 2114 的芯片数。

$$所需芯片数＝（RAM 的容量）÷单个芯片的容量＝1KB÷（1K×4）＝2$$

（2）画出连线图。将每个芯片的地址线连到系统的地址线上，第 Ⅰ 个芯片的 4 位数据线接到系统的低 4 位数据线（$D_0 \sim D_3$），第 Ⅱ 个芯片的 4 位数据线接到系统的高 4 位数据线上（$D_4 \sim D_7$），两个芯片的读写线（R/W）连在一起，两个芯片的片选线 $\overline{CS}$ 连在一起，两个芯片同时被选中，同时完成读写操作。图 4-18 所示是用两片 1K×4 位芯片并联组成 1KB 存储器。虚线内部两个芯片等价于一个 1KB 的芯片。

图 4-18　用两片 1K×4 位并联组成 1KB 存储器

并联的特点如下。

（1）芯片的地址范围相同，即将芯片地址线分别接到对应的系统地址线。

（2）芯片的数据位合并，每个芯片的数据线依次从低位到高位接到系统的数据线上。每个芯片只保存单元数的一部分。

（3）每个芯片的片选 $\overline{CS}$ 接在一起连到同一个译码器输出信号线上（同时被选中）。

（4）每个芯片读、写信号线连在一起（对每个芯片同时完成读写操作）。

2. RAM 芯片的串联

串联又称地址扩展法或字扩展法，是在保持数据位相同的前提下在地址空间进行组合（每一个芯片的数据位已够，但是单元数不够），采用多个 RAM 芯片串联的方式扩展 RAM 的存储空间范围，每一个芯片仅提供一段存储空间。

【例 4-2】 用 1KB RAM 芯片串联构成 2KB RAM。

解：（1）计算所需的芯片数。

$$芯片数＝（RAM 的容量）/单个芯片的容量＝2KB/1KB＝2$$

（2）画连线图。系统总容量 2KB，地址线是 11 根，而单个芯片的容量 1KB，地址线为 10 根。将每个芯片的地址线分别连到系统地址线的 $A_9 \sim A_0$，将多出的最高位地址线 A_{10}（图中黑粗线）通过地址译码器分别连到每个芯片的片选信号端。当 $A_{10}=0$，$A_9 A_8 \cdots A_0 = 00 \cdots 0 \sim 11 \cdots 1$ 时，低 1K 空间，选中第 I 芯片（将 A_{10} 直接连接到第一个芯片的 $\overline{CS}$）。当 $A_{10}=1$，$A_9 A_8 \cdots A_0 = 00 \cdots 0 \sim 11 \cdots 1$ 时，高 1K 空间，选中第 II 芯片（将 A_{10} 通过反向器取反连接到 $\overline{CS}$）。图 4-19 所示是用两片 1KB RAM 串联组成 2KB 存储器。

图 4-19 用两片 1KB RAM 串联组成 2KB 存储器

串联的特点如下。

（1）芯片的数据位已满足要求，只要将芯片数据线分别接到对应的系统线的数据线上。

（2）每个芯片的地址线分别接到系统地址线的低地址位，地址线多出的高地址位通过地址译码器译码输出分别接芯片的片选信号端，每个芯片地址只占总地址的一段（顺序存放），任何时刻只有一个芯片被选中。另外，也可以用低位地址线作为译码线，而将芯片的地址线接到高位数据，如本例芯片 $A_0 \sim A_9$ 分别接系统的 $A_1 \sim A_{10}$。用系统的 A_0 作为地址译码线，这样奇数单元存 II 芯片，偶数单元存 I 芯片组成交叉存储。

（3）读、写信号线连在一起。

3. RAM 芯片的混联

将上述两种方法相结合就是混联，混联是既要进行位的扩展又要进行存储空间的扩展。通常是采用分组的方法实现，组内并联（达到数据位的要求），组与组之间采用串联

（达到存储空间上的要求）。

【例 4-3】 用 2114(1K×4)芯片构成 2KB RAM 存储器。

解：(1) 计算所需的芯片数。

芯片数＝(RAM 的容量)/单个芯片的容量＝(2K×8)/(1K×4)＝4

(2) 分组。由于每个芯片只有 1K 空间，而 2K 的地址空间需要两组，每组需要两个芯片。

(3) 画连线图。先将每组的两个芯片并联，达到数据位的要求（图中虚线框内），每组容量都是 1KB。然后再将两个 1KB 芯片组按照串联方式连接。图 4-20 所示是用 4 片 1K×4 位的 RAM 混联组成 2KB 存储器。

图 4-20　用 4 片 1K×4 位的 RAM 混联组成 2KB 存储器

混联的特点如下。混联既要进行位的扩展又要进行存储空间的扩展，通常先采用分组，组内并联，满足数据位的要求，每组可以作为一个芯片看（图中虚线框中的部分），组与组之间采用串联来达到存储空间上的要求。

4.4　辅助存储器

辅助存储器（简称辅存）又称外存储器。与主存相比，它的特点是存储容量大、存储速度低，是永久性存储器。辅助存储器的作用是存入当前暂时不用的程序和数据，或保存资料，一旦需要，在操作系统的管理下，辅助存储器将与主存成批交换数据。辅助存储器通常用作主存的后备或补充。

辅助存储器按照存储介质不同可分为磁表面存储器和光存储器。

4.4.1 磁表面存储器

1. 磁表面存储器的技术指标

磁表面存储器是利用具有矩形磁滞回线的磁性材料来存储信息的。将磁性材料磨成粉状，制成磁胶，均匀地涂在载体表面，因此称为磁表面存储器。

1) 存储密度

存储密度是指单位长度或面积的磁表面所能存储的二进制信息量。对于磁盘存储器通常用道密度表示。对于磁带存储器，通常用位密度（又称记录密度）表示。

（1）位密度。单位长度存储的二进制信息量，通常用 bpi(bit per inch，每英寸含二进制信息的位数）表示。

（2）道密度。沿磁盘半径方向单位长度上的磁道数称为道密度 tpi(track per inch，每英寸所含的磁道数）。磁道是指磁头磁场在磁介质表面形成的磁化"轨迹"。对磁盘而言，磁道就是在磁盘表面上形成的间隔开的若干个同心圆。每个同心圆存储的信息容量相同，但位密度不同，离外径越近，位密度越小。图 4-21 所示为磁盘上的磁道分布。

图 4-21　磁盘上的磁道分布

2) 存储容量

磁表面存储器所能存储的二进制信息总量称为存储容量，通常以字节（B）为单位。新磁盘在使用前必须进行格式化操作，然后才能存储信息和进行读写操作。一般格式化的容量是格式化前容量的 70% 左右。用格式化后的容量来表示磁盘容量。计算公式为

磁盘存储容量＝可记录盘面数×每盘面磁道数×每磁道扇区数×每扇区字节数

对于磁带机，存储容量的计算公式为

磁带存储容量＝可记录磁道数×磁带长度×位密度/8（单位是字节）

3) 寻址时间

磁表面存储器的寻址时间是指磁头从起始位置移动到指定（地址）位置所经历的全部时间。

磁盘存储器采用直接存取方式，寻址时间由两部分组成：一是寻道时间 t_1，即磁头做径向运动，寻找目标磁道的时间；二是寻找扇区时间 t_2，即等待磁盘旋转至目标扇区的时间（磁头不动，盘片旋转，将目标扇区旋转到读写磁头下）。由于磁头在磁盘的初始位置不同，寻址时间也不同，通常取平均值作为平均寻址时间，用 T_a 表示，即

$$T_a = (t_{1\max} + t_{1\min})/2 + (t_{2\max} + t_{2\min})/2$$

磁带存储器是顺序存取方式，不需要寻道（各道并行工作），但需要寻找记录区，寻址

时间为等待磁头移到目标记录区的时间。每次存取的等待时间因磁头的初始位置不同而不同。

4）数据传输率

数据传输率是指在单位时间内磁表面存储器与主机之间传送的二进制数据位数或字节数。它与记录密度以及磁头的运动速度（盘片的旋转速度）成正比，即

$$数据传输率＝记录密度×磁头运动速度$$

5）误码率

误码率是辅助存储器读出时的出错位的数量与读出的总信息量之比。误码率越小，可靠性越高。

6）价格

一般用位价格来衡量，即设备价格÷总存储容量。

2. 磁表面存储器的工作原理

磁表面存储器的工作原理是利用磁性材料在不同磁化电流方向的作用下，形成具有不同剩磁状态（$+B_r$ 和 $-B_r$）的磁化单位来记录信息，一种状态记为 0，另一种状态记为 1。图 4-22 所示为不同剩磁状态的磁化曲线。

1）磁表面存储器的主要元件

（1）磁层。将磁性材料涂敷在金属或塑料载体上而形成的磁性材料层称为磁层，厚度为 $1 \sim 5 \mu m$。磁层磁化后可用来记录信息，称为记录介质或信息载体。常用的磁性材料是三氧化铁和镍钴合金。将三氧化铁粉末用树脂黏合后，涂敷在聚酯塑料带（盘）上就制成磁带（软盘），涂敷在盘状的轻铝合金盘片上就制成磁盘片（硬盘）。

（2）磁头。磁头是在带间隙的铁芯上绕以分别形成读写线圈，对磁层上的信息进行读写的元件。铁芯的间隙称为磁头间隙或称头隙，头间隙 g 为 $2 \sim 20 \mu m$。空隙用非磁性材料（黄铜片、玻璃片）来填充。头间隙的形状和尺寸是影响磁层记录密度和读出信号幅度的关键因素。磁头与磁层的间隙 d 为 $1 \sim 10 \mu m$。图 4-23 所示为磁头结构。

磁头可分为写磁头、读磁头和复合磁头。

- 写磁头：绕有写线圈的磁头。
- 读磁头：绕有读线圈的磁头。

图 4-22　具有不同剩磁状态的磁化曲线

图 4-23　磁头结构简图

- 复合磁头：是将读磁头与写磁头组装在一起的磁头。

2) 磁表面存储器的工作原理

（1）写入工作。磁层的初始状态可以是退磁状态（$B=0$），当向磁头线圈通以正向脉冲电流时，将磁路中的一小段磁层磁化。若进入磁层的一端为 S 极，离开磁层的一端为 N 极，则构成一个很小的磁化单位，顺序是 SN，用 $+B_r$ 表示；反之，当向磁头线圈通以反向脉冲电流时，构成一个很小的磁化单位，顺序是 NS，用 $-B_r$ 表示。可用 $+B_r$、$-B_r$ 两种状态分别表示数字 0 和 1。该磁化单元即为记忆单元。电流脉冲消失后，磁层的磁化状态不会消失，是永久性记忆，因此磁表面存储器都是永久性存储器。

（2）读出工作。无论是读操作还是写操作，磁表面存储器的磁层总是随载体运动的。磁层被写入后，磁化单元一直保持 $+B_r$ 或 $-B_r$ 的剩磁状态，由于空气的磁阻很大，未被磁化的磁层运动到读磁头间隙下方时，不会读出信号。当磁化单元运动到读磁头下方时，由于 $d<g$，而且磁性材料的磁阻远远小于空气的磁阻，所以使读磁头线圈中的磁通量变化率 $\mathrm{d}\Phi/\mathrm{d}t$ 发生增大，于是在读出线圈中感生出感应电压，电流 I_1 流过读出线圈，即所谓读出。磁头通过不同的磁化单元，感应电流的方向是不同的，一个方向的电流表示 0，另一个方向的电流表示 1。读出后，该磁化单元的磁化状态并没有被破坏，因此称为非破坏性读出。图 4-24 所示为磁存储器读写原理。

图 4-24　磁头读写示意图

3. 磁表面存储器的记录方式

所谓记录方式是指一串二进制信息经过读写电路转换成磁化单元相对应的磁化翻转形式，从而进行记录的方式，记录方式又称编码方式。磁表面存储器记录方式对提高记录密度和可靠性有很大影响。磁表面存储器共有 6 种记录方式，可归纳为两大类：归零制和不归零制。归零制是在写磁头中，写 1 或写 0 之后，线圈电流都要恢复到 0。不归零制是在写的全过程中永远有正或负的电流流过线圈，线圈电流不为 0。

1) 归零制

归零制（return zero，RZ）设磁头线圈通过正向电流为记录 1，通过反向电流为记录 0，在两个相邻的电流脉冲之间有一段距离没有电流（归零），相应地这段磁层也未被磁化，这就是归零制。采用归零制在写前必须去磁，否则前后所写的信息会相互干扰。

2) 不归零制

不归零制（NRZ）记录 1 时，磁头写线圈通正向电流，记录 0 时通以反向电流。如果前一信息和后一信息相同（00 或 11）则电流方向不变。如不同（01 或 10），则电流方向改变，所以也称为"见变就翻"。这种记录方式磁化翻转的次数较归零制少。

3) 不归零_1 制

不归零_1 制（NRZ_1）是不归零制的一个变种，它的特点是记录 1 时电流方向改变，记录 0 时方向不变。因此也称"见 1 就翻不归零制"。NRZ_1 和 NRZ 相同，磁头线圈中总有电流。

4）调相制

调相制（PM）的特点是：在一个记录位内（在位周期中点处），磁头线圈中的写入电流方向发生变化，由正到负的翻转表示记录 1，由负到正表示记录 0，也可作相反的规定。因为记录 1 和 0 相位相差 180°，所以称为调相制。当连续记录两个以上的 1 或 0 时，记录位的起始处也翻转 1 次，以保证调相制的实现。

5）调频制

调频制（FM）记录方式的规律如下。

（1）在记录位的起始处不论记录 1 还是记录 0 都改变写电流的方向。

（2）在一个记录位的中间处，记录 1 时改变写电流的方向，记录 0 时不改变写电流的方向。

显然，记录 1 时电流变化的频率是记录 0 时电流变化频率的 2 倍，所以也称倍频制。调相制和调频制从广义上看也可看作不归零制的变形。

6）改进的调频制

改进的调频制（MFM）有三种频率，又称三频制或密勒码制（Miller code）。这种记录方式基本上与调频制相似，在一个记录位的中间处，记录 1 时改变写电流的方向，记录 0 时不改变写电流的方向。与调频制的不同之处是，仅当在连续记录两个或两个以上的 0 时，才在第二个 0 的记录位的起始处翻转一次。改进的调频制是应用最广泛的一种记录方式，常用于高密度磁盘机和倍密度软磁盘机等。

图 4-25 所示为 6 种磁记录方式电流波形图。在这 6 种记录方式中，MFM、NRZ、NRZ_1 记录方式中没有多余信息，因而可以得到高记录密度；PM、FM、MFM 具有自同步能力（指能从单个磁道读出的数据（脉冲序列）中提取同步脉冲）。这二者是评价记录方式的主要指标，其他指标还有分辨能力和抗干扰能力等。

图 4-25　6 种磁记录方式电流波形图

视频：硬盘及硬盘接口标准

4.4.2　硬磁盘存储器

　　硬磁盘存储器(简称硬盘)由硬磁盘机和硬盘适配器两部分组成。硬磁盘机是计算机系统主要的外部设备之一。自 1956 年 IBM 公司研制第一台商用硬盘后,硬盘经历了固定磁头固定盘片、固定磁头可换盘片、可移动磁头固定盘片和可移动磁头可换盘片 4 个过程。

　　目前,硬盘大多是采用温彻斯特(Winchester)技术的温盘(磁头可移动而盘片固定的磁盘机),它于 1968 年由 IBM 公司提出,主要特点是磁头、盘片、电动机等驱动部件及读写电路组成一个不能随意拆卸的密封整体,磁头采用非接触式起停。

1. 硬盘的基本结构

　　硬盘通常由磁盘组(存储体)、磁头、定位机构和传动机构等组成,如图 4-26 所示。

图 4-26　硬盘的内部结构示意

1) 磁盘组(盘片组、磁盘体)

　　磁盘组通常由多个磁盘片固定在同一根主轴上组成,它是构成存储信息的主体。信息存储在磁盘的磁道上,磁道是一组同心圆(圆环的宽度为 2in),最外层为 0 道,最内层为末道,道的宽度为 $135\mu m$,道间隔为 $245\mu m$,每圈记录的信息量是相同的,所以内圈的记录密度大,外圈的记录密度小。盘片以铝合金等金属作为基盘,盘面敷有磁性记录层。两面都记录信息的磁盘称双面盘,只一面存储信息的是单面盘。在硬盘中,磁盘组的顶面和底面用作保护盘面,不存储信息。若由 n 片双面盘组成的硬盘,其记录信息的有效面为 $2n-2$(现在很多厂家生产的硬盘上下面都记录信息)。

2）磁头

通常磁头是由多片坡莫合金黏合且绕以读写线圈组成，磁头安装在读写臂上，每个盘面配一个磁头。

3）定位机构

定位机构由读写臂（又称定位臂）、小滑架和音圈电动机组成。读写臂一端安装有上下两个磁头，磁头与盘面贴近，另一端与滑架相连。寻道时，在控制电路的控制下，磁头沿盘面作径向移动，用以寻找指定的磁道。

4）传动机构

传动机构由电动机、传动轴组成。电动机旋转通过传动轴带动盘片组高速旋转。

2. 硬磁盘存储器的地址组成

硬磁盘存储器的地址由台号、盘面号、磁道号和扇区号4部分组成。

1）台号

台号又称磁盘机号，用来确定实际的物理硬盘，如2个IDE接口可以接4个物理硬盘。

2）盘面号

盘面号又称磁头号，用来确定实际操作的磁头。

3）磁道号

磁道号又称柱面号，由不同盘面上相同的圆周（同心圆）组成，并依次从外到内进行编号，最外面为0道。

4）扇区号

每个磁道被分成若干等分，即扇区，每个扇区给一个编号，即扇区号。扇区是磁盘存取信息的基本单位，通常一个扇区存储若干字节数据。磁盘在使用前必须进行格式化，格式化就是将磁盘的盘面划分为磁道、扇区及扇区内特定区域。

3. 磁盘的基本操作

磁盘的操作通常是利用操作系统提供的磁盘管理和文件管理完成的。用户只要对文件进行按名操作就可以了。

1）启动磁盘

主机用控制字启动磁盘。

2）寻址

根据主机发出的地址寻址，包括以下内容。

（1）回“0”道：当前磁头所在的道为当前道，复位时无论磁头在何磁道，都必须回0道，即回到起始位置。

（2）寻道：一般用两种方法确定磁头的当前道，一种是磁道计数器，当前道是0时磁道计数器值为0，向内每走一道计数器加1，反之向外走一道计数器减1；另一种是设置专用的盘面来记录道号，通过专用磁头来读取当前道。寻道时，将当前道号和目标道号相比较，一致则说明已找到目标道。如果当前道号大于目标道号，则磁头向外寻找（道号是从外到内递增的)。寻道又称定位。

(3) 寻磁头：由译码电路实现,确定多个磁头中的一个。

(4) 寻找扇区：磁盘运转将目标扇区转到对应的读、写磁头下。查找扇区的时间取决于磁盘的旋转速度,目前,主流硬盘的旋转速度为 7200r/min。旋转速度越快,寻找扇区时间越短。最长时间为磁盘旋转一周时间,一般取其平均时间为寻找扇区时间,也称为平均旋转等待时间。

磁盘寻址时间包括定位时间、磁头译码时间和平均旋转等待时间。

3) 磁盘读写操作

读出操作在寻址结束后进行,将该扇区的信息从磁盘传送到主存中。写操作是在寻址结束后,将数据从主存写入磁盘中。

通常,读写操作都是在 DMA 控制器控制下进行的,数据在主存与磁盘之间的传输是以块为单位进行的,而不是以字节为单位进行的,在数据传输过程中不需要 CPU 干预。

为了提高内存与硬盘之间交换数据的速度,减少 CPU 的中断次数,提高 CPU 的工作效率,一般在硬盘中提供一个 16KB～64MB 的高速缓冲数据寄存器。

4. 硬磁盘驱动器

硬磁盘驱动器包含两部分,一部分为机械结构,另一部分驱动电路部分,它驱动机械部分工作。

驱动电路从原理上讲可分为三部分：①电源和主轴电动机伺服电路,②驱动器控制电路,③读写电路。全部电路制造在一块板上,并和机械部分固定在一起,即通常所说的硬盘。

1) 电源和主轴电动机伺服电路

引入系统电源(+12V,+5V),经过滤波器形成驱动电源。

主轴电动机伺服电路有主轴电动机驱动电路、加电和断电控制电路、转速控制开关逻辑和定时控制器组成。电路的作用是驱动主轴电动机高速旋转并维持转速恒定,并保证磁头能正常悬浮以及保持高速的数据传输率。

2) 驱动器控制电路

驱动器控制电路是磁盘驱动器的电路核心,它接收硬磁盘控制器送来的命令,还接收索引信号和 0 道信号,并转换成相应的主轴电机恒速旋转、磁头寻道和读写数据所需要的控制信号。

控制电路的其他组成部分有寻道逻辑电路(完成寻道操作并给出寻道完成的指示)、磁头选择逻辑(用来选择磁头)、索引检测逻辑、故障检测、步进驱动逻辑、读写控制逻辑等电路。控制电路还包含磁盘适配器的接口电路。控制电路的核心是 MCU。

3) 读、写电路

读、写电路根据控制电路的要求完成对磁盘的读写操作。

5. 硬盘控制器

硬盘控制器又称硬盘适配器(adapter),是介于主机和磁盘之间的接口部件,俗称"硬卡"。目前都已集成在主板的芯片组上了。它的作用是接收主机命令并加以译码然后向磁盘驱动器发出各种控制信号、检测硬磁盘驱动器的状态、按指定的数据格式进行写盘或读盘操作。

6. 硬盘接口标准

硬盘接口涉及硬盘与主机之间的数据交换速度，关系硬盘的工作效率。常用的硬盘接口标准有 IDE 接口、SCSI 接口、Ultra 接口和 SATA 接口。

1）IDE 接口

IDE(integrated drive electronics，集成设备电子部件)接口也称为 ATA 接口，是由 Compaq 公司开发并由 Western Digital 公司生产的控制器接口，EIDE(enhanced IDE)为增强型 IDE 接口。不仅支持硬盘驱动器也支持 CD-ROM 驱动器。IDE 接口传输速率达到 16.7～33MB/s。EIDE 接口最高传输速率可达到 132.8MB/s。早期大多数 PC 都采用 EIDE 接口，并且直接集成在主板上（早期主板上都有两个 IDE 接口，分别为 IDE1 和 IDE2，每一个 IDE 接口可以接两个 IDE 设备，其中一个为主，另一个为从），通过 40 芯排线与硬盘相连。由于 IDE 接口传输速率低，因此目前已基本被淘汰。

2）SCSI 接口

SCSI(small computer system interface，小型计算机系统)接口一般应用在小型计算机系统或工作站，传输速率为 80～160MB/s，一条 SCSI 总线可以连接 8 台设备，SCSI 磁盘驱动器连接 PC 时，需要一块 SCSI 接口卡。

3）Ultra DMA/33/66/100 接口

Ultra DMA/33/66/100 接口是在 IDE 接口上发展起来的，可以使用 PC 的 DMA 通道，减少了主机 CPU 的负荷。传输速率可以达到 33MB/s、66MB/s、100MB/s。

4）SATA 接口

SATA 接口是一种新的串行接口，采用串行数据传输，数据线为 4pin，数据传输速率高达 150MB/s。SATA Ⅱ 接口的传输速率达 300MB/s；支持热拔插；采用点对点的传输(point to point protocol)，不需要用户考虑主、从盘。2010 年又推出更高传输速率的 SATA Ⅲ 接口标准，其传输速率达 600MB/s。SATA Ⅲ 接口与 SATA Ⅱ 接口完全兼容。目前，大容量的硬盘基本都采用 SATA Ⅲ 接口标准。现在生产的 PC，其主板与硬盘连接接口都采用 SATA Ⅲ 接口。SATA 接口控制芯片都集成在主板控制芯片组中。

4.4.3　光盘存储器

视频：光盘
存储器

所谓光盘(optical disk)，是指利用光学原理进行信息读写的圆盘。光盘存储器由光盘、光盘驱动器、光盘适配器构成，计算机系统中所使用的光盘是在电视光盘和激光唱片的基础上发展起来的。

使用激光在光介质上写入信息，然后再利用激光读出信息的技术称为光存储技术。第一代光存储技术是采用非磁性介质进行光存储，只能读出，不能重写。第二代光存储技术采用了磁光存储技术，可擦写。磁光存储器是利用磁性材料作为光存储介质，然后再应用激光技术在磁性介质上存储信息。由于激光本身具有发散性小的特点，激光记忆

单元的面积约 $1\mu m^2/$ 位,光盘的存储容量大(650MB/5in,相对早期 IBM PC 的 10MB 的硬盘),且抗干扰能力强。

1. 光盘分类

光盘主要分为五类:

(1) 只读光盘(compact disk-read only memory,CD-ROM)。

(2) 一次写入型光盘(write once read many,WORM),也称可刻录盘(CD-recordable,CD-R)。

(3) 可擦写(erasable)光盘或称可逆式光盘(reversible),也称重复可录光盘(CD-rewritable,CD-RW)。可擦写光盘又分为相变型光盘(PCD)和磁光型光盘(MOD)。

(4) 数字视频光盘(digital video disk,DVD)。

(5) 蓝光 DVD(BD)。

2. CD-ROM

CD-ROM 是以光盘表面上的光存储介质薄膜上的凹痕来存储信息的,激光照在平坦的表面有反射光,表示数字 0,激光照在凹痕无反射光,表示数字 1,如图 4-27 所示。这些记忆单元分布在光轨上,光轨是一个连续的螺旋式轨道,是一个等尺寸、等密度的区域,如图 4-28 所示。因此驱动器是以恒定的线速度(CLV)来读取数据的。这就意味着读取内圈数据时的转速和读取外圈数据时的转速不同(内圈速度大)。当光驱速度大于 16 倍速(习惯上把 150KB/s 的标准 CD 传输速率的光驱称为单倍速光驱,300KB/s 为 2 倍速光驱,以此类推)以后,频繁地交换主轴电动机的速度将大大降低光驱的使用寿命。高速光驱采用 CAV 技术(即盘片以恒定角速度旋转)。为了达到更好的效果,许多光驱采用外圈 CLV 和内圈 CAV 控制技术。

(a) CD-ROM 盘结构　　　　　(b) 记录层

图 4-27　CD-ROM 盘

1—保护层;2—反射层;3—记录层;4—衬底。

对 CD-ROM 来说,沿半径可记录信息的记录区宽度为 32.55mm,光轨间距为 $1.6\mu m$,可得 20 344 个螺旋圈数的光轨。通过平均周长乘以螺旋的圈数可得到光轨的长度约为 5.27km。CD-ROM 恒定线速度(CLV)为 1.2m/s,激光头"浏览"整条光轨需约 4391s,这是音频光轨的最大播放时间。数据以 150KB/s 读出,存储容量约为 650MB。

图 4-28　光盘的螺旋式光轨

3. WORM

WORM 与 CD-ROM 结构类似，光盘的写入是利用高功率激光束在存储介质上打出微米级的凹坑，有坑代表写入 1，无坑代表 0。其结构如图 4-27 所示。WORM 光盘的记录介质一般采用碲系材料，它具有熔点低（450℃）、记录灵敏度高和读出信噪比大等优点。

4. CD-RW

对于 CD-RW，按记录介质可分为相变型光盘和磁光型光盘。以相变型光盘为例，它的读写原理是利用存储介质的晶态、非晶态可逆转换，引起对激光束不同强度的反射或折射，形成信息——对应关系的。

写入时，利用高功率激光束聚焦于存储介质表面的一个微小区间内，使晶态在吸热后至熔点，并在激光束离开瞬间骤冷转变为非晶态，信息即被写入。

读出时，由于晶态和非晶态对激光束存在不同强度的反射或折射率，根据反射光强度的不同，将所记录的信息读出。

擦除时，利用适当功率的激光束照射在记录信息点上，使该点温度界于材料的熔点与非晶态温度转变之间，使之产生重结晶而恢复到晶态，完成擦除功能，这样又可以重新写入信息了。

5. 光盘驱动器的性能指标

（1）平均读取时间：从光头定位到开始读盘的时间。越短越好，不能超过 95ms。

（2）数据传输速率：以音频 CD150KB/s 为单速标准，倍速即单速的倍数，52X 表示为单速的 52 倍（DVD 光驱的 1X 相当于 CD 的 9X）。

（3）可靠性：信息读出的误码率为 $10^{-12} \sim 10^{-9}$。

光盘在使用过程中应尽量避免划伤。更不能把背面的漆磨掉而使光盘透明，否则，由于没有反射光，光盘中的信息将无法读出。

由于光盘容量的提高赶不上 U 盘、移动硬盘容量的提高速度，而且读取光盘上的信息必须由光盘驱动器来完成，在价格上也已经没有任何优势，除了用来保存音乐和视频文件外，作为计算机的辅助存储器使用已经越来越没有优势，现在生产的 PC 已经不再将光驱作为计算机的标准配置。光驱将会与软盘驱动器一样最终从计算机的配置中消失。

4.4.4　固态硬盘

随着智能手机、平板计算机等移动终端快速普及，对存储设备提出了新的要求。这类设备共同特点是需要大容量、高速、低功耗、低噪声以及小体积的存储设备。传统的机械硬盘已经无法满足需要，因此诞生了以 Flash Memory 为存储介质的固态硬盘（solid state drives，SSD）。与机械硬盘相比，固态硬盘存储器除容量较小和价格稍高外（目前主流 SSD 的存储容量为 120～250GB，平均价格为 450～600 元），其小体积、低功耗的优点在智能移动设备中是机械硬盘无法替代的，而且随着半导体技术的发展，高容量、低价格的固态硬盘时代已经到来。

视频：存储器的体系结构

4.5 存储体系的概述

1. 存储器的层次结构

存储器的三个主要性能指标是存储容量、存取速度和存储器价格。计算机系统要求存储器容量大，速度高，价格低，这些往往相互矛盾。随着大规模集成电路技术的发展，CPU 和存储器的速度都有了很大的提高，但存储器存取速度的提高赶不上 CPU 运算速度的提高，大容量存储器存取速度则更低。目前，CPU 的速度比内存的速度快约 10 倍。为了提高计算机系统的整体性能，针对各种存储设备的容量和速度不同，提出了分级存储（或存储层次）的概念，将不同类别的存储设备有机地组合在一起构成存储体系（或称为存储器的分层结构），以便存储器和 CPU 更好地配合。

一个通用的存储器分层结构如图 4-29 所示，图中从上到下依次为寄存器、高速数据缓存（cache）、主存储器（内存）和辅存储器（外存）。寄存器是指 CPU 内部通用寄存器，属于 CPU，它的速度最高，通常并不把它放在存储体系中讨论。

2. 二级存储体系

二级存储体系的结构如图 4-30 所示，它由主存和辅存（辅助存储器）两级构成。CPU 与主存可以直接交换信息，辅存与主存在操作系统的管理下可以交换信息，但 CPU 不能与辅存直接交换信息。

图 4-29　存储器的层次结构体系

图 4-30　二级存储器体系的结构

正在运行的程序和数据存放在主存中，由于主存容量不足，大量的、暂时不用的以及主存容纳不下的程序和数据就存放在辅存中。辅存中的信息必须调入主存后才能被 CPU 调用，这个工作由操作系统对存储器的管理来完成。

在二级存储体系结构中，主存是直接为 CPU 提供现行程序和数据的存储器，因此要求它有更高的存储速度和较大的容量（以减少主、辅存之间的数据交换次数），保证整个计算机系统的运行速度。主存通常采用半导体 DRAM 存储器。

辅存作为主存的后备系统，必须具有价格低、容量大的优势。通常用硬盘、光盘或 U 盘做辅存。

二级存储体系结构解决了主存容量不足、价格昂贵和掉电不能保存信息的问题。但由于主存的速度不高，或跟不上 CPU 速度的提高，而且速度的提高受容量、成本以及半导体制造技术的制约，因此采用二级存储无法解决主存与 CPU 之间速度不匹配的问题。这就提出了三级存储体系。

3. 三级存储体系

为了解决主存与 CPU 之间的速度匹配问题，二者之间增加了高速缓冲存储器（cache），构成三级存储体系结构，如图 4-31 所示。cache 是介于 CPU 与主存储器之间的一个容量较小、速度接近 CPU 的存储器。通常采用半导体 SRAM。cache 中存放的是主存中一小部分内容的副本，CPU 在取指令或取数据时首先在 cache 中查找，如果在 cache 中，就直接从 cache 中取，这样可以大大提高 CPU 的访问速度。在三级存储体系中借助于硬件，实现 cache 与主存之间的数据交换，借助软硬件实现主存与辅存之间的信息交换。这样使得它的性能指标接近 cache 的速度，且

图 4-31　三级存储器体系的结构

具有外存的容量。在 cache—主存结构中，CPU 既可以直接访问 cache 中的信息，也可以直接访问主存中的信息。与二级存储器体系结构一样，在主存—辅存结构中，CPU 与辅存之间没有直接通道，CPU 不能直接访问辅存。辅存中的信息必须调入主存后才能被 CPU 调用，这个工作仍然由操作系统对存储器的管理来完成。三级存储器体系较好地解决了 CPU 与主存之间存在的以下两个重要问题。

（1）主存—辅存结构解决了主存容量不足且掉电不能保存信息的问题。

（2）主存—cache 结构解决了 CPU 和主存速度不匹配的问题。

4. 多级存储体系

为了解决 CPU 与主存之间的速度匹配问题还可以采用多级存储体系。典型的多级存储体系见 Pentium 机，它是由一级 cache、二级 cache、主存和辅存构成的四级存储体系。对于 Pentium 586，其一级 cache 已集成在 CPU 芯片中。对于 Pentium Ⅱ，其一级 cache 和二级 cache 均已集成在 CPU 芯片中。更先进的 CPU 采用三级 cache。图 4-32 所示为多级存储体系的结构。

图 4-32　多级存储体系的结构

5. 多体交叉存储

多体交叉存取是解决主存与 CPU 速度差异的另一种方法，把主存分为若干容量相同、能独立地由 CPU 存取的存储体。在不提高各存储体速度的前提下，通过 CPU 与各

存储体的并行交叉存取操作，来提高整个主存的频宽。图 4-33 所示为含有 4 个存储体的多体交叉存储体系，图 4-34 所示为多体交叉 CPU 访问各存储体的时序。

图 4-33 多体交叉存储体系

图 4-34 多体交叉 CPU 访问各存储体的时序

假设在多体交叉存储体中，每个单独的存储体的存储周期完全相同，其存储周期为 T_M。从图 4-34 中可以看出，CPU 每隔 1/4 个存储周期启动一个存储体，尽管每个存储体的存储周期为 T_M，在经过 T_M 时间之后，CPU 每隔 $1/4T_M$ 就可以读出或写入一个数据，就好像存储器的速度提高了 4 倍。

4.6 cache 工作原理简介

视频：cache
的工作原理

4.6.1 cache 的引入

为了解决主存与 CPU 之间的速度匹配问题，在二者之间增加了 cache。借助辅助硬件，可实现 cache 与主存之间的数据交换，使得主存的性能指标接近 cache 的速度。

通过对大量典型程序运行情况的分析，不难发现程序执行具有以下特点。

（1）程序是逐条顺序执行的。每执行完一条指令，通过自动地增加 PC，使 PC 中的内容始终指向下一条要执行指令的地址，实现程序自动连续地运行，只要不遇到中断、子程序调用、跳转等，程序都是按照顺序执行的。

（2）执行程序需要一定的时间。通常指令都是顺序连续地存储在主存地址空间的（按块的大小连续分配内存）。在一段时间间隔内，只能执行完一小段程序。在一个较短的时间范围内，对主存储器的访问，其地址往往集中在一个很小的物理地址空间范围内。这种对局部范围的存储器地址频繁访问，而对此范围以外的地址访问甚少的现象称为程序访问的局部性。

程序执行的顺序性和程序访问的局部性为存储体系中引入 cache 提供了理论依据。可以将正在执行程序的一小部分装入 cache，CPU 直接从 cache 中读取程序，当 cache 中的程序执行完后再将后面需要执行的程序调入 cache 中（覆盖已经执行完的程序），采用部分调入，多次对换。速度缓冲技术是解决两个部件（设备）之间速度不匹配的一个重要手段。cache 技术自 1967 年被 Gibson 提出以来，一直应用至今。

cache 全部采用硬件进行调度，不仅对应用程序员，而且对系统程序员都是透明的。一般情况下，程序员看不到系统中的 cache，他们只知道程序是放在主存储器中的。

cache 一般采用高速 SRAM 实现，存储容量为几十千字节到几兆字节，其平均速度是主存储器的 3～10 倍，比较接近 CPU 的速度。

4.6.2 cache 工作原理

在含 cache 的存储系统中，把 cache 和主存分成若干块(block)，块的大小相等。主存中含有 B 块，每个块都对应唯一编号，块号为 $0～B-1$，cache 中含有 b 块($B>b$)，其块号为 $0～b-1$。主存中块内偏移地址用 W 表示，cache 中块内偏移地址用 w 表示($W=w$)。因此，主存地址由块号 B 和 W 组成，cache 地址由 b 和 w 组成。

cache 与主存之间以块为单位进行数据交换。块的大小以在主存的一个读/写周期中能访问的数据长度为限，通常为 $1～16$ 字节。cache 中存储的内容是主存一部分内容的副本，这一部分内容就是 CPU 最近最常访问的内容。

当 CPU 要访问 cache 时，CPU 通过地址总线送来的主存地址将存于主存地址寄存器 MAR 中(B 和 W)。B 经过主存—cache 地址变换得到 b，b 和 W 进入 cache 地址寄存器 CAR，CAR 中的 w 和 W 相同。如果命中(即 CPU 访问的信息在 cache 中)，则用 CAR 中的地址访问 cache，从 cache 中取出一个数据送 CPU，如未命中(即 CPU 访问的信息不在 cache 中)，则用 MAR 中的地址去访问主存，从主存中取出一个数据送往 CPU，同时把包括被访问地址在内的一(整)块数据调入 cache，以备以后使用。如果此时 cache 已满，无空闲块，则需要根据某种替换算法，淘汰(替换)一块不常用的 cache 空间以便存入从主存中新调入的块。图 4-35 所示为 cache 工作原理框图。

cache 的容量和块的大小是影响 cache 效率的重要因素。通常用"命中率"来检测

图 4-35　cache 工作原理图

cache 的效率。命中率是指 CPU 要访问的信息在 cache 中的比率,而将所要访问的信息不在 cache 的比率称为"失效率"或"失靶率",用公式表示,命中率 $H = N_c/(N_c + N_m)$, N_c 是在 cache 中访问到的信息量的次数,N_m 是在 cache 中未访问到而从主存中访问到的信息量次数。失效率 $H_1 = N_m/(N_c + N_m)$。假设访问 cache 的时间为 T_c,T_c 称为命中时间。缺失时,需要从主存读取一个主存块到 cache,并同时将需要的信息送 CPU,所需时间为主存访问时间 T_m 和 cache 访问时间 T_c。从主存读取一个主存块到 CPU 的时间 T_m 称为缺失损失。若命中率为 H,那么 CPU 在 cache—主存层次的平均访问时间为 $H \times T_c + H_1 \times T_m = H \times T_c + (1-H) \times T_m$。

【**例 4-4**】　假设处理器时钟周期为 2ns,某程序由 1000 条指令组成,每条指令执行一次,其中有 4 条指令在取指令时,没有在 cache 中找到,其余指令都能在 cache 中取到。在执行指令的过程中,该程序需要 3000 次主存数据访问,其中 6 次没有在 cache 中找到。

(1) 执行该程序得到的 cache 命中率是多少?

(2) 若在 cache 中存取一个信息的时间为一个时钟周期,缺失损失为 4 个时钟周期,则 CPU 在 cache—主存层次平均访问时间为多少?

解:(1) 执行该程序总访问次数为 $1000 + 3000 = 4000$,未命中次数为 $4 + 6 = 10$,命中次数为 $4000 - 10 = 3990$。命中率为 $3990/4000 = 99.75\%$。

(2) cache—主存层次平均访问时间为 $H \times T_c + H_1 \times T_m = 99.75\% \times 1 + (1 - 99.75\%) \times 4 = 1.0075$ 个时钟周期,相当于 $1.0075 \times 2ns = 2.015ns$。

4.6.3　主存—cache 地址变换的地址映射

视频:主存—cache 地址变换

要进行主存—cache 地址变换,先要弄清楚地址映射。在 cache 中,地址映射是指把主存地址空间映射到 cache 地址空间,具体地说就是把存放在主存中的程序按照某种规则装入 cache 中,因此必须建立主存地址与 cache 地址之间的对应关系。实现这种映射的函数称为映射函数。常用的映射方式有直接映射、全相联映射和组相联映射。

地址变换是指在程序运行时,根据地址映射函数把主存地址变换成 cache 地址。地址变换和地址映射是紧密相关而又不同的两个概念。

1. 直接映射

直接映射的基本思想是把主存每一块映射到一个固定 cache 块中,其映射关系为

$$i = j \bmod 2^c$$

主存的第 j 块映射到 cache 的第 i 块,2^c 是 cache 的总块数。所以直接映射也称模映射。图 4-36 所示为直接映射下主存 cache 地址映射关系。

在直接映射下,主存的 0 号块只能映射到 cache 的 0 号块,主存的 1 号块只能映射到 cache 的 1 号块,主存的 2^c 号块只能映射到 cache 的 0 号块,以此类推。表 4-1 所示为主存块映射到 cache 块的对应关系。

图 4-36　直接映射下主存 cache 地址映射关系

表 4-1　主存块映射到 cache 块的对应关系

cache 块号	主 存 块 号	cache 块号	主 存 块 号
0	$0, 2^c, 2^{c+1}, \cdots$	3	$3, 2^c+3, 2^{c+1}+2, \cdots$
1	$1, 2^c+1, 2^{c+1}+1, \cdots$	$\vdots$	$\vdots$
2	$2, 2^c+2, 2^{c+1}+2, \cdots$	2^c-1	$2^c-1, 2^{c+1}-1, 2^{c+2}-1, \cdots$

　　CPU 访问主存的地址分成三个字段。第一字段表示块内地址，位数由块的长度（或块的大小）决定，第二字段表示 cache 块号，位数取决于 cache 的块数。这两个字段合在一起所表示的容量等于 cache 的总容量，剩下的地址位为第三字段，表示区号，位数取决于系统的地址总线位数。cache 的地址部分不仅包含表示 cache 容量的地址位（cache 块号＋块内地址），还增加了一个前缀：主存字块标记，长度等于主存的区号字段的长度，和 1 位有效位，表示该块是否有效，内容为 1 表示有效，为 0 表示无效。

　　当 CPU 访问主存时，将访存地址送到地址总线上，通过地址变换机构直接将表示 cache 块号和块内地址送到 cache 地址寄存器所对应的 cache 块号和块内地址所对应的字段，找到对应的 cache 块，然后用区号与 cache 前缀主存字块标记中的内容进行比较，如果相等，且有效位为 1，则命中，CPU 直接访问 cache（读或写）。如果没有命中，CPU 直接用访存地址访问内存，同时将该内存块的内容装入对应的 cache 块，把区号装入 cache 地址字段的主存字块标记中，并将有效位置 1，下次再访问同一块的内容就能命中了。图 4-37 所示为直接映射下 CPU 访问过程。

　　直接映射比较简单，硬件电路也容易实现，但 cache 利用率不高，因为主存的某一块只能装到 cache 的固定块，如果 cache 这一块已经被其他块占用了，即使 cache 中还有大

图 4-37　直接映射下 CPU 访问过程

量空闲块也不能使用。

【例 4-5】　假设主存容量为 512KB,cache 容量为 4KB,每个字块大小为 64B。

（1）cache 的地址有多少位？可容纳多少块？

（2）主存地址有多少位？可容纳多少块？

（3）在直接映射下,主存的第几块映射到 cache 中的第 5 块（设起始字块为 1 块）？

（4）画出直接映射下主存地址字段中各段的位数。

解：（1）cache 总容量 4KB＝2^{12}B,所以 cache 地址为 12 位。

每块大小 64B＝2^6B,可容纳 $2^{12} \div 2^6 = 2^6 = 64$（块）。

（2）主存总容量 512KB＝2^{19}B,所以主存地址为 19 位。可容纳 $2^{19} \div 2^6 = 2^{13} =$ 8K（块）。

（3）在直接映射下主存的第 5 块,$5+2^6,5+2\times2^6,\cdots,5+126\times2^6,5+127\times2^6$ 共 128 块映射到 cache 的第 5 块。

（4）主存地址分三部分,块的大小为 64B,块内地址需要 6 位,表示 cache 块号地址 64 块,需要 6 位地址,主存总址线 19 位,所以区地址 19－6－6＝7 位。主存地址结构如表 4-2 所示。

表 4-2　主存地址结构

区	cache 地 址	块 内 地 址
7 位	6 位	6 位

2. 全相联映射

全相联映射的基本思想是主存中的任意一块可以映射到 cache 的任意一块。图 4-38 所示为全相联映射方式下主存—cache 对应关系。

在全相联映射下,不需要映射函数,主存地址分成两个字段,第一个字段表示块内地址,第二个字段表示主存块号。cache 的地址分成三个字段,第一个字段表示块内地址,第二个字段称主存字块标记,位数等于表示主存块号字段位数,第三个字段是 1 位有效位。

CPU 访问内存时,直接用主存块地址按顺序与每一个 cache 块的字块标记进行比较。如果相等,且有效位有效,则表示命中,CPU 再用块内地址访问该 cache 块。如果全部比较结束都没有找到相等的,或有相等但有效位是无效的,则没有命中,这时 CPU 就直接访问内存,同时将该内存块调入 cache 的一个空闲块中（如果 cache 还有空闲块）,并

图 4-38　全相联映射方式下主存—cache 对应关系

将块地址装入 cache 的字块标记中，同时将有效位置 1，以便下次访问。如果这时 cache 已经没有空闲块，就必须按照某种替换算法，将 cache 的某一块的内容替换出去，再调入新的块。图 4-39 所示为全相联映射方式下 CPU 访问过程。

图 4-39　全相联映射方式下 CPU 访问过程

全相联映射虽然 cache 的利用率高，但查找 cache 需要一定的时间，特别是 cache 容量比较大时，效率会显著下降。为了克服这个缺点，引入了组相联映射。

3. 组相联映射

将直接映射与全相联映射结合在一起就构成了组相联映射。组相联映射的基本思想是将 cache 块分组，每组含若干块，主存每一块映射到 cache 一个固定组中（直接映射），在组内按照全相联映射。其映射关系为

$$i = j \bmod 2^q$$

主存的第 j 块映射到 cache 的第 i 组，2^q 是 cache 的总组数。图 4-40 所示为二路组相联映射下主存 cache 地址映射关系。

在组相联映射方式下，每组包含几个块就称几路组相连。例如，在图 4-40 中，每组包含两个块就称二路组相连。

图 4-40 组相联映射方式下主存—cache 对应关系

在组相联映射下,主存地址分成 3 个字段,第 1 个字段表示块内地址,第 2 个字段表示主存组号,第 3 个字段表示主存组标记;cache 的地址分成 4 个字段,第 1 个字段表示块内地址,第 2 个字段表示 cache 组号,第 3 个字段为标记,其位数等于主存组标记的位数,第 4 个字段是 1 位有效位。

CPU 访问主存时,先用主存的组地址找到对应 cache 组,再用主存组标记与对应的 cache 组内的每个 cache 块的标记逐个比较(按照全相连方法),如果相等且有效位为 1,则命中,CPU 直接访问 cache;否则没有命中,CPU 访问内存,同时将该块的内容调入对应的 cache 组的空块中(该组中还有空块),如果没有空块,根据某种置换算法先将 cache 中的内容置换出去再调入,然后将主存组标记送到该块对应的标记字段,并将有效位置 1。图 4-41 所示为组相联映射下的 CPU 访问过程。

图 4-41 组相联映射下 CPU 访问过程

为了提高比较速度,在组内比较查找不是采用串行顺序查找实现,而是完全采用硬件电路实现,有几路就设置几个比较器,比较是同时进行的,速度比较快。

【例 4-6】 假设主存容量为 512K×16b,cache 容量为 4096×16b,块的大小为 4 个 16b 的字,访存地址为字地址。

(1)在直接映射方式下,设计主存地址格式。

（2）在全相联映射方式下,设计主存地址格式。

（3）在二路组相联映射方式下,设计主存地址格式。

解:(1)每块大小$=4\times16b=2^2$(字),块内地址需要2位,cache总容量为4096字$=$ 2^{12}(字),所以cache地址为12位。

可容纳$2^{12}\div2^2=2^{10}$(块),cache的块地址需要10位。

主存总容量为512K字$=2^{19}$字,所以主存地址线19位。直接映射下主存地址结构如表4-3所示。

表4-3　直接映射下主存地址结构

区	cache 地址	块内地址
7 位	10 位	2 位

（2）全相联映射,主存地址分两部分:主存块号和块内地址,块内地址2位,表示主存块号需地址位为$19-2=17$位。全相联映射主存地址结构如表4-4所示。

表4-4　全相联映射主存地址结构

主存块号地址	块内地址
17 位	2 位

（3）二路组相联映射每组2块,所以共分$2^{10}\div2=2^9$组。组地址需要9位。主存组标记位为$17-9-2=8$位。二路组相联映射主存地址结构如表4-5所示。

表4-5　二路组相联映射主存地址结构

主存组标记	主存组地址	块内地址
8 位	9 位	2 位

4.6.4　替换算法

视频:cache的调度算法

在地址变换过程中,如果发现cache失效(要执行的指令不在cache中),则需要将主存的一个新块数据调入cache存储器中。由于此时与之相应的cache块中已装满数据,这时要使用替换算法,从相应的块中找出一个不常用的块,把它存到主存原来的位置,而cache中空出的位置存放从主存调入的新块。

替换算法与映射方式有关,直接映射方式不需要替换算法。常用的替换算法有以下几种。

（1）先入先出替换(first in first out,FIFO)算法,即最先调入的块最先调出。

（2）最佳置换(optimal replacement,OPT)算法。所选择替换的块是永远不用的或将来最长时间内都不会被使用的。由于程序在执行过程中很难预测未来程序执行的流向,所以这种方法在实际操作过程中很难实现。

（3）最近最少使用（least recently used，LRU）算法。最近的一段时间没有被使用，将来会被使用的概率也会很小，该块被调出。

FIFO 算法　　　　OPT 算法　　　　LRU 算法

（4）随机替换算法（random）。

从候选的 cache 块中随机选一块淘汰掉，与使用情况无关，这种调度算法比较简单，但性能不能得到保障。

图 4-42 是假设 cache 有三块，并且开始都是空的，在地址流（程序执行的地址流向）为 7、0、1、2、0、3、0、4、2、3、0、3、2、1、2、0、1、7、0、1 的情况下，三种不同的替换算法下的命中率。

图 4-42　cache 三种不同的替换算法下的命中率

不难看出，采用不同的算法，命中率是不一样的，其中 OPT 算法命中率最高，但不易实现。FIFO 算法命中率最低，但最简单。LRU 算法介于二者之间，需要设置一计时器来记录每一块在 cache 中等待的时间。另外，命中率还与 cache 的大小有关，cache 越大，块越多，命中率也越高。

4.6.5 主存—cache 内容的一致性问题

cache 存储器的地址变换和块的替换算法完全由硬件实现，因此，在"cache—主存"这一层次上对程序员来讲是透明的。这种透明也带来一些问题，例如，"cache—主存"内容不一致问题。假定 CPU 在某时刻执行了写操作，要写的地址恰好在 cache 中，则 cache 内容被更改，但该单元对应的主存内容尚未被改写，这就产生了 cache 和主存内容不一致问题。

解决这个问题的关键是选择更新主存内容的算法。一般采用如下两种算法，即"回写法"（write back）和"写直达法"（write through）。回写法是在处理机执行写操作时，信息只写入 cache，当 cache 页被替换时，将该页内容写回主存后，再调入新页。写直达法又称存直达法，是在每一次处理机执行写操作时，利用处理机与主存之间的通路将信息也写回主存。这样在页替换时，就不必将被替换的 cache 页内容回写，而可以直接调入新页。

回写法的开销是在页被替换时所需要回写的时间，而写直达法则在每次写入时都附加一个比 cache 长得多的写主存时间。一般来说，写直达法的开销要大一些，但其一致性保持得好一些。

4.6.6 cache 结构举例

1. Pentium cache 结构

Pentium 微处理器在芯片内集成了一个代码 cache 和一个数据 cache，如图 4-43 所示。

图 4-43　Pentium 微处理器片内结构图

从图 4-43 中可以看出，片内的核心处理部件是两个整数 ALU 和一个浮点运算部件。两个整数 ALU 可以并行工作，数据 cache 向它们提供操作数。

数据 cache 采用双端口结构,每端口 32 位,各通过一组 32 位总线与一个整数寄存器相连,两个端口可以合并为一个 64 位端口,通过 64 位总线与浮点部件相连。

数据 cache 采用"回写"策略,即仅当一页调出 cache 并且该页已被改写时,才将其内容写回主存。不过,Pentium 处理器可以动态重构支持"写直达法"。另外 Pentium CPU 还有两条单独的指令来清除或回写 cache。

代码 cache 在工作时是只读的,它给指令预取缓冲器提供预取指令队列。

2. Power PC cache 结构

图 4-44 是 Power PC 620 的结构图,核心处理部件是 3 个可以并行工作的整数 ALU 和一个浮点运算部件,浮点运算部件有自己的寄存器、加法、乘法和除法运算部件。

图 4-44 Power PC 620 的结构图

指令 cache 给指令部件提供指令;数据 cache 通过取数/存数部件给整数 ALU 和浮点运算部件提供操作数,并且采用 MESI 一致性协议以保证 cache 的一致性。

4.7 虚拟存储器的概念

由于用户的程序越来越大,程序设计人员总希望有一个大于(或等于)整个主存的空间供编程使用。并且在多任务环境下,有多个程序要同时调入内存,这就对内存的容量提出了更高的要求。虽然可以通过提高 CPU 的访问范围(增加 CPU 的地址总线根数)和直接增加物理内存方法来实现,当前的计算机系统中,CPU 可寻址空间远远大于实际配置的主存容量(如 Pentium 4 CPU,地址线 36 位,可以寻址 $2^{36}=64G$,实际主存往往只有 4～16GB),增加物理内存必然要增加系统成本,而且在单 CPU 多任务环境下,采用的是分时工作,程序是并发执行的,并不需要将所有的程序都装入内存才能工作。这就提出了虚拟存储器的概念。虚拟存储器的概念是 1961 年英国曼彻斯特大学 Kilburn 等人提出的。

虚拟存储器的基本思想是由操作系统将辅助存储器的一部分当作主存使用,因而扩大了程序的存储空间。将主存和部分辅存组成的存储器系统称为虚拟存储器。或者说,在主存和辅存之间增加部分软件（操作系统）和必要的硬件支持（地址映射与地址转换机构，缺页中断机构），使主存和辅存形成一个有机整体。计算机在执行程序时，只将正在执行程序的部分调入主存，剩余部分仍然存放在辅存中。当在内存中的程序执行完后再将辅存中的程序分块或分页调入内存，采用部分调入和多次对换来完成。

虚拟存储器不仅是解决存储容量和存取速度之间矛盾的有效方法，而且是管理存储设备的有效方法。采用虚拟存储器，用户在编制程序时，只需要将工作的重点放在解决具体问题上，无须考虑所编程序在主存中是否放得下以及放在主存的什么地方，因此，虚拟存储器给软件编程提供了极大方便。虚拟存储器使计算机具有辅存的容量和接近主存的速度。

虚拟存储器建立在主存—辅存结构上，但一般的主存—辅存结构并不就是虚拟存储器。它们之间的本质区别是如下三点。

（1）虚拟存储器仿佛扩大了整个主存的容量，用户可使用远远大于主存的空间，在主存—辅存结构中，用户只能使用主存或操作系统分配的那部分主存。

（2）虚拟存储器地址称为虚拟地址，或逻辑地址，其对应的存储容量称为虚拟容量。对虚拟存储器来说，访问主存要进行虚实地址变换。对于主存—辅存结构，访问主存不必进行这种地址变换。

（3）对虚存的分配由操作系统完成，而主存—辅存结构，其使用由应用程序进行。

对虚拟存储器的管理方式有分页式管理、分段式管理和段页式管理三种方式。它们采用的地址变换以及映射方法和替换策略从原理上看与 cache—主存的地址变换以及映射方法和替换策略相似，但是 cache 的替换算法和地址变换完全是由硬件实现的，而在虚拟存储系统中，一般由操作系统和硬件相结合的方法来实现。操作系统对存储器的管理中专门设置了虚拟存储器的管理，例如，在 Windows 2000/XP/10 操作系统中，通过控制面板→系统→高级→性能选项→虚拟内存→更改，就可以对虚拟存储器进行管理。

4.8　存储器的校验方法

为了防止数据在交换过程中出现错误，往往采取一些纠错技术。对于存储器常采用纠错码技术，以使存储器系统能自动进行查错和纠错，这种具有指出错误、改正错误能力的编码称为纠错码，又称校验码（check code）。常用的校验码有奇偶校验码、海明码和循环冗余校验码等。

在存储器中将数据及校验位一起存储，读出时，将读出数据求出的校验位与原来的校验位进行比较，如果一致说明正确，不一致说明出错。

第 4 章课堂练习

第 4 章总结

习　题　4

一、选择题

1. 某计算机字长 32 位,存储容量 8MB,若按双字编址,它的寻址范围是_____。
   A. 0～1M－1　　　B. 0～2M－1　　　C. 0～624K－1　　　D. 0～720K－1

2. 某计算机字长 16 位,存储容量 2MB,若按半字编址,它的寻址范围是_____。
   A. 0～6M－1　　　B. 0～2M－1　　　C. 0～1M－1　　　D. 0～10M－1

3. cache 是指_____。
   A. 高速缓冲存储器 B. 主存　　　　　C. ROM　　　　　D. 外部存储器

4. 磁盘按盘片的组成材料分为软盘和_____。
   A. 磁带　　　　　B. 硬盘　　　　　C. 磁鼓　　　　　D. 磁泡

5. 磁表面存储器是以_____作为记录信息的载体。
   A. 塑料介质　　　B. 磁介质　　　　C. 材料　　　　　D. 磁头

6. 对磁盘上存储的信息的访问是通过它所在磁道号和_____实现的。
   A. 扇形区域　　　B. 扇区号　　　　C. 柱面号　　　　D. 标记

7. 内存若为 16MB,则表示其容量为_____KB。
   A. 16　　　　　　B. 1024　　　　　C. 16 000　　　　D. 16 384

8. 若 CPU 的地址线为 25 根,则能够直接访问的存储器的最大寻址空间数是_____。
   A. 1M　　　　　　B. 5M　　　　　　C. 16M　　　　　D. 32M

9. CPU 可以直接访问的存储器是_____。
   A. 磁带　　　　　B. 磁盘　　　　　C. 主存储器　　　D. 外存

10. 某 RAM 芯片,其存储容量为 1024×16 位,该芯片的地址线和数据线数目分别
    为_____。
    A. 10,16　　　　B. 20,18　　　　C. 18,20　　　　D. 19,21

11. 计算机的存储器系统是指_____。
    A. RAM　　　　　　　　　　　　B. 主存储器
    C. ROM　　　　　　　　　　　　D. cache、主存储器和外存储器

12. 下面关于 ROM 和 RAM 的叙述中,错误的是_____。
    A. ROM 和 RAM 都是半导体存储器
    B. PC 关机后,存储在 PC CMOS RAM 中的内容一般不会丢失
    C. RAM 芯片掉电后,存放在芯片中的内容会丢失
    D. Flash ROM 芯片中的内容经一次写入后再也无法更改

13. 若存储体中有 1K 个存储单元,采用双译码方式时要求译码输出线为_____。
    A. 64　　　　　　B. 32　　　　　　C. 560　　　　　D. 9

14. 某计算机字长 32 位,存储容量为 1MB,若按字编址,它的寻址范围是_____。
    A. 0～512K－1　　B. 0～256K－1　　C. 0～256KW－1　　D. 0～1K－1

15. 内存储器容量为 256KB 时，若其首地址为 00000H，那么末地址的十六进制表示是_____。

    A. 2FFFFH   B. 4FFFFH   C. 1FFFFH   D. 3FFFFH

16. RAM 芯片串联时可以_____。

    A. 提高存储器的速度   B. 降低存储器的价格

    C. 增加存储单元的数量   D. 增加存储器的字长

17. 与动态 MOS 存储器相比，双极性半导体存储器的特点是_____。

    A. 速度快，功耗大   B. 集成度高

    C. 速度慢   D. 容量大

18. 下列元件中存取速度最快的是_____。

    A. 寄存器   B. 内存   C. 外存   D. cache

19. 对于没有外存储器的计算机来说，监控程序可以存放在_____。

    A. CPU   B. RAM   C. ROM   D. RAM 和 ROM

20. 评价磁记录方式的基本要素一般有_____、同步能力、可靠性。

    A. 密度   B. 记录方式   C. 控制方式   D. 记录密度

21. 某一 SRAM 芯片，其容量为 512×8 位，除电源线、接地线和刷新线外，该芯片的最小引脚数目应为_____。

    A. 24   B. 26   C. 50   D. 19

22. 计算机可以访问的主存单元数与地址总线的_____有关，可访问主存单元的个数为_____。

    A. 根数，$2^{地址根数}$ B. 频率，$2^{地址根数}$

    C. 速度，2G   D. 电压，1024K

23. 三级存储器系统是指_____三级。

    A. 高速缓存、外存、内存   B. 高速缓存、外存、EPROM

    C. 外存、内存、串口   D. 高速缓存、内存、EPROM

24. 在大量数据传送中常用且有效的检验方法是_____。

    A. 奇偶校验法   B. 海明码校验

    C. 判别校验   D. CRC 校验

25. 组成 2M×8bit 的内存，可以使用_____进行并联。

    A. 2M×16bit   B. 4×8bit

    C. 2M×4bit   D. 4×16bit

26. 在虚拟存储器中，当程序正在执行时，由_____完成地址映射。

    A. 程序员   B. 编译系统   C. 操作系统   D. 汇编系统

27. cache 与主存的地址映射是由_____完成地址映射。

    A. 硬件自动完成   B. 编译系统

    C. 操作系统   D. 汇编系统

28. cache 的地址映射中，若主存的任意一块均可映射到 cache 内的任意一块的位置上，称为_____。

A. 直接映射　　　　B. 全相连映射　　　C. 组相连映射　　　　D. 操作系统映射

29. 在含有 cache 的系统中,执行程序过程中访存 1000 次,其中访问 cache 缺失(未命中)
　　50 次,则 cache 的命中率是_____。
　　A. 5%　　　　　B. 9.5%　　　　　C. 50%　　　　　D. 95%

二、填空题

1. 存储器的作用是_____。

2. 对存储器可进行的基本操作有_____和_____。

3. 如果任何存储单元的内容都能被随机访问,且访问时间和存储单元的物理位置无关,
　这种存储器称为_____。

4. 内存是计算机主机的一个组成部分,它用来存放_____程序和数据。

5. 在断电后信息即消失的存储器称为_____的存储器。

6. _____是一种常见的二级存储系统结构。

7. _____中的信息不能被 CPU 直接访问。

8. 外存用于存储_____的信息。

9. MOS 型半导体随机存储器可分为_____和_____两种,其中_____在使用过
　程中需要刷新操作。

10. 只读存储器 ROM 的特点是_____。

11. 只读存储器主要用来存放一些不需要_____。

12. 按照制造工艺的不同,可将 ROM 分为三类:_____、_____、_____。

13. MROM 中的内容由_____。

14. PROM 中的内容一旦写入,就无法改变了,属于_____。

15. 主存与辅存的区别主要是_____。

16. 双极型半导体工作速度比 MOS 型半导体快,因此_____就是由双极型半导体
　构成。

17. 计算机内存储器可以采用_____。

18. 常用的刷新控制方式有_____、_____和_____三种。

19. 一个 16K×32 位的存储器,地址线和数据线的总和是_____根。

20. 一个 512KB 的存储器,地址线和数据线的总和是_____根。

21. 一个 16K×16 位的存储器,地址线和数据线的总和是_____根。

22. 某计算机字长是 16 位,它的存储容量是 64KB,按字编址,该机的寻址范围是_____。

23. 某计算机字长是 64 位,它的存储容量是 1MB,按字编址,该机的寻址范围
　是_____。

24. 某 RAM 存储器容量为 32K×16 位,则地址线有_____根,数据线有_____根。

25. 某 RAM 存储器容量为 128K×16 位,则地址线有_____根,数据线有_____根。

26. 存储器与其他部件之间主要通过数据线、_____和_____相连。

27. 内存容量为 256KB 时,若其首地址为 00000H,那么末地址为_____H。

28. 16 位机中,若存储器的容量为 1MB,则访存时所需地址线应有_____根。

29. 存储器芯片并联的目的是_____。

30. 存储器芯片串联的目的是_____。

31. 存储器芯片串联时,需要将地址码分成两个部分,一部分送_____,一部分经译码后送存储芯片的_____位。

32. 要组成容量为 4M×8 位的存储器,需要_____ 4M×1 位的芯片,或需_____ 1M×8 位的存储芯片。

33. 构成 32MB 的存储器,需要 1M×1 位的芯片_____片。

34. cache 是指_____。

35. 图 4-32 所示的多级存储体系中,上一层次的存储器比下一层次存储器_____、_____,每一字节存储容量的成本高。

36. cache 介于主存与 CPU 之间,其速度比主存_____,容量比主存_____。

37. 引入 cache 的目的是弥补 CPU 与主存间存在的_____差。

38. 将辅存当作主存用,扩大程序可访问的存储空间,这样的结构称为_____。

39. 虚拟存储器的建立主要用来解决_____问题。

40. 选择替换算法的主要依据是_____。

41. 常用的替换算法有_____、_____和_____三种。

42. 沿磁盘半径方向单位长度的磁道数称为_____,单位长度磁道上记录二进制代码的位数称为_____。

43. 主存到 cache 的地址映射方法常用的有_____、_____、_____。

三、计算题

1. 某主存容量为 1MB,用 256K×1 位/每片 RAM 组成,应使用多少片? 采用什么扩展方式? 应分成几组? 每组几片?

2. 某内存按字节编址,地址从 1000H 到 4FFFH,若用 512×8 位芯片构成该内存,至少需要的芯片数是多少?

3. 一个 256×256 结构的动态 RAM 芯片,每隔 2ms 要刷新一次,且刷新是按顺序对所有 256 行的存储元进行内部读操作和写操作实现的。设存取周期为 $1\mu s$,求刷新开销(即进行刷新操作的时间占刷新间隔的百分比)。

4. 某计算机的存储系统由 cache—主存系统构成,cache 的存取周期为 10ns,主存的存取周期为 50ns。在执行一段程序时,cache 的访问次数是 4500 次,主存的访问次数是 500 次。该 cache—主存系统的平均访问时间是多少?

5. 设某机器主存容量为 32MB,cache 的容量为 16KB。每字块有 8 个字,每个字 32 位。设计一个四路组相连映射(即 cache 每组内共有 4 个字块)的 cache 组织,画出主存地址字段中各段的位数。

6. 设某计算机 cache 中采用直接映射,已知主存容量为 8MB,cache 容量为 4096B,字块长度为 8 个字,每字 32 位。画出主存地址字段中各段的位数。

7. 设某计算机 cache 中采用全相连映射,已知主存容量为 16MB,cache 容量为 4096B,字块长度为 8 个字,每字 32 位。画出主存地址字段中各段的位数。

8. 某计算机主存容量为 64KB,其中 ROM 区为 4KB,其余为 RAM 区,按字节编址。现要用 2K×8 位的 ROM 芯片和 4K×4 位的 RAM 芯片来设计该存储器,则需要上述规格的 ROM 芯片数和 RAM 芯片数各多少片?

四、解答题

1. 存储元是构成存储体的基础,是最小的存储单位,请问作为一个存储元,其必须满足哪些条件?

2. 按照存取方式对存储器进行分类,可以分为哪几类? 并对其解释。

3. 在 DRAM 中,为什么需要刷新操作? 有哪几种刷新策略?

4. 请解释三级存储体系的组成是什么? 其解决了什么问题?

第 5 章

指 令 系 统

本章详细内容参见图 5-0。

图 5-0　知识点思维图

课程思政
材料

　　要编写程序必须使用指令或语句(语句最终必须经过编译转换为机器指令),指令又称为机器指令,是规定计算机执行某种操作的指示或命令。计算机的工作基本上体现在执行指令上,指令是用户使用计算机与计算机本身运行的最小功能单位。计算机的指令有微指令、机器指令和宏指令之分。微指令是微程序级的命令,它属于硬件,将在第 6 章讨论控制器的设计时介绍。宏指令是由若干条机器指令组成的软件指令,它属于软件,在汇编程序设计课程中介绍。机器指令介于微指令与宏指令之间,通常简称为指令,每一条指令可以完成一个独立的算术运算或逻辑运算。

　　本章主要讨论以下问题。

　　(1) 什么是指令? 指令的作用是什么?

　　(2) 什么是指令系统?

　　(3) 指令的格式,即一条指令应该包含哪些部分? 这些部分如何组织?

　　(4) 如何在内存中找到要执行的指令和要处理的数据,即什么是指令的寻址方式?

　　(5) 指令系统中应该包含哪些类型的指令?

　　(6) 什么是精简指令集? 什么是复杂指令集? 各有什么特点?

5.1 概　　述

用户要用计算机解决问题就必须编写程序，编写程序必须使用指令（用高级语言编写的程序最终也要经过编译转换成机器指令）。一台计算机的所有指令的集合构成该计算机的指令系统。指令系统的设计是计算机系统设计最有影响的一方面，是计算机设计人员和计算机编程人员能看到的同一计算机的分界面，是表征一台计算机性能的重要因素。它表明一台计算机所具有的硬件功能。指令的格式与功能不仅直接影响计算机的硬件结构，也直接影响系统软件，影响计算机的适用范围，是设计一台计算机的起始点和基本依据。20 世纪五六十年代，由于受器件限制，计算机的硬件结构比较简单，所支持的指令系统只有定点数加减法、逻辑运算、数据传送等几十条指令。20 世纪 60 年代后期，随着集成电路的出现，硬件功能不断增强，指令系统越来越丰富，并新设置了乘除运算、浮点运算和多媒体等指令，指令数多达一二百条，寻址方式也日趋多样化。

随着集成电路的发展和计算机应用领域的不断扩大，从 20 世纪 60 年代开始出现了系列计算机，所谓系列计算机，是指基本指令系统和基本体系结构都相同的一系列计算机。系列计算机解决了各机种的软件兼容问题，同一系列的各机种有共同的指令集，并且新推出的机种指令系统一定包含旧机种的全部指令。

20 世纪 70 年代末期，计算机硬件结构随着 VLSIC 技术的飞速发展而越来越复杂化，大多数计算机的指令系统有多达几百条指令，有几十种寻址方式，这样的计算机称为复杂指令集计算机（complex instruction set computer，CISC）。但如此庞杂的指令系统不但使计算机的研制周期变长，不易调试维护，并且非常浪费硬件资源，特别是用于智能家电领域（如冰箱、空调、微波炉、洗衣机）的微控制芯片（单片机），并不需要进行复杂的数据运算，需要的是低成本，这样就将一些不用的指令从系统指令集中剔去，只保留一些最基本的指令，提出了便于 VLSIC 技术实现的精简指令集计算机（reduced instruction set computer，RISC）。随着行业的细分，CPU 设计和制造技术的成熟，专门为各自领域设计的 CPU 芯片也越来越多。

指令系统的性能如何，决定了计算机的基本功能。一个完善的指令系统应满足下面 4 个要求。

1. 完备性

指令系统的完备性是指用指令系统中的指令编制各种程序时，指令系统直接提供的指令足够使用，而不必用软件实现。换句话说，要求指令系统内容丰富、功能齐全、使用方便。在指令系统中有一部分指令是基本的、必不可少的，如数据传送指令、加法指令等。指令系统中还有一部分指令（如乘法指令、除法指令、浮点运算指令等）既可以用硬件实现，由指令系统直接提供这类指令，也可以用其他指令编程实现，例如乘法可以采用加法指令和移位操作指令实现，但这两种不同的实现方法在程序的执行时间和编写程序的难易程度上差别很大。

2. 有效性

指令系统的有效性是指该指令系统所编制的程序能够高效率地运行。高效率主要体现在使用该指令系统提供的指令编制的程序静态占存储空间小、动态执行速度快两方面。

3. 规整性

指令系统的规整性包括指令系统的对称性、匀齐性和指令格式与数据格式的一致性。指令系统的对称性是指在指令系统中，所有的寄存器和存储器单元都可同等对待，所有的指令都可使用各种寻址方式，不需要根据指令来选择系统资源，指令的这一性质对于简化汇编程序设计，提高程序的可读性非常有用。

指令系统的匀齐性是某种操作性质的指令可以支持各种数据类型，如算术运算指令既支持字节、字和双字整数运算，也支持十进制数运算和单、双精度浮点运算等。指令的这种性质，可以使汇编程序设计和高级语言编译程序无须考虑数据类型而选用指令，可提高编程的效率。

指令格式与数据格式的一致性是指指令长度与数据长度有一定的关系，通常指令长度与数据长度均为字节的整数倍。

4. 兼容性

兼容性是指某计算机上运行的软件可以不加任何修改在另一台计算机上正确运行。例如，在采用 Intel 公司设计的 CPU 制造的计算机上开发的程序，在采用 AMD 公司设计的 CPU 制造的计算机上一样可以运行。指令系统的兼容性可以使大量已有的软件得到继承，减少软件的开发费用，使新机种一出现就能继承老机种的丰富软件，深受新老用户的欢迎。

视频：指令格式和数据的存储方式

5.2　机　器　指　令

5.2.1　机器指令格式

指令格式是指令在计算机中的二进制表示的结构形式。一条指令一般应提供两方面信息：一是操作码，规定 CPU 执行什么操作；二是地址码，指出被处理的数据从哪里取，结果送到什么地方以及下一条指令存放在何处。由于计算机中指令是用二进制形式编码表示的，因此，这两部分分别称为操作码和操作数地址码，操作数地址码可简称为地址码（或操作数）。这些代码被划分成几个字段，字段的结构和组合形式称为指令格式。

操作码	地址码(操作数)

图 5-1　指令的基本格式

指令格式的设计是一个比较复杂且技巧性较强的问题，一般涉及指令字长度、操作码结构和地址码结构。图 5-1 所示为指令的基本格式。

操作码：指令系统中包含有许多指令，为了区别这些指令,每条指令都用唯一的代码表示其操作性质,这就是指令的操作码,用 OP 表示。例如,用四位二进制代码表示操作码,0001 表示执行加法操作,0010 表示执行减法操作……1111 表示执行停机操作等。计算机可以通过译码电路识别它们,并进行相应的处理。

地址码:指令中的地址码字段用来指出操作数的地址。操作数可分为源操作数和目的操作数两种。源操作数只表示处理的对象来自何处(数据来源),它不存放处理的结果,用 OPS 表示。目的操作数用来指明指令的处理结果置于何处(存放在什么地方,目的地),用 OPD 表示。

在大多数情况下,待取的下一条指令紧跟当前指令之后,此时下一条指令的地址由程序计数器(PC)给出,指令中不必提供此地址,只有当程序发生转移时需要在指令中给出下一条指令的地址。

1. 指令字长度

指令字长度是指一条指令字中包含的二进制代码的位数。指令字长度与存储器尺寸、存储器组织、总线结构、CPU 复杂程度和 CPU 速度等相互影响。

为了编程方便,编程人员希望指令有更多的二进制位。指令所包含的二进制位越多,所能表示的操作信息和地址信息就越多,指令功能就越丰富,编程人员可以用较短的程序、更灵活的方法、更大的寻址空间来完成给定的任务。但是,指令字越长,占用的存储空间就越大,读取指令的时间也会增加,执行指令的时间也就越长,而且对于功能简单的指令,过长的指令长度也是浪费。

2. 操作码的结构

操作码是指令中表示机器操作类型的部分,其长度(二进制码位数)决定了指令系统中完成不同操作的指令的条数。操作码位数越多,所能表示的操作种类越多。

操作码的长度取决于计算机指令系统的规模,指令系统越大,包含的操作越多,操作码的长度相应就要长些,反之,操作码的长度可以短一些。通常,一个含有 n 位长度的操作码,最多能表示 2^n 条指令。例如,设计具有 32 条指令的计算机,操作码的长度至少需要 5 位($2^5 = 32$)才可以满足需要。

1) 固定长度操作码

固定长度操作码的长度固定,且集中放在指令字的一个字段中,这种结构的优点是有利于简化硬件译码电路,减少指令的译码时间,而且便于扩充操作种类。

2) 可变长操作码

可变长操作码是操作码的长度允许有几种不同的选择,不再是固定长度。当指令长度较长时,可以利用某些类型指令中地址位数的减少扩充操作码的位数,所以又称为扩充操作码。在扩充操作码时,首先分析指令系统中的地址结构,即不同类型指令所需要的地址数,按指令中给出的地址数,可将指令分成三地址指令、二地址指令、单地址指令和零地址指令。地址数较多的指令其地址段所需要的位数较多,允许操作码占有的位数就较少。地址数少的指令,其地址段位数一般也较少,允许将地址段减少的位数分配给操作码使用,当然也可以不考虑地址码而直接扩充操作码的位数。

早期的计算机都采用单一固定长度(所有的指令长度都是相同的)的指令,称为定长指令格式,现代计算机大多采用变长指令格式。例如,8086 的指令为 1~6 字节,80386/80486 最长的指令达 15 字节,而 Pentium 最长的指令达 16 字节。变长指令使用灵活,执行效率高。通常,指令的长度都是字节的整数倍。

3. 地址码的结构

指令中地址结构包括在指令的地址码字段中给出几个地址,以及地址如何给出等问题(寻址方式问题)。按照指令中地址码部分给出的地址个数的不同,可将指令分为三地址指令、二地址指令、单地址指令和零地址指令等。

1) 三地址指令

三地址指令的格式为:

OP	A1	A2	A3

功能:$(A1)OP(A2) \to A3$。

三地址指令在操作完成后两个操作数都不被破坏,用户使用方便。

2) 二地址指令

二地址指令的格式为:

OP	A1	A2

功能:$(A1)OP(A2) \to A2$。

由于两个操作数在执行完相应操作后,有一个操作数不需要保留,如数据传输指令,所以,可以将一个操作数的地址作为存放运算结果操作数的地址,这就形成了二地址指令。通常把兼作存放运算结果操作数的地址称为目的操作数地址,另一个操作数地址称为源操作数地址。

3) 单地址指令

单地址指令的格式为:

OP	A

功能:$OP(A) \to A$。

对只有目的操作数的单操作数指令(如加 1、减 1,求补等指令),A 既是源操作数地址,又是目的操作数地址。

另一种情况是虽然有两个操作数,一个操作数由 A 给出,另一个操作数(目的操作数)隐含在累加器 Acc 中(或其他特殊功能寄存器中),$(A)OP(Acc) \to Acc$。

4) 零地址指令

零地址指令的格式为:

$$\boxed{\text{OP}}$$

指令中只有操作码,而没有操作数地址。这种指令有两种可能:一是指令不需要任何操作数,如空操作指令 NOP、停机指令 HLT 等;二是所需要的操作数默认在堆栈中,由堆栈指针 SP 隐含给出,结果仍然放回到堆栈中,如子程序返回指令 RET。

以上几种指令格式,从编制程序长度、用户使用方便程度、增加基本操作的并行性等方面来看,三地址指令与二地址指令格式较好。从减少程序占用空间、减少访存次数、简化计算机硬件设计等方面来看,单地址指令格式较好。当然,到底采用哪种指令,首先要根据指令操作功能来确定。

指令中所需指明的操作数可能在存储器中,也可能在 CPU 的寄存器中。因此指令中给出的地址可以是存储单元地址,也可以是寄存器地址(寄存器地址通常采用寄存器编号来表示)。

【例 5-1】 某计算机指令字长为 16 位,有双操作数指令、单操作数指令和无操作数指令三种格式。每个操作数均为 6 位二进制。该指令系统中共含 $m(m<16)$ 条双操作数指令,并且存在无操作数指令,若采用扩充操作码技术,那么最多还可以设计_____条单操作数指令。

A. 2^6 B. $(2^4-m)\times 2^6-1$

C. $(2^4-m)\times 2^6$ D. $(2^4-m)\times(2^6-1)$

解:假设指令中全是二地址指令,则指令格式为:

4 位操作码	6 位地址码	6 位地址码

最多 2^4 条双操作数指令。

假设指令全是单地址指令,则指令格式为:

10 位操作码	6 位地址码

最多可以有 2^{10} 条单操作数指令。

假设指令全是零地址指令,则指令格式为:

16 位操作码

最多可以有 2^{16} 条零操作数指令。

所以,双操作指令最多有 16 条(2^4)。每减少 1 条双操作数指令,就多出 6 位地址码,就可以增加 2^6 条单操作数指令。每减少 1 条单操作数指令就可以增加 2^6 条无操作数指令。由于题目中告诉我们有 m 条双操作数指令,说明减少了 (2^4-m) 条双操作数指令,最多有 $(2^4-m)\times 2^6$ 条单操作数指令。题目中说有无操作数指令,并没有说有多少条无操作数指令,但要求单操作数指令最多,所以只要减少一条单操作数指令就可以有 2^6 条无操作数指令,满足"有"无操作数的条件,同时满足单操作数指令最多。所以最多有 $(2^4-m)\times 2^6-1$ 单操作数指令,答案选 B。

5.2.2 操作数类型和存储方式

1. 操作数类型

机器指令可对不同类型的操作数进行操作。操作数的类型主要有地址、数值数据和非数值数据三种类型。

2. 操作数的存储方式

操作数的存储方式是指操作数在存储器中的存放顺序，由于计算机是按照字节对存储器进行编址的，如果一个操作数长度占多个字节单元，就必然会遇到操作数的存放顺序问题，通常有两种存放顺序：大端次序存放和小端次序存放。

1）大端次序

大端次序的数据存放方式是最高有效字节存储在最小地址位置单元，最低有效字节存储在最大地址位置单元。例如，一个占 4 个字节数操作数 87654321H，大端次序存放示意图如图 5-2（b）所示。

图 5-2 大、小端次序存放示意图

采用大端次序优点如下。

- 字符串排序方便。因为字符串与整型数据的字节顺序一致，在对大端次序字符串进行比较时，整型 ALU 可以同时比较多个字符（比较大小是从高位进行比较的）。
- 进制数及字符串的显示方便。所有的数值可直接以从左到右的顺序显示（从高位到低位）而不会产生混淆。
- 顺序一致性。大端次序计算机采用相同的顺序存储其整型数和字符串。

2）小端次序

小端次序的数据存放方式是最低有效字节存储在最小地址位置单元，最高有效字节存储在最大地址位置单元。一个占 4 个字节数操作数 87654321H 的小端次序存放如图 5-2（a）所示。

小端次序优点是适合于超长数据的算术运算。对小端次序存储的数据进行高精度算术运算时，不需要先寻找最低字数据，然后再反向移动到高位。

Intel 80x 系列计算机采用的是小端次序。

【例 5-2】　在一个按字节编址的计算机系统中,数据在存储器中以小端次序存放。假设 int 型变量 i 的地址为 08000000H,i 的机器数为 01234567H,地址 08000000H 单元中的内容是_____。

A. 01H　　　　　B. 23H　　　　　C. 45H　　　　　D. 67H

解:按照字节编址,变量 i=01234567H 占 4 个字节单元,单元地址为 08000000H～08000003H,采用小端次序存放,变量的最低有效数据 67H 存放在低地址。所以地址 08000000H 单元中的内容为 67H,答案为 D。

5.2.3　指令类型

视频:指令
类型

不同的计算机系统设置的指令类型是不完全相同的,但通常都包括一些基本类型指令,这些基本类型指令一般可以归纳为以下几类。

1. 数据传送指令

数据传送指令是计算机中最基本的指令,也是数量最多、使用频率最高的一类指令。这类指令用来完成计算机系统内部各功能部件之间的数据传送,包括:

- CPU 内部各寄存器之间的数据传送(R↔R)。
- CPU 内部寄存器与内存之间的数据传送(R↔M)。
- CPU 与外部设备之间的数据传送(R↔I/O)。

2. 算术逻辑运算指令

算术逻辑运算类指令主要完成数值数据的加、减、乘、除运算和非数值数据的与、或、非等逻辑运算。有的计算机还设计了浮点运算指令和十进制运算指令。

3. 控制转移类指令

计算机在执行程序时,通常是按照指令地址的存放顺序执行。如果遇到执行结果出现多种情况,并且根据不同结果执行不同的分支程序,就需要分支跳转指令来实现。控制转移类指令的操作就是将转移地址送到 PC 中,用来实现程序的分支跳转。

转移指令分无条件转移(绝对跳转)指令和条件转移指令。使用无条件转移指令时,转移不需要任何条件。使用条件转移指令时,程序执行的流向取决于上条指令执行的结果或其他的一些标志。

除了各种转移指令外,控制转移类指令还包括子程序调用与返回、中断及中断返回指令。

4. 程序控制类指令

程序控制类指令只完成某种控制功能,因此它们都是无操作数指令,如暂停指令、空操作指令、开中断指令、设置标志位及清除标志位指令等。

5. 输入输出指令

输入输出指令是计算机与外部设备进行数据传输的一类指令。不同的计算机系统采用的方法不同，有的计算机系统专门设置输入输出指令来访问外部设备（如 Intel 80x 系列CPU）；有的计算机系统不设置输入输出指令，而是把外部设备等同于主存储器，外部设备与主存统一编址，直接用访问主存的指令来访问外部设备（如 MCS51 单片机的 CPU）。

以上仅仅是对指令种类简单的分类介绍，更详细的情况可以参考各 CPU 的指令系统手册。

5.2.4　指令助记符

在计算机系统中，无论是数据还是指令都必须数字化，用 0、1 的不同组合来编码表示，即机器指令。这种表示方法不便于程序编写、阅读和修改，为此引入了助记符和汇编指令及汇编的概念。通常为了方便记忆与理解，将机器指令用一组英文字母来表示，使用的英文字母通常是与机器指令语意一致的英语单词缩写。例如，数据传送类指令用MOV（move）表示，跳转指令用 JMP（jump）表示，加法指令用 ADD（add）表示，加 1 指令用 INC（increment）表示，与指令用 AND（and）表示，输入/输出指令用 IN/OUT（in/out）表示，有一点英语基础的人看到了助记符就可以猜到该指令的大概含义。用助记符表示的指令称为汇编指令，用汇编指令编写的程序称为汇编源程序。汇编源程序必须通过汇编程序（相当于高级语言的编译器）汇编成（翻译成）机器指令，计算机才能执行，这部分内容在汇编语言程序设计课程中详细介绍。

视频：寻址
方式

5.3　寻　址　方　式

寻址方式是指产生寻找指令和操作数实际（有效）地址的方法。

5.3.1　指令的寻址方式

形成指令地址的方式称为指令的寻址方式。通常指令在主存中按地址顺序存放，下一条要执行指令的地址存放在程序计数器中。当程序顺序执行时，在取指令周期根据PC 中的内容从内存中取一条指令到 CPU 内部的指令寄存器 IR 中，同时将 PC＋Δn→PC（Δn 取决于该条指令占内存的字节单元数）形成下一条指令的地址。当程序发生转移时将转移的入口地址送 PC，下一条要执行指令的地址始终在 PC 中，所以，一般不讨论指令地址的寻址方式。

5.3.2　操作数的寻址方式

所谓操作数的寻址方式，就是确定参加运算的操作数有效地址的方法。操作数通常存放在主存中，或在 CPU 的内部某一寄存器中。在指令的地址码（操作数）字段，一般给出的是确定该操作数地址的方法，而不是直接给出操作数。这是因为计算机处理的操作数一般都是变量,程序员开始并不知道这个变量的确切值,只能在存储器中提供一个存储单元来保存该变量,这个存储单元的地址就是该操作数的有效地址。计算机在执行指令时,根据操作数字段提供的寻址方式获得操作数的地址,并根据该地址得到所需要的操作数。指令的地址码字段一般由两部分组成,一个是寻址方式字段,其位数决定寻址方式种类多少;另外一个字段用字母 A 表示,其含义取决于寻址方式字段。地址码格式如图 5-3 所示。

后文中使用符号的含义:A=指令中地址字段的内容;EA=有效地址;(X)=X 地址单元中存放的内容;R=寄存器。

1. 立即寻址

立即寻址方式由指令中的操作数地址 A 段直接给出操作数(立即数),在取出指令的同时就取出操作数,所以,又称立即数寻址。图 5-4 所示为立即寻址。

图 5-3　地址码格式　　　　　　　　　图 5-4　立即寻址

立即寻址一般是给变量置初值,优点是获取操作数不需要另外访问存储器。

2. 直接寻址

直接寻址是指指令的操作数地址字段 A 含有操作数的有效地址,根据该地址访问内存可以直接读取操作数。图 5-5 所示为直接寻址。

3. 间接寻址

直接寻址的寻址范围有限,如给出 20 位的地址也只能在 1M 的地址空间范围寻址,如果要用直接寻址的方法在 CPU 提供的整个地址空间范围寻址,必须保证直接寻址的地址字段 A 的位数同 CPU 提供的地址线位数完全相同,这将使该指令的长度非常长。解决的方法是让地址字段指示一个存储器单元地址,而此地址对应的单元中存放操作数的全长度地址,这样的寻址方式就是间接寻址。图 5-6 所示为间接寻址。

图 5-5　直接寻址　　　　　　　　　图 5-6　间接寻址

间接寻址的缺点是获取一个操作数,指令执行两次访存,第一次获得操作数地址,第二次获得操作数,指令执行时间就相对较长。

4. 寄存器寻址

指令的地址字段给出寄存器号（寄存器地址），操作数在指定的寄存器中。在 CPU 中寄存器的数量是固定且是有限的，通常为每个寄存器都定义唯一编号，这样只要较少的位就可以了。例如，用 8 位二进制就可以表示 256 个寄存器编号。图 5-7 所示为寄存器寻址。

图 5-7　寄存器寻址

5. 寄存器间接寻址

寄存器间接寻址类似于间接寻址，指令的地址字段给出寄存器号，操作数的地址在指定的寄存器中。指令中操作数字段给出的是寄存器编号，位数较少，因此，相应的指令所占的存储空间就小。同时，操作数地址在 CPU 内部寄存器中，获得操作数只要进行一次访存操作和一次访问内部寄存器，因此，访问内部寄存器的速度要比访问主存速度快得多（相差 5～10 倍）。图 5-8 所示为寄存器间接寻址。

图 5-8　寄存器间接寻址

视频：直接寻址　　视频：间接寻址　　视频：寄存器寻址　　视频：寄存器间接寻址

6. 偏移寻址

由于计算机的寄存器的位数是固定的，寄存器间接寻址的寻址范围就受到了限制（如 8086 CPU 的寄存器是 16 位的，采用寄存器寻址时，最大的寻址空间只有 $2^{16}=64K$，而 8086 地址总线有 20 位，可以达到 1M），偏移寻址可以解决这个问题。将直接寻址和寄存器间接寻址方式相结合，可以得到另外几种寻址方法，因为它们提供操作数有效地址机制相同，统称为偏移寻址（displacement addressing）。

偏移寻址指令的操作数地址字段由两部分组成，其中至少一个地址字段 A 是显式的，A 的值直接被使用。另一个地址字段或是指定寄存器或由操作码隐式给出，此寄存器中的内容加上 A 的值形成有效地址。图 5-9 所示为偏移寻址。偏移寻址方式根据所用寄存器的不同可以分成三种不同偏移寻址：相对寻址、基址寻址和变址寻址。

图 5-9　偏移寻址

视频: 相对基址寻址

1) 相对寻址

相对寻址隐含给出的寄存器是程序计数器,即当前程序计数器的值(正在执行指令的下一条指令地址)加上地址字段的值 A(又称位移量),产生有效地址。

2) 基址寻址

在基址寻址中,被指定的寄存器是一个基址寄存器(查看具体 CPU 使用手册,如 8086 CPU 的寄存器 BX 就是基址寄存器),该基址寄存器中含有一个存储器地址,地址字段含有一个相对于那个存储器地址的偏移量 A。

3) 变址寻址

在变址寻址中,被指定的寄存器是一个变址寄存器(查看具体 CPU 使用手册,如 8086 CPU 的寄存器 SI、DI 就是变址寄存器),该变址寄存器含有一个相对于那个主存地址的正的偏移量。变址寻址和基址寻址在有效地址的计算方法上是完全相同的,但二者应用场合不同。变址

视频: 变址寻址

寻址主要用于重复操作,一般计算机都具有自动变址功能,有效地址 $EA=A+(R)$,且 $R=R+1$。每算完一个有效地址后,变址寄存器内容自动加 1,指向下一个地址单元,这对数据块的重复操作非常方便。变址寻址分自动增 $(R)_+$ 和自动减 $(R)_-$ 两种情况。

【例 5-3】　某计算机字长 16 位,主存按字节编址,转移指令采用相对寻址,由两个字节组成,第一字节为操作码字段,第二字节为相对位移量字段。假定取指令时,每取一个字节程序计数器自动加 1。若某转移指令所在主存地址为 2000H,相对位移量字段的内容为 06H,则该转移指令成功转移后的目标地址是_____。

A. 2006H　　　　B. 2007H　　　　C. 2008H　　　　D. 2009H

解: 该转移指令存放在 2000H 单元,占 2 个字节,取完指令 $PC=PC+2=2002H$。采用相对寻址,一个地址在程序计数器中,另外的偏移量为 06H,有效地址 $=PC+06H=2002H+06H=2008H$。所以,答案选 C。

7. 堆栈寻址

大多数计算机都具有硬件堆栈功能,并设置了一个堆栈指针寄存器(stack point,SP),隐含约定 SP 的内容为指向栈顶单元的地址码,而且可以根据堆栈操作的性质自动修改 SP 内容。一般在压栈时(PUSH),先将 SP 内容减 1,指向新栈顶单元,然后写入内容。弹出时(POP),先读出栈顶单元内容,然后 SP 内容加 1,指向新栈顶单元(有的计算机系统是入栈 SP 加 1,出栈 SP 减 1)。图 5-10(a)表示的是将数据 35H 压入堆栈的操作

过程。开始堆栈指针在 2345H。入栈时，首先将(SP)=(SP)-1=2344H，然后再将 35H 存入堆栈指针指向的单元，操作完成后，堆栈指针指向 2344H，原来 2344H 单元中的内容 67H 被 35H 覆盖。图 5-10(b)表示的是出堆栈操作过程。开始堆栈指针在 2346H。出栈时首先将堆栈指针指向的单元 2346H 中的内容 34H 取出，然后再将(SP)=(SP)+1=2347H，操作完成后，堆栈指针指向 2347H，2346H 单元中的内容 34H 仍然保持不变。

(a) 入栈操作示意图　　　　　　　　(b) 出栈操作示意图

图 5-10　出入栈操作示意图

【例 5-4】　在指令寻址的各种寻址方式中，获取操作数最快的方式是_____。

A. 直接寻址　　　　B. 立即寻址　　　　C. 寄存器寻址　　　　D. 间接寻址

解：获取操作数首先要获取操作数地址，然后再根据操作数地址获取操作数，所谓获取操作数最快，必须是计算操作数地址时间最短，取操作数时间也最短。在上面 4 种寻址方式中，立即寻址方式的操作数就在指令的地址码字段，取完指令就获得了操作数，时间是最短的。答案为 B。本题 4 种寻址方式，获取操作数时间从快到慢排序为立即寻址、寄存器寻址(比访问内存时间短)、直接寻址(经过一次访存)、间接寻址(经过二次访存，一次取地址，另一次取操作数)。

视频：复杂指令集与精简指令集技术

5.4　RISC 技术

5.4.1　复杂指令集计算机

1. 复杂指令集

随着 VLSIC 技术的迅速发展，计算机的硬件成本不断下降，软件成本不断上升，为此，人们在设计指令系统时增加了越来越多功能强大的复杂指令，以便使机器指令的功能接近高级语言语句的功能，给软件编程提供较好的支持。目前许多计算机的指令系统包含几百条指令、几十种寻址方式，这对简化汇编语言程序设计、提高高级语言执行效率是有用的。我们称这些计算机为"复杂指令集计算机"(complex instruction set computer，CISC)。

2. 采用复杂指令集计算机的理由

采用复杂指令集计算机的理由是简化编译器和改善编译器性能。编译器是将高级语言翻译成机器语言的软件，如果指令系统中有类似于高级语言语句的指令，那么，将高级语言编译成机器语言时，所用指令就较少，机器代码就小，占用内存空间就小，程序执行速度就快,同时,编译器的设计也相对简单。硬件成本的下降、微电子技术的高速发展,为降低 VLSIC 制作成本提供了技术支持。

3. CISC 的特点

CISC 的特点如下。
- 使目标程序得到优化。如设置数组运算指令,用一条指令替代一段指令。
- 给高级语言提供更好的支持。指令系统中包含语义接近高级语言语句的指令。
- 提供对操作系统的支持。操作系统的功能越来越复杂,要求指令系统能提供越来越复杂功能的指令,如多媒体指令和 3D 指令等。

4. 复杂指令系统存在的一些问题

复杂指令系统计算机也存在一些问题,主要体现在以下几方面。

(1) 复杂的指令系统使计算机的结构越来越复杂,这不仅延长了计算机系统的研制周期,增加了成本,也难以保证其设计的正确性。

(2) 复杂的指令系统使编译器对高级语言进行编译时,可以选择的指令不是唯一的,编译时间更长,代码也难以做到最优。

(3) 复杂的指令系统使寻址方式更加复杂,计算有效地址所花时间更长,执行单条指令时间可能更长。

(4) 复杂指令系统计算机的 CPU 一般采用微程序控制器,单条指令执行周期长。

(5) 流水线效率不高。

5.4.2　RISC 技术的产生

1. 精简指令集

计算机的指令系统越来越复杂,很多复杂的寻址方式使计算机在计算有效地址时要花大量的时间,指令执行的速度反而降低。研究人员通过分析发现,在大多数计算任务中,最常使用的指令是一些比较简单的指令,而大部分指令使用概率非常低,并且这部分不常使用指令的功能,还可以通过使用频率比较高的指令来编程实现。这就提出了用精简指令集计算机(reduced instruction set computer,RISC)系统取代复杂指令集计算机系统的思路。RISC 系统中仅包含少部分最常使用的指令,复杂功能的指令采用软件编程的方法实现。

2. RISC 技术的主要特征

RISC 技术的主要特征如下。

(1) 指令系统选取使用频率最高的一些简单指令。

(2) 采用简单的指令格式和寻址方式,指令长度固定。

(3) 大部分指令可以在一个机器周期内完成。

(4) CPU 内部有多个通用寄存器,指令操作尽量在 CPU 内部寄存器中完成。

(5) 控制器设计采用硬布线控制逻辑为主,很少或不用微程序控制器。

(6) 采用优化的编译技术。指令条数少,编译器在选择指令时所花时间短。

RISC 也有缺点,RISC 系统中复杂功能的指令采用软件的方法实现,速度不能得到保证。

复杂指令集与精简指令集到底孰优孰劣,还有很多争议,Intel 公司的 Pentium 是 CISC 处理器的典型产品,而 Power PC 是 RISC 处理器的典型产品。但是,目前两种技术都不再坚持各自极端的思想,双方都融入了对方技术中的先进思想,取长补短。

【例 5-5】 对于 RISC 和 CISC,以下说法错误的是_____。

A. RISC 的指令条数比 CISC 少

B. RISC 的指令平均字长比 CISC 指令平均字长短

C. 对大多数计算任务来说,RISC 程序所用的指令条数比 CISC 少

D. RISC 和 CISC 都在发展

解:RISC 的指令条数比 CISC 少是正确,A 排除。RISC 一般采用固定字长指令,而 CISC 指令由于采用复杂的寻址方式,大多数指令都比较长。B 排除。对大多计算任务来说,RISC 程序所用的指令条数要比 CISC 多,而不是少,因为 RISC 中所缺少的指令都是通过指令集中其他指令编程实现的(用子程序),完成同样任务所需要的指令多。正确答案选 C。RISC 和 CISC 都在发展是正确的,D 排除。

5.5　MMX 技术

MMX(microprocessor media extension)是 Intel 公司为了提高个人计算机处理多媒体和通信能力而推出的。它通过在 Pentium 或 Pentium Pro 处理器中增加 8 个 64 位寄存器和 57 条新的指令实现的。

1. MMX 的由来

由于多媒体应用中的图形、图像、视频、音频的操作中存在大量共同特征的操作,如短整数类型的并行操作(如 8 位图形像素和 16 位音频信号),频繁的乘法累加(如 FIR 滤波、矩阵运算),短数据的高度循环运算[如快速傅里叶变换(FFT)、离散余弦变换(DCT)],计算密集型算法(如三维图形、视频压缩),高度并行操作(如图像处理)。

为了提高上述共性操作的运算能力与速度,Intel 在 IA-32 指令系统的基础上,特别设计了一套新增的指令系统,并对 CPU 内部结构进行了扩充与改进,这就是 MMX 技术。

2. MMX 技术的特点

MMX 技术的特点如下。

(1) 引进了新的数据类型和通用寄存器:主要是定点紧缩(Packed)整型,包括紧缩字节(64 位 8 个字节)、紧缩字(64 位 4 个字)、紧缩双字(64 位 2 个双字)和紧缩 4 字(一个 64 位字)。

（2）采用 SIMD（single instruction multi data，单指令多数据）技术：单指令同时并行地处理多个数据元，例如，一条指令可以完成图像中 8 个像素的并行操作。

（3）饱和运算（saturation）：在上述 4 种 64 位数据类型中，引入了两类运算模式：环绕运算（也称非饱和运算）和饱和运算。在环绕运算中，上溢或下溢的结果被截取，即进位被丢掉，仅保留低有效位的值。例如，FCH＋10H＝0CH。这种运算模式在多媒体处理中可能会出现问题。例如，在图像处理时，如果 A 图 b 点的亮度值为 FCH（假设将亮度分成 256 级，00H 最暗，FFH 最亮），B 图 b 点的亮度值为 10H，A、B 两图叠加后其新的图像 b 点的亮度值为 FCH＋10H＝0CH。由于上溢（丢掉进位位），这个亮度值显然是错误的。引入饱和运算，当产生上溢时，运算结果直接取最大值，即 FFH，表示最亮，这样结果就比较合理了。

（4）兼容性：MMX 技术与现有的处理器指令系统（Intel Architecture，IA）和 OS 保持向下兼容。

随着网络通信、语言、图形、图像、动画、视频等多媒体处理软件对处理器性能越来越高的要求，Intel 在多能奔腾以后的处理器中加入了更多流式 SIMD 扩展（stream SIMD extension，SSE）指令集，如 SSE、SSE2、SSE3、SSSE3 等。

第 5 章课堂练习

第 5 章总结

习 题 5

一、选择题

1. 通常指令编码的第一个字段是_____。
   A. 操作　　　　B. 指令　　　　C. 操作码　　　　D. 控制码
2. 堆栈常用于_____。
   A. 程序转移　　B. 输入输出　　C. 数据移位　　D. 保护程序现场
3. 在堆栈中保持不变的是_____。
   A. 栈指针　　　B. 栈底　　　　C. 栈顶　　　　D. 栈中数据
4. 设寄存器 R＝1000，地址 1000 处的值为 2000，地址 2000 处的值为 3000，PC 的值为 4000，用相对寻址方式，−2000（PC）的操作数是_____。
   A. 4000　　　　B. 3000　　　　C. 5000　　　　D. 7000
5. 直接转移指令的功能是将指令中的地址代码送入_____。
   A. PC　　　　　B. 累加器　　　C. 存储器　　　D. 地址寄存器
6. 以下的_____不能支持数值处理。

　　　A. 算术运算类指令　　　　　　　　B. 移位操作类指令

　　　C. 字符串处理类指令　　　　　　　D. 输入输出类指令

7. 以下叙述中,不符合 RISC 指令系统特点的是_____。

　　　A. 指令长度固定,指令种类少

　　　B. 寻址方式种类丰富,指令功能尽量增强

　　　C. 设置大量通用寄存器,访问存储器指令简单

　　　D. 选取使用频率较高的一些简单指令

8. 在一个按字节编址的计算机系统中,若数据在存储器中以大端方案存放。假设 int 型变量 i 的地址为 07000000H,i 的机器数为 23632537H,地址 07000000H 单元中的内容是_____。

　　　A. 23H　　　　　　　B. 63H　　　　　　　C. 25H　　　　　　　D. 37H

9. 指令系统中采用不同寻址方式的目的是_____。

　　　A. 操作系统决定的　　　　　　　　B. 容易实现程序控制

　　　C. 缩短指令字长,扩大寻址空间　　D. 可降低译码难度

10. 指令操作所需要的数据,一定不可能来自_____。

　　　A. 寄存器　　　　B. 控制存储器　　　C. 指令本身　　　　D. 主存

二、填空题

1. 计算机硬件能够识别并直接执行的指令称为_____。

2. 指令系统是计算机硬件所能识别的系统,它是_____之间的接口。

3. 一台计算机所具有的各种机器指令的集合称为该计算机的_____。

4. 汇编程序的功能是将_____转换成_____。

5. 高级语言编译后生成的目标代码与汇编生成的代码比较,前者_____。

6. 指令系统的完备性是指_____。

7. 单地址指令中为了完成两个数的算术操作,除地址码指明的一个操作数外,另一个数常需采用_____。

8. 零地址运算指令在指令格式中不给出操作数地址,因此它的操作数来自_____。

9. 在一地址指令格式中,可能有_____,也可能有两个操作数。

10. 指令系统中采用不同寻址方式的目的主要是_____。

11. 用于对某个寄存器中操作数的寻址方式称为_____寻址。

12. 寄存器间接寻址方式中,操作数处在_____。

13. 变址寻址方式中,操作数的有效地址等于_____。

14. 指令的寻址方式有顺序和跳跃两种方式,采用跳跃寻址方式,可以实现_____。

15. 每条指令由两部分组成,即_____和_____。

16. 零地址指令是不带_____的机器指令,其操作数是由_____提供的。

17. 指令中的地址码即是操作数的实际地址,这种寻址方式称作_____。若指令中的地址码即是实际的操作数,这种寻址方式称作_____。

18. 在存储器堆栈中,需要一个_____,用它来指明_____的变化。

19. 在表 5-1 的括号中正确填入每个地址位数,以及相应的可寻址空间。

表 5-1　指令地址码

指令地址码	机器字(位)	操作码(位)	每个地址位(位)	可寻址空间(字节)
三地址	16	4	(　　)	(　　)
单地址	16	4	(　　)	(　　)

20. 在下列寻址方式中为了取出操作数,需访问内存几次。

　　A. 立即寻址____次　　　　　　　　B. 直接寻址____次

　　C. 一级间接寻址____次　　　　　　D. 二级间接寻址____次

21. RISC 是_____的简称。

22. CISC 是_____的简称。

三、设计题

设计一个有 145 条指令、12 种寻址方式、256 个内部寄存器的 CPU。采用定长指令格式,假设所有指令都是单字长的,且全部指令都是双操作数指令,其指令格式如图 5-11 所示。

OPC	M_S	R_s	M_d	R_d

图 5-11　指令格式

其中,OPC 表示操作码,M_S 和 M_d 分别表示源操作数和目的操作数的寻址方式位。R_s 和 R_d 分别表示源操作数寻址寄存器和目的操作数寻址寄存器。

请回答下列问题:

① 该指令操作码 OPC 至少需要多少位?

② 源操作数和目的操作数的寻址方式位(即 M_S 和 M_d)各为多少位?

③ 源操作数和目的操作数寻址寄存器(即 R_s 和 R_d)各占多少位?

④ 指令字长应为多少位?

第 6 章

中央处理机的组织

chapter 6

本章详细内容参见图 6-0。

图 6-0　知识点思维图

课程思政
材料

　　要使计算机各功能部件在指令的"指挥下"有条不紊地工作,必须有一个功能部件来产生有序的控制信号,协调各个功能部件的工作。这个部件就是控制器。目前控制器和运算器都已集成在 CPU 一个芯片上。

　　本章主要讨论以下问题。

　　(1) CPU 的组成。

　　(2) CPU 的作用及工作过程(包括指令执行流程)。

　　(3) 时序部件的作用及时序控制方式。

　　(4) CPU 的实现。以教材中的模型机结构为例,结合指令系统及指令执行的流程介绍组合逻辑控制器和微程序控制器的设计方法。

（5）影响 CPU 性能指标的主要因素和提高性能指标的主要方法。

6.1 CPU 的功能

视 频：CPU
的主要功能
简介

计算机能自动连续地执行存放在主存中的程序，每执行一段程序，就完成一定功能的任务，程序是指令的有序集合。CPU 从主存中取出一条指令，按指令操作码及指令中的其他有关信息执行指令的功能，然后按顺序或转移指令的地址，从主存中取出下一条指令……重复上述过程，直至停机指令为止。CPU 就是专门用于完成上述功能的计算机部件。CPU 在计算机系统的运行中起着重要的作用，它具有如下 4 个方面的基本功能。

（1）指令控制：控制指令的执行顺序，保证指令序列正确执行。

（2）操作控制：指令内操作步骤的控制。一条指令的功能一般需要几个步骤来实现，CPU 必须控制这些步骤的实施。而且各操作步骤又受时间严格控制，因此，操作控制应包括时间顺序控制。

（3）数据加工：对数据进行算术运算和逻辑运算，这是 CPU 最基本的功能。

（4）异常处理：处理运算中的溢出等错误情况，处理外部设备的服务请求等。

这些功能归纳起来实质只有两个：一是执行程序（执行指令），完成某一任务；二是对异常进行处理（由中断机构完成，最终也是执行指令）。执行指令和处理中断是 CPU 基本的功能。

6.2 CPU 的基本组成

早期的计算机是将控制器与运算器分开制造的。随着微电子技术的发展，半导体集成度的提高，现在，这两大功能部件已集成在一个芯片上。这个芯片就是中央处理器单元（central processing unit，CPU）。CPU 中除了运算器和控制器外，还有一些相关的寄存器、时序产生控制电路，甚至包括高速数据缓存 cache 等。

6.2.1 运算部件

基本的运算部件包括 ALU、多路选择器和移位器。沿数据流向，大致分为三级，第一级为多路选择器，决定哪一路数据送往 ALU；第二级为 ALU，由功能选择命令选择 ALU 完成的运算功能；第三级为移位器，由输出选择对输出结果进行控制。有的计算机设置多种运算部件。图 6-1 所示为基本的运算部件。

6.2.2 寄存器设置

CPU 中除了运算器和控制器外，还设有一组寄存器。这些寄存器根据其作用可以划分为用于处理的寄存器、用于控制的寄存器以及用于主存接口的寄存器。

图 6-1　基本的运算部件

1. 处理寄存器

1）通用寄存器组

通用寄存器组是一组可编程访问的具有多种功能的寄存器。在指令系统中它可提供操作数或存放运算结果，或用作地址指针、基址变址寄存器等。

2）暂存器

CPU 中通常还设置一些用户不能直接访问的寄存器组用来暂存中间信息，这类寄存器称为暂存器。在指令系统中没有它们的分配编号，程序员不能编程访问。

2. 控制寄存器

1）程序计数器

程序计数器（program counter，PC）又称指令计数器或指令指针（instruction pointer，IP），其作用是保存下一条要执行指令的地址。在执行程序过程中 CPU 根据程序计数器中的内容访问内存，从内存中取出一条指令到 CPU 内部的指令寄存器中（instruction register，IR），同时自动修改程序计数器的内容，使其保存的总是将要执行的下一条指令的单元地址。

2）指令寄存器

指令寄存器（instruction register，IR）用于存放当前正在执行的指令。指令执行时，首先从内存中将指令取出送到指令寄存器中，然后由指令译码器对指令寄存器中的指令进行译码，产生执行该指令所需要的控制信号，直到这条指令执行完再存放下一条指令。为了提高计算机的并行操作能力和运行速度，目前大多数计算机都将指令寄存器扩充为指令队列（多个指令寄存器组成），允许预取若干条指令，实现 CPU 执行指令（当前指令）与取下一条指令同时进行。

3）指令译码器

指令译码器（instruction decoder，ID）对指令寄存器中的操作码字段和地址码字段进行译码，并根据译码结果产生相应的控制信号。

4）程序状态字寄存器

CPU 的工作基本上体现在执行程序上，程序流向一方面取决于编程时的有关意图，另一方面也取决于程序实际执行时的状态。因此，所有的 CPU 内都包含程序状态字

(program status word,PSW)寄存器,其内容主要为现行指令执行后的状态标志和控制标志。常用的状态标志位有符号位标志位、结果为零标志位、进位标志位、等于标志位、溢出标志位等。控制位包括中断允许位、方向标志位等,这些控制位可通过指令编程进行设置或修改。有的 CPU 将程序状态字寄存器称为标志寄存器(FLAG)。

3. 主存接口寄存器

与存储器交换数据的两个接口寄存器:地址寄存器(memory address register,MAR)和数据寄存器(memory data register,MDR)。CPU 的速度比主存的速度快很多,CPU 在对主存发出读、写操作命令后,主存在进行读、写操作过程中,主存操作的地址和数据就保存在 MAR 和 MDR 中,CPU 可以让出总线,继续进行自己的工作。

1) 地址寄存器(MAR)

从主存读取指令、操作数或向主存写入数据时,需将指令地址(PC 内容)或操作数地址送入 MAR。

2) 数据寄存器(MDR)

MDR 也称数据缓冲寄存器(memory buffer register,MBR)。写入主存的数据一般先送至 MDR,再送入主存。从主存读出的数据一般也先送入 MDR,然后再通过数据总线送入指定寄存器。

6.2.3　时序部件

时序部件是产生计算机工作过程所需要的各种时序信号的部件。计算机完成一条指令的操作过程是通过执行若干个微操作(最基本的操作,如打开一个门电路)来实现的,而且各个微操作的执行顺序又有严格要求,其过程就像在自动化流水线上生产产品一样,不可随意颠倒。时序部件用来产生一系列时序信号,以保证各个操作的执行顺序。

视频:同步控制的时序信号

1. 时序控制方式

执行一条指令的过程是分成若干步来实现的。以执行加法指令 ADD R0,R1(该指令的功能为 R0 中内容加 R1 中内容结果保存在 R1 中)为例,需要经过下列步骤。

① 取指令(根据 PC 中的内容到内存中取一条指令并送到指令寄存器 IR 中)。

② 取参加运算的两个操作数((R0)→ALU 一端;(R1)→ALU 另一端)。

③ 运算器完成加法运算。

④ 存运算结果到目的地址单元(结果→R1)。

以上这些动作,实际上就是一个微操作序列。每条指令都可以分解为一个微操作序列。但是不同的指令微操作序列的长短是不同的,CPU 应该怎样控制计算机产生微操作序列执行指令? 这就是 CPU 的时序控制方式问题,实际上就是用怎样的时序方式来形成不同的微操作序列问题。常用的控制方式有同步控制方式、异步控制方式和联合控制方式。

1) 同步控制方式

同步控制方式是指任何指令的执行或指令中每一个操作的执行都受事先确定的时

序信号控制。每个时序信号的结束就意味着一个操作或一条指令已经执行完成,随即开始执行后续的操作或自动转向下一条指令的执行。

由于不同的指令和操作的执行时间可能不同,所以在采用同步控制方式时,需要选择最长的指令和操作的执行时间为计算标准,采用完全统一的周期执行各种不同的指令。这样,时间短的指令操作势必要等待,造成时间上的浪费。其优点是时序关系比较简单,设计方便。工作时序已知且速度一致的部件之间的数据交换常用同步控制方式。图 6-2 所示为同步控制方式时序。

图 6-2　同步控制方式时序

2)异步控制方式

异步控制方式是指各项操作按其需要选择不同的时间,不受统一的时钟周期的约束。各操作之间的衔接与各个部件之间的信息交换采用应答方式,前一个操作完成后给出回答信号启动下一个操作。图 6-3 所示为异步控制方式时序。

图 6-3　异步控制方式时序

异步控制的基本特点是:没有统一的时钟周期划分与同步定时脉冲,但存在申请、响应、询问、回答一类的应答信号。

异步控制的优点是时间紧凑,能按照不同部件、设备的实际需要分配时间。其缺点是实现异步应答所需要的控制比较复杂。速度差异比较大的部件之间数据交换通常采用异步控制方式。

3)联合控制方式

将同步控制方式与异步控制方式相结合就是联合控制方式。系统中部件比较多,速度差异大时,可以将其分组,速度一致的分在一组采用同步控制方式,速度差异大的分在另一组采用异步方式。一般在 CPU 内部或设备内部采用同步控制方式,而通过系统总线所连接的设备,其工作速度差异较大,则采用异步控制方式。

2. 同步控制时序系统

1)同步控制方式的多级时序

在同步控制方式中通常根据指令执行过程,将时序划分为几级来实现。

（1）指令周期。

读取并执行一条指令所需要的时间称为一个指令周期。执行不同指令所需要的时间是不同的，因此不同指令的指令周期是不同的。通常在同步控制方式中一般都不为指令周期设置完整的时间标志信号。

（2）机器周期。

在组合逻辑控制中，常将指令周期划分为几个不同阶段，每一个阶段完成一个操作功能，如取指令时间段完成取指令操作，取源操作数时间段完成取源操作数操作，取目的操作数时间段完成取目的操作数操作，执行时间段完成数据处理操作等。这样，每一个时间段称为一个机器周期，又称为周期。划分周期的目的是便于安排 CPU 的工作。为了使 CPU 能明确当前指令执行进入何种机器周期，每一个周期可用一个周期状态触发器的输出来表示，输出状态 Q 为 1 表示有效。图 6-4 所示为时序系统包含 4 个机器周期的周期状态触发器框图。4 个周期状态分别为 FT（取指周期）、ST（取源操作数周期）、DT（取目的操作数周期）、ET（执行周期），分别通过 1→FT、1→ST、1→DT、1→ET 这 4 个信号控制。周期状态触发器之间的关系是互斥的，当某个触发器输出为 1 时（其他周期触发器输出一定为 0），表示 CPU 处于执行指令的周期，并产生该阶段操作的全部微命令序列。例如，FT 触发器的 Q＝1，表示 CPU 正在执行取指令操作。

图 6-4　周期状态触发器框图

（3）时钟周期（节拍）。

一个机器周期的工作可能需要分成几步并按一定顺序完成。例如，按变址方式读取操作数，首先要进行变址计算确定操作数地址，然后才能根据该地址访问存储器读取操作数。为此再将一个机器周期分为若干个相等时间段。每个时间段内完成一步操作。这个时间段就称为时钟周期，又称为节拍，这是时序系统中最基本的时间分段。它的长度等于 CPU 执行一次加法操作，或 CPU 通过总线完成一次数据传送。一个机器周期可以根据需要由若干个时钟周期组成，不同的周期或不同指令的同一周期，其时钟周期数目可以不同。

（4）脉冲。

时钟周期提供了一项操作所需要的时间分配，但有的操作，如寄存器的接数还需要严格的定时脉冲（同步），以确定在哪一时刻接数，为此在一个节拍内有时还设置若干个脉冲，以对某些微操作定时，如对寄存器的清除、置数脉冲等。不同计算机根据需要设置的脉冲数有所不同，有的计算机只在时钟周期的末尾设置一个定时脉冲，脉冲前沿用于结束寄存器的接数，脉冲后沿则实现周期切换。也有的计算机在一个时钟周期中先后设置几个定时脉冲，分别用于清除、接数、周期切换等目的。

2）时序部件及各时序信号之间的关系

图6-5所示为时序系统的组成框图，图6-6所示为三级同步时序信号示意图。时序部件一般由脉冲源（主振荡器）、周期状态触发器、节拍发生器、启停线路等组成。主振荡器（一般采用晶体振荡器，以保证频率的稳定）产生高频正弦信号，经过时钟发生器整形输出方波时钟CLK。主频的高低与计算机的性能和所选用的器件有关，主频越高，计算机速度越快。将CLK分别送周期发生器和节拍、脉冲发生器，分频后产生周期、节拍和脉冲三级时序信号（注意，有的CPU主振荡器和时钟发生器并没有集成在CPU内部，如8086 CPU。一般的单片机系统都是集成在CPU内部的）。

图6-5　时序系统的组成框图

图6-6　三级同步时序信号示意图

周期表示执行指令的不同阶段，节拍为计算机完成某一操作所需要的延迟时间，一个周期可含有几个节拍。工作脉冲是最基本的定时信号，用于接收代码的选通信号或者清除寄存器信号。启停线路可靠地送出或封锁时钟脉冲，控制时序信号的发出或停止，从而启动计算机工作或使之停机。

计算机之所以能准确、迅速、有条不紊地工作，正是因为计算机中有一个时序部件，计算机一旦被启动，时序部件即开始工作。CPU根据时序部件产生的时序信号有条理、有节奏地指挥计算机的动作，从而按照指令的要求去执行相应的微操作序列，完成指令的执行。

6.2.4 控制单元

1. 控制单元的功能

在执行指令时,控制单元(control unit,CU)产生 CPU 所有的微操作控制信号。所谓微操作,就是计算机中最简单不能再分解的操作,如打开某一个控制门,寄存器的清除脉冲等。复杂操作都是通过一系列微操作实现的。控制单元的功能就是根据指令译码器的译码输出产生各种操作控制信号。控制单元是 CPU 的核心部分,计算机无论做什么操作都是在控制单元的控制下完成的。

控制单元向 CPU 外部发送控制信号,命令 CPU 与存储器或 I/O 模块交换数据,控制单元也向 CPU 内部发送控制信号,完成寄存器间的数据传送、使 ALU 完成指定的功能的运算以及其他内部操作。图 6-7 所示为控制单元的一般模型。

图 6-7 控制单元的一般模型

视频:控制
单元的输入
输出信号

2. 控制单元的输入和输出信号之间的关系

1) 输入信号

控制单元接收输入信号,产生各种微命令信号,这些输入信号包括以下几种。

(1) 指令寄存器 IR(经过指令译码器)的输出:用于确定该指令应该完成何种微操作。

(2) 时序信号:来自时序信号发生器。CPU 的所有工作都必须按照严格的时间关系安排进行。

(3) 状态寄存器输出的标志:控制单元需要指令运行的状态标志(结果溢出标志、结果为零标志等)来决定 CPU 该发出哪些控制信号。

(4) 来自系统总线的控制信号:由其他功能部件通过系统控制线向控制单元提供的输入信号,如中断请求信号、DMA 结束信号、外设的状态标志和存储器的操作完成信号等。

2) 输出信号

输出信号包括以下两种。

(1) 作用于 CPU 内的控制信号:用于寄存器之间传送数据($R_i \rightarrow R_j$)和用于指定 ALU 操作的功能信号(ADD、SUB、AND 等)等。

(2) 送到系统总线的控制信号:用于对存储器读(READ)、写(WRITE)控制信号和对 I/O 模块读、写(IOR、IOW)控制信号等。

这里引入的控制信号就是微操作命令信号,这些控制信号最终作为逻辑电平 0、1 直接送到各个逻辑门上,控制逻辑门工作。当然,CPU 采用不同的结构,所需要的微命令信号是不完全相同的。

CPU 中的组成部件一般都通过 CPU 内部总线(又称 ALU 总线)连接在一起的。

6.3　指令的执行过程

本节以一台模型机为例讨论指令的执行过程,即计算机的工作过程,并以此为基础研究 CPU 的设计。

6.3.1　模型计算机的总体结构

视频:模型
机的结构

图 6-8 所示为模型机的结构图,主要包括控制器、运算器、内部寄存器、主存储器以及各部件之间相互连接的数据通道。假设机器字长为 16 位,采用的是单总线结构,CPU、主存和外设都挂在总线上。

1. 部件设置

1) CPU 组成

(1) 运算部件。

运算部件以 ALU 为核心,ALU 的两个输入端只设置一个锁存器 X,另一个输入端直接与总线相连,接收来自总线的数据,ALU 的输出端通过暂存器 Z 与总线相连。

(2) 寄存器组。

所有寄存器都是 16 位的,其中包括 8 个可编程通用寄存器 $R_0 \sim R_7$。源操作数寄存器 SR 用来暂存源操作数。目的操作数寄存器 DR 用来暂存目的操作数。暂存器 TEMP 用于在指令执行过程中暂存中间结果(对用户是完全透明的,不能通过指令访问它)。程序计数器(PC)存放下一条要执行指令在主存中的存放地址,在取完指令后可以实现自动加 1 操作,为取下一条指令做准备。指令寄存器 IR 存放正在执行的指令。指令译码器 ID 对指令寄存器中的内容进行译码。与主存相连的接口寄存器 MAR、MDR 分别存放访问主存的地址和数据。

(3) 控制单元。

控制单元的输入信号有指令译码器的译码输出信号、时序信号、来自系统总线的控制信号和 PSW 中的标志。控制单元的输出为微操作控制信号,这些控制信号通过控制线引向各个控制点。

2) 主存储器

主存储器 M 按字编址,字长 16 位,即主存每个单元 16 位,主存容量 64KW。接收控制单元送来的 READ、WRITE 微操作信号,完成读写操作。

图 6-8 简单的计算机模型结构

3）总线

总线由 16 位数据线、16 位地址线和若干位控制线组成。由于采用单总线结构，不仅 CPU 和主存之间交换信息要通过总线，而且 CPU 内部信息的传送也要经过总线才能完成。

图 6-8 中箭头表示信息传送方向，□表示控制门，是三态门，上面标有控制信号。当某一控制信号为高电平时，控制门被打开，允许一次信息流动；当控制信号为低电平时，控制门关闭，输出呈高阻态，相当于开关断开，信息不能流动。

2. 各类信息的传送路径

指令的执行基本上可以归纳为信息的传送，即控制流控制数据流从一个功能部件传输到另一个功能部件。在数据通路确定之后，就可以归纳出各类信息的传送路径。

1）指令传输路径

指令在内存中，在取指令周期中要从内存中读一条指令到 CPU 内部指令寄存器 IR

中,指令传输路径为 M→MDR→BUS→IR。

2) 地址传输路径

地址传输路径分指令地址传输路径和数据地址传输路径两种情况。指令地址在程序计数器 PC 中,在取指令周期把程序计数器内容送到地址总线上,找到对应的存储器单元,其地址传输路径为 PC→BUS→MAR,并且将 PC+1→PC,为取下一条指令做准备。

数据地址与数据存放的位置有关,其地址由寻址方式决定。例如,采用寄存器间接寻址,操作数的地址在指定的寄存器中,操作数在内存中。地址传输路径为 R_i→BUS→MAR。

3) 数据传输路径

数据传输路径是将数据从源地址单元送到目的地址单元。包括:

- 寄存器→总线→寄存器: R_i→BUS→R_j。
- 寄存器→总线→存储器: R_i→BUS→MDR→M。
- 存储器→总线→寄存器: M→MDR→BUS→R_i。

3. 设置微操作控制信号(微命令)

图 6-8 上标出的控制信号即为微操作控制信号,它实际上控制数据流和指令流的流向。这些控制信号在本质上是控制数据流通的各个控制门的打开或关闭、ALU 的实际操作、寄存器接数、主存储器的读或写等。这些微操作控制信号是有时序的,何时有、有哪些完全由指令功能决定(IR 中的操作码 OPC 部分通过译码器 ID 译码确定)。除此之外,还有 CLEAR X(暂存器 X 清零微命令)、WAIT(操作等待微命令)以及 ALU 的功能控制信号 ADD、AND 等。计算机工作时,控制单元只要根据数据流的方向,严格按照时序产生使数据流通路径上所有门电路工作的微命令即可。

6.3.2 模型机的指令系统

视频:模型
机的指令
格式

1. 指令格式

模型机指令系统采用定长指令格式,指令字长 16 位,格式如下。

15 12	11 9	8 6	5 3	2 0
OPC	M_S	R_S	M_D	R_D

OPC 为操作码,4 位,可定义 16 种操作。M_S 为源操作数寻址方式,M_D 为目的操作数寻址方式,R_S 为源操作数寄存器,R_D 为目的操作数寄存器(后面将 R_S、R_D 简写为 R)。M_S、R_S 配合可确定源操作数地址,M_D、R_D 配合可确定目的操作数地址。

2. 寻址方式

寻址方式由寻址方式位 M_S、M_D(后面将 M_S、M_D 简写为 M)确定,每个 M 占三位,最多可以实现 8(2^3=8)种寻址方式。模型机只用 5 种寻址方式,具体寻址方式与寻址方式的含义如表 6-1 所示。

表 6-1　寻址方式

M	名　称	汇编符号	含　义
000	寄存器寻址	R	操作数在寄存器 R 中
001	寄存器间接寻址	(R)	EA＝(R)有效地址在指定的寄存器中
010	自增型寄存器间接寻址	(R)＋	EA＝(R)且(R)＋1→R
011	自增型双间址	@(R)＋	EA＝((R))且(R)＋1→R
100	变址寻址	A(R)	EA＝A＋(R)

　　寄存器寻址和寄存器间接寻址在第 5 章已介绍。自增型寄存器间接寻址除按寄存器间接寻址取出操作数外还要修改寄存器的内容,取完操作数,寄存器的内容加 1 后仍然送到该寄存器。自增型双间址寄存器的内容不是操作数的地址,而是操作数地址的地址,需要二次访问内存才能取出操作数,第一次根据寄存器中的内容访问内存取操作数的地址,根据该地址第二次访问内存取的才是真正的操作数。取完操作数同时将寄存器的内容加 1 后送回到该寄存器中。自增型寄存器间接寻址和自增型双间址,其寄存器的内容可以理解为地址指针,由于具有自动加 1 的功能,所以在实现数据块操作时是非常方便的。

　　变址寻址是将该指令的下一单元的内容作为位移量 A,该位移量 A 与寄存器 R 的内容相加才是操作数的真正地址。由于取完指令后程序计数器 PC 的内容自动加 1,所以取完指令后程序计数器 PC 的内容就是位移量 A 的地址,根据该地址取出 A。然后将 A 和 R 中的内容分别送 ALU 的输入端完成加法操作。在变址寻址方式中,操作数的地址要通过一次加法计算才能获得。

3. 操作类型

　　在模型机中,操作码部分 OPC 占 4 位,最多可以实现 $16(2^4＝16)$ 种操作,其操作类型和指令功能如表 6-2 所示。

表 6-2　操作类型

操　作　码	名　称	汇编符号	操　作
0001	加法	ADD	目的操作数＋源操作数→目的地址单元
0010	减法	SUB	目的操作数－源操作数→目的地址单元
0011	与	AND	目的操作数∧源操作数→目的地址单元
0100	加 1	INC	目的操作数＋1→目的地址单元
0101	减 1	DEC	目的操作数－1→目的地址单元
0110	求补	NEG	目的操作数取反＋1→目的地址单元
0111	无条件转移	JMP	入口地址送程序计数器 PC

操　作　码	名　　称	汇编符号	操　　作
1000	有条件转移	JSR	根据条件将入口地址送程序计数器 PC

无条件转移指令不受任何条件约束，直接把转移地址送程序计数器 PC，从那里开始执行程序。条件转移指令先测试某个条件，然后根据所测试的结果来决定是否转移。

无条件转移指令格式为：

15　　　12	11　　　9	8　　　6	5　　　3　　2　　　0
0111	M	R	不用

条件转移格式为：

15　　　12	11　　　9	8　　　6	5	3	2	0
1000	M	R	P N Z V C			

其中 P 为辅助进位位，N 为结果为负位，Z 为结果为零位，V 表示溢出位，C 表示进位位。1 表真，执行转移。

6.3.3　时序系统

模型机采用组合逻辑控制，时序系统为三级时序系统，即将时序信号分为周期、节拍、工作脉冲。

1. 机器周期

根据各类指令执行的需要，模型机设置 4 个机器周期，分别为取指令周期 FT、取源操作数周期 ST、取目的操作数周期 DT 和执行周期 ET，用 4 个周期状态触发器输出作为周期标志。某一时期内只能有一个触发器状态为 1，当该周期触发器输出为 1，表明 CPU 执行指令现在所处的时间阶段为该周期，如图 6-4 所示。

1）取指令周期

取指令周期 FT 完成取指令操作，这是每一条指令都必须经历的。在取指令周期，CPU 根据程序计数器 PC 中的内容从内存中取一条指令到指令寄存器 IR 中，同时将 PC+1 送回程序计数器 PC。取指令周期完成的操作与指令的操作码无关。

2）取源操作数周期

如果需要读取源操作数（如双操作数指令），则进入取源操作数周期 ST。在 ST 中，根据指令寄存器 IR 中的源地址字段（M_S、R_S）形成源操作数地址，根据源操作数地址读取源操作数，并将源操作数送暂存器 SR 中暂存，即读取源操作数→SR。

3）取目的操作数周期

如果需要读取目的操作数（如双操作数指令或单操作数指令），则进入目的操作数周期。在 DT 中，根据指令寄存器 IR 中的目的地址字段（M_D、R_D）形成目的操作数地址，根据目的操作数地址读取目的操作数,并将目的操作数送暂存器 DR 中暂存,即读取目的操作数→DR。

4）执行周期 ET

执行周期 ET 是各类指令都需要经历的最后一个周期,所有指令都会进入执行周期。在执行周期 ET 中,根据指令寄存器 IR 中的操作码 OPC 字段执行相应的操作,完成该指令规定的操作。

指令的读取与执行,既有 CPU 内部数据流通操作,也有访问主存储器的操作。为了简化时序控制,模型机采用同步控制方式,并以主存的存取周期（时间最长）为机器周期。这对 CPU 内部操作来说,在时间上是比较浪费的。

2. 节拍

在每个机器周期中,操作需要分成若干步才能完成,为此,将一个机器周期分成若干个节拍。不同的指令在同一周期中的操作步骤是不同的,则所需要的节拍数也是不同的。为了简化设计,突出重点,假设模型机每个机器周期采用 4 个节拍。节拍数固定,则对于操作步骤较少的指令,有些节拍可能轮空,时间上有些浪费。如果在一个周期内,4 个节拍完成不了操作（如变址寻址和自增型双间址操作）,可以再增加一个附加周期（仍然是 4 个节拍）来保证操作的完成。

3. 脉冲

为了简便起见,假定工作脉冲包含在节拍中,在时序中不考虑。

6.3.4　指令执行流程

每条指令都可以分解为一串微操作序列,将这些操作按周期归类合并,并以流程图的形式画出,就得到指令的执行流程图;反过来,有了指令执行流程图后,也就能非常清晰地了解一条指令的执行过程。在模型机的指令执行流程中,取指令阶段是每一个指令周期都有的,而且与具体指令没有关系,是公共操作。最终,每一条指令都要经过执行周期,完成该指令功能。双操作数指令要经过取源操作数周期和取目的操作数周期。单操作数指令只要一个操作数,不需要取源操作数周期。转移指令不需要操作数,只有取指令和执行两个周期。图 6-9～图 6-12 所示为模型机机器指令的执行流程。

图 6-9　取指令流程

视频：取指令

图 6-10 双操作数指令执行流程

1. 取指令周期 FT

在取指令周期中，根据程序计数器 PC 中的内容将现行指令从存储器中取出送往指令寄存器 IR，并准备好下一条指令的地址，即 PC＋1→PC。这两个操作中一个在存储器中完成，另一个在 ALU 中实现加 1，因此可以并行执行。图 6-9 所示为取指令操作流程。

图 6-11　单操作数指令执行流程

图 6-12　转移指令执行流程

2. 取源操作数周期 ST

需要取源操作数的指令进入此周期。取源操作数的流程与源操作数的寻址方式有关。最终都是将源操作数储存在源操作数寄存器 SR 中。

- 寄存器寻址：R_S 中的内容为源操作数，将它送入源操作数寄存器 SR。
- 寄存器间接寻址：以 R_S 内容为地址，根据该地址访问主存一次，从存储器中取出源操作数送入源操作数寄存器 SR。
- 自增型寄存器间接寻址：除了完成上述寄存器间接寻址外，还要修改 R_S 中的内容，将 R_S 中的值送 ALU 加 1 再送回 R_S。
- 变址寻址：先以程序计数器 PC 现行值为地址从存储单元取得位移量 A，再与 R_S 的内容相加，以相加结果为地址取出操作数送入源操作数寄存器 SR。除此之外，程序计数器 PC 内容加 1，准备好下一条指令地址。在这个流程中因为要两次访问存储器，所以在时间上要延迟一个机器周期。
- 自增型双间址：R_S 的内容是操作数地址的地址，第一次访问存储器取出的是操作

视频：取操作数周期——自增型寄存器间接寻址

数的地址，将该地址送往主存地址寄存器 MAR（实际流程是第一次从内存中读出的地址是从内存的数据线上输出到数据总线的，由于数据总线与地址总线没有直接通道，所以先将这个地址从数据总线送到 TEMP，然后再从 TEMP 送到地址总线），以此地址再访问存储器取出的是操作数，将取出的操作数送入源操作数寄存器 SR。然后，R_s 的内容加 1。在这个流程中因为要两次访问存储器，所以在时间上要延迟一个机器周期。图 6-10 所示为双操作数指令的取源操作数流程。

视频：取操作数周期——变址寻址

视频：取操作数周期——自增型双间址

3. 取目的操作数周期 DT

需要取目的操作数的指令进入此周期。取目的操作数周期与取源操作数周期基本相似，也有各种不同的寻址方式，只是将目的操作数送入暂存器 DR 中。图 6-10 所示为双操作数指令的取目的操作数流程。

4. 执行周期 ET

所有指令都要进入执行周期 ET，根据指令操作码决定进行什么操作。对模型机来讲，算术、逻辑运算指令在本周期进行相应的算术、逻辑运算并将结果存到目的地址单元中。转移类指令在本周期形成转移地址装入程序计数器 PC，以便从转移入口地址继续执行程序。图 6-10～图 6-12 所示为各种指令执行周期的流程。

视频：执行周期——SUB 结果存至 R0

视频：执行周期——ADD 结果存至 R0

6.3.5　指令的微操作控制信号序列

计算机是通过执行程序（程序是指令的有序集合）来完成任务的，执行指令的过程，本质上就是控制流（微操作控制信号序列）控制数据流从一个功能部件传输到另一个功能部件。在执行指令时，控制器只要依序产生微操作控制信号（又称微操作命令，简称微命令），就能确保指令功能的实现。计算机上电复位后，通过硬件将要执行的程序第一条指令的入口地址放到程序计数器 PC 后，即可实现程序的自动执行。分析指令的微操作命令序列是假设要执行的指令地址已在程序计数器 PC 中，在时序与微操作命令信号的关系上,假定一个节拍中只能实现一次 ALU 操作,一个周期只允许访问主存一次。下面通过具体例子说明执行一条指令的所需要的微操作命令序列。

【例 6-1】　以模型机为例,写出加法指令 ADD R_0,(R_1)的微操作命令序列。

视频:指令执行的微操作序列例题 1

解:首先根据指令执行流程(如图 6-9～图 6-12 所示),结合模型机电路(如图 6-8 所示),确定指令执行时数据的传输路径;然后再根据数据传输路径确定所需要的微操作命令;最后将这些微操作命令归类到周期节拍下。图 6-13 所示为执行 ADD R_0,(R_1)指令时数据传输路径和微操作命令序列(彩色字为微命令)。

图 6-13　加法指令的数据传输路径及微命令序列

将所有的微操作命令按照时间顺序分配在周期节拍下。

```
START
FT
P₀ PC→BUS,BUS→MAR,READ,CLEAR X,1→C₀,ADD,ALU→Z
P₁ Z→BUS,BUS→PC,WAIT
P₂ MDR→BUS,BUS→IR
P₃ 1→ST
ST
P₀ R₀→BUS,BUS→SR
P₁ 空操作
P₂ 空操作
P₃ 1→DT
DT
P₀ R₁→BUS,BUS→MAR,READ,WAIT
P₁ MDR→BUS,BUS→DR
P₂ 空操作
```

```
P₃ 1→ET
ET
P₀ DR→BUS,BUS→X
P₁ SR→BUS,ADD,ALU→Z
P₂ Z→BUS,BUS→MDR,WRITE,WAIT
P₃ END
```

视频：指令
执行的微操
作序列例
题2

【例 6-2】 以模型机为例，写出减法指令 SUB（R_0）＋，A（R_1）的微操作命令序列。

解：思路同例 6-1，如图 6-14 所示。

FT:　PC $\xrightarrow{PC\to BUS}$ BUS $\xrightarrow{BUS\to MAR}$ MAR

　　　↓ Clear x ; 1→C_0 ; ADD

　　　ALU $\xrightarrow{ALU\to Z}$ Z $\xrightarrow{Z\to BUS}$ BUS $\xrightarrow{BUS\to PC}$ PC(完成PC+1→PC)

　　　M $\xrightarrow{READ}$ MDR $\xrightarrow{MDR\to BUS}$ BUS $\xrightarrow{BUS\to IR}$ IR

ST:　R_0 $\xrightarrow{R_0\to BUS}$ BUS $\xrightarrow{BUS\to MAR}$ MAR

　　　↓ Clear x ; 1→C_0 ; ADD

　　　ALU $\xrightarrow{ALU\to Z}$ Z $\xrightarrow{Z\to BUS}$ BUS $\xrightarrow{BUS\to R_0}$ R_0(完成R_0+1→R_0)

　　　M $\xrightarrow{READ}$ MDR $\xrightarrow{MDR\to BUS}$ BUS $\xrightarrow{BUS\to SR}$ SR

DT:　PC $\xrightarrow{PC\to BUS}$ BUS $\xrightarrow{BUS\to MAR}$ MAR

　　　↓ Clear x ; 1→C_0 ; ADD

　　　ALU $\xrightarrow{ALU\to Z}$ Z $\xrightarrow{Z\to BUS}$ BUS $\xrightarrow{BUS\to PC}$ PC(完成PC+1→PC)

　　　M $\xrightarrow{READ}$ MDR $\xrightarrow{MDR\to BUS}$ BUS $\xrightarrow{BUS\to X}$ X(ALU 的 A 端)

　　　R_1 $\xrightarrow{DR\to BUS}$ BUS(ALU 的 B 端) $\xrightarrow{ADD}$ ALU $\xrightarrow{ALU\to Z}$ Z $\xrightarrow{Z\to BUS}$ BUS $\xrightarrow{BUS\to MAR}$ MAR

　　　M $\xrightarrow{READ}$ MDR $\xrightarrow{MDR\to BUS}$ BUS $\xrightarrow{BUS\to DR}$ DR

ET:　DR $\xrightarrow{DR\to BUS}$ BUS $\xrightarrow{BUS\to X}$ X(ALU 的 A 端) 　　SR $\xrightarrow{SR\to BUS}$ BUS(ALU 的 B 端)

　　　$\xrightarrow{SUB}$ ALU $\xrightarrow{ALU\to Z}$ Z $\xrightarrow{Z\to BUS}$ BUS $\xrightarrow{BUS\to MDR}$ MDR $\xrightarrow{WRITE}$ M

图 6-14　减法指令的数据传输路径及微命令序列

将所有的微操作命令按照时间顺序分配在周期节拍下。

```
START
FT
P₀ PC→BUS,BUS→MAR,READ,CLEAR X,1→C₀,ADD,ALU→Z
P₁ Z→BUS,BUS→PC,WAIT
P₂ MDR→BUS,BUS→IR
P₃ 1→ST
ST
P₀ R₀→BUS,BUS→MAR,READ,CLEAR X,1→C₀,ADD,ALU→Z
P₁ Z→BUS,BUS→R₀,WAIT
P₂ MDR→BUS,BUS→SR
P₃ 1→DT
DT
P₀ PC→BUS,BUS→MAR,READ,CLEAR X,1→C₀,ADD,ALU→Z
P₁ Z→BUS,BUS→PC,WAIT
P₂ MDR→BUS,BUS→X
P₃ 1→DT
DT'
P₀ R₁→BUS,ADD,ALU→Z
P₁ Z→BUS,BUS→MAR,READ,WAIT
P₂ MDR→BUS,BUS→DR
P₃ 1→ET
ET
P₀ DR→BUS,BUS→X
P₁ SR→BUS,SUB,ALU→Z
P₂ Z→BUS,BUS→MDR,WRITE,WAIT
P₃ END
```

【例 6-3】　以模型机为例，写出加 1 指令 INC ＠（R₀）＋的微操作命令序列。

解：根据前两个例子的思路，先确定数据传输路径，再确定微命令，最后将这些微命令分别归到周期、节拍下，如图 6-15 所示。

将所有的微操作命令按照时间顺序分配在周期节拍下。

视频：指令执行的微操作序列例题 3

```
START
FT
P₀ PC→BUS,BUS→MAR,READ,CLEAR X,1→C₀,ADD,ALU→Z
P₁ Z→BUS,BUS→PC,WAIT
P₂ MDR→BUS,BUS→IR
P₃ 1→DT
DT
P₀ R₀→BUS,BUS→MAR,READ,CLEAR X,1→C₀,ADD,ALU→Z
P₁ Z→BUS, BUS→R₀,WAIT
P₂ MDR→BUS,BUS→TEMP
P₃ 1→DT
DT'
P₀ TEMP→BUS,BUS→MAR,READ,WAIT
P₁ MDR→BUS,BUS→DR
P₂ 空操作
P₃ 1→ET
ET
P₀ DR→BUS,CLEAR X,1→C₀,ADD,ALU→Z
```

P_1 Z→BUS,BUS→MDR,WRITE,WAIT
P_2 空操作
P_3 END

FT: PC —PC→BUS→ BUS —BUS→MAR→ MAR

Clear x；$1→C_0$；ADD

ALU —ALU→Z→ Z —Z→BUS→ BUS —BUS→PC→ PC(PC+1→PC)

M —READ→ MDR —MDR→BUS→ BUS —BUS→IR→ IR

DT: R_0 —R_0→BUS→ BUS —BUS→MAR→ MAR

Clear x；$1→C_0$；ADD

ALU —ALU→Z→ Z —Z→BUS→ BUS —BUS→R_0→ R_0(R_0+1→R_0)

M —READ→ MDR —MDR→BUS→ BUS —BUS→TEMP→ TEMP —TEMP→BUS→ BUS —BUS→MAR→ MAR

M —READ→ MDR —MDR→BUS→ BUS —BUS→DR→ DR

ET:DR —DR→BUS→ ALU B 端 —Clear x；$1→C_0$；ADD→ ALU —ALU→Z→ Z —Z→BUS→ BUS —BUS→MDR→ MDR —WRITE→ M

图 6-15　加 1 指令的数据传输路径及微命令序列

【例 6-4】 以模型机为例，写出转移指令 JMP（R_0）＋的微操作命令序列。

解：思路同例 6-3，先确定数据传输路径，再确定微操作命令，最后将这些微命令分别归到周期、节拍下，如图 6-16 所示。

FT: PC —PC→BUS→ BUS —BUS→MAR→ MAR

Clear x；$1→C_0$；ADD

ALU —ALU→Z→ Z —Z→BUS→ BUS —BUS→PC→ PC(PC+1→PC)

M —READ→ MDR —MDR→BUS→ BUS —BUS→IR→ IR

ET: R_0 —R_0→BUS→ BUS —BUS→MAR→ MAR

Clear x；$1→C_0$；ADD

ALU —ALU→Z→ Z —Z→BUS→ BUS —BUS→R_0→ R_0(R_0+1→R_0)

M —READ→ MDR —MDR→BUS→ BUS —BUS→PC→ PC

图 6-16　转移指令的数据传输路径及微命令序列

将所有的微操作命令按照时间顺序分配在周期节拍下。

```
START
FT
P₀  PC→BUS,BUS→MAR,READ,CLEAR X,1→C₀,ADD,ALU→Z
P₁  Z→BUS,BUS→PC,WAIT
P₂  MDR→BUS,BUS→IR
P₃  1→ET
ET
P₀  R₀→BUS, BUS→MAR, READ,CLEAR X,1→C₀,ADD,ALU→Z
P₁  Z→BUS,BUS→R₀
P₂  MDR→BUS,BUS→PC
P₃  END
```

关于上述微操作命令序列,需要说明以下两点。

- 指令的微操作命令序列是所有指令的微操作在各个时序信号上的分配,它是指令执行流程的进一步具体化。安排微操作命令必须遵循以下两个简单原则。

  - 微操作命令序列的顺序必须恰当。例如,在取指令周期中,PC→BUS,BUS→MAR 必须先于 MDR→BUS、BUS→IR,因为存储器读操作需要使用 MAR 中的地址。
  - 不能引起数据通路上的信息发生冲突。例如,在一个节拍内不能两次往总线发送信息。

- 上述安排,目的在于说明由指令执行流程写出指令执行的微操作命令序列的方法,上述例题给出的结果可能不是最优方案。例如,在双操作数指令的寄存器寻址方式中,因为操作数已存放在寄存器中,其实没有必要在取源操作数周期把源操作数送到源操作数寄存器 SR 中,然后在执行周期再从源操作数寄存器 SR 中取出送到 ALU 的输入端,而在模型机的指令执行流程中却统一把源操作数送到源操作数寄存器 SR 中,这就增加了微操作控制信号,显然会影响控制器的逻辑实现,在实际设计时应该避免。另外,在微操作命令序列的安排上也未考虑逻辑表达式的最简化。

不同类型的指令所需要的周期数可能不同,通常一条指令至少要经过取指令和执行指令两个周期,取操作数周期是可变的。单操作数指令仅有一个操作数,要经过一个取操作数周期,双操作数指令需要经过两个取操作数周期。真正的计算机除了取指令周期、取源操作数周期、取目的操作数周期和执行周期外,还必须有中断周期和 DMA 周期。图 6-17 描述了各周期状态的变化情况流程,也是 CPU 工作流程。

执行周期结束后,一条指令执行完毕,此时 CPU 要进行一串状态测试。由于 DMA 的优先级高于中断优先级,所以先进行 DMA 测试,如果有 DMA 请求,进入 DMA 周期 DMAT,否则进入中断检测。如果有中断请求,进入中断周期 IT。如果没有中断请求或中断周期结束,计算机又自动地执行下一条指令。

上面讨论的指令执行流程与相应的微操作命令序列的安排,主要取决于数据通路结构。它是控制单元设计的核心内容。

任何指令的执行都必须先经过取指令周期。为了表明当前 CPU 是工作在取指令周期，必须使取指令周期状态触发器的输出为 1（见图 6-4）。有 5 种进入取指周期的情况，可分别采用置入方式或同步接数方式，使取指令周期触发器为 1。FT 触发器如图 6-18 所示。

图 6-17　CPU 工作流程

图 6-18　取指令周期触发器

（1）初始化置入 FT。包括上电初始化和复位初始化，此时采用由 S 端置入的方法使 FT 为 1。

（2）程序运行过程中，用同步接数方式实现周期转换。若要进入 FT，则事先在周期触发器 D 端准备好 1→FT 条件下，然后用脉冲使 FT 触发器接数。

根据 CPU 的控制流程可以写出取指令周期触发器置 1 的逻辑表达式：

$$1{\to}FT=ET\cdot\overline{[(1{\to}DMAT)\cdot\overline{(1{\to}IT)}]}+IT+DMAT\cdot\overline{[\overline{(1{\to}DMAT)}\cdot\overline{(1{\to}IT)}]}$$

即执行周期（现行指令执行完毕时），如果不响应 DMA 请求和中断请求，程序正常进行，或在中断周期完成程序切换后，或在 DMA 周期完成一次 DMA 传送后，如果没有新的 DMA 请求，也没有中断请求，则应进入 FT。

6.4　组合逻辑控制器的设计

组合逻辑控制器的控制单元完全由组合逻辑电路实现，它将输入逻辑信号转换为输出控制信号。由于控制器完全采用硬件电路实现，所以又称为硬连线方式。

视频：组合
逻辑控制器
的设计思想

1. 设计方法

组合逻辑控制器的设计思想是：

（1）按照 6.3.5 节讨论的方法，根据指令执行的流程图，用"穷举法"写出每一条指令、每一种寻址方式下的微操作命令序列。

（2）根据微操作命令序列写出各个微命令的逻辑表达式。

（3）然后运用逻辑代数（或真值表、卡诺图等）对该逻辑表达式进行化简，得到最简的与或表达式。

（4）最后用逻辑门电路实现。

所有这些电路封装在一起就是组合逻辑控制器。

2. 微操作控制信号的综合简化

每一条指令都可以按照 6.3.5 节讨论的方法分解为一个微操作命令序列。从前面已写出的几条指令的微操作命令序列可以看出，每一个微操作控制信号的产生由指令的操作码、寻址方式、时序信号等共同决定，即

$$微操作控制信号 = f（操作码、寻址方式、时序信号、PSW）$$

根据这些条件即可构成产生每一个控制信号的逻辑电路。将这些电路综合起来，就构成了控制单元 CU。不同指令的微操作命令序列中有相同的控制信号，因此需要将相同的控制信号综合在一起进行化简，以简化电路的设计。下面通过微操作控制信号 BUS→MAR 的确定来说明组合逻辑控制器的设计方法。根据例 6-1、例 6-2 和例 6-3 指令流程，找出含有 BUS→MAR 微操作控制信号（包括时序、寻址方式），同时满足的条件是"与"的关系，如在取指令周期 FT 的 P_0 节拍下需要 BUS→MAR 微命令，则表示为 BUS→MAR = FT · P_0，两个不同的时刻满足条件是"或"的关系，即在这种情况"或"在那种情况需要 BUS→MAR 微命令。在例 6-1 中，BUS→MAR 微命令出现两次，一次是取指令周期 FT 的 P_0 节拍下（FT · P_0 简写为 FT P_0，省略中间的"·"，后同），另一次是在执行加法指令、寄存器寻址方式下取目的操作数周期 DT 的 P_0 节拍下（ADD DT P_0（M_D = 1））,所以，BUS→MAR 可以表示为：BUS→MAR = FT P_0 + DT P_0 ADD（M_D = 1）。按照这种方法，将例 6-1、例 6-2 和例 6-3 中的所有 BUS→MAR = 1 都找出来，就可以写出 BUS→MAR 的"与""或"逻辑表达式。

```
FT P₀
ADD DT P₀(M_D=1)
SUB ST P₀(M_S=2)
    DT P₀(M_D=4)
    DT' P₁(M_D=4)
INC DT P₀(M_D=3)
    DT' P₀(M_D=3)
```

然后综合合并产生单一控制信号。

$$BUS→MAR = FT\ P_0 + ADD\ DT\ P_0(M_D=1) + ST\ P_0\ SUB(M_S=2) + DT\ P_0\ SUB(M_D=4) + DT'\ P_1\ SUB(M_D=4) + DT\ P_0\ INC(M_D=3) + DT'\ P_0\ INC(M_D=3) + \cdots$$

不难发现，微操作控制信号是周期、节拍、操作码及其他条件的函数。

上面写出的微操作控制信号的逻辑表达式是根据仅有的几条具体指令写出的（实际上每一条指令还包括多种寻址方式）。如果指令条数增多、寻址方式增多，上面的逻辑表达式将更加复杂。实际计算机的指令往往有几百条、多达几十种寻址方式，整个计算机的微操作控制信号非常多，每一个微操作控制信号的逻辑表达式中包含的项数也非常多。一般来说，上述经过综合得到的微操作控制信号的初始表达式还必须经过化简、整理，以得到最简的逻辑表达式。

3. 逻辑实现

经过化简后的逻辑表达式即可用逻辑电路实现。图 6-19 所示为产生 BUS→MAR 的逻辑电路示意图(严格讲只是部分电路)。图中 FT、DT、ST、DT′分别来自周期触发器的 Q 端,ADD、SUB、INC 分别来自指令译码器的不同输出,$M_S = 2$、$M_D = 1$ 等分别来自源和目的寻址方式译码器的输出端,P_0、P_1 等来自时序电路的节拍电位发生器。

图 6-19 实现 BUS→MAR 的组合逻辑电路

与此类似,可获得全部微操作控制信号的逻辑电路图,所有的硬件电路封装在一个芯片中就是组合逻辑控制单元 CU。

4. 组合逻辑控制器框图

图 6-20 所示为组合逻辑控制器控制单元结构框图,控制单元由组合逻辑电路组成,它的输入信号主要有①指令译码器输出,②时序信号,③标志,④外部设备的状态信号(图中未画)。组合逻辑控制单元的输出即为微操作控制信号。

图 6-20 组合逻辑控制器单元结构框图

5. PLA 控制器

采用 PLA 芯片实现的控制器称为 PLA 控制器。随着大规模集成电路的迅速发展，可以用可编程逻辑阵列（programmable logic array, PLA）、可编程阵列逻辑（programmable array logic, PAL）及通用阵列逻辑（generic array logic, GAL）来代替分立门电路。由于 PAL 和 GAL 可以电擦除，对设计好的电路可以进行在系统编程（in system programming, ISP），设计中存在的错误很容易修改。目前所有采用硬布线设计的控制器都采用可编程逻辑器件设计。

6. 程序执行过程

计算机加电后产生的 Reset 信号将要执行的第一条指令的地址装入程序计数器 PC（完全由硬件实现），并且将 FT 周期触发器置 1，复位信号结束后，开放时钟，节拍发生器产生节拍信号，控制单元则根据周期触发器状态和节拍信号产生取指令所需要的各个微命令，完成第一条指令的取出并送到指令寄存器 IR。同时，程序计数器 PC 加 1，准备好下一条指令的地址。然后，根据取出的指令进行相应的操作，具体完成本条指令的功能。执行完该指令后进行状态检测，如果条件满足则转入相应的处理程序进行处理；否则又转入下一个取指令周期。取指令→分析指令→执行指令，不停地重复上述过程，直至程序执行完毕为止。

6.5　微程序控制器的设计

视频：微程序控制器的设计思想

6.5.1　微程序控制的基本原理

控制单元采用组合逻辑设计，微操作控制信号全部由硬件产生，速度快。但是，组合逻辑控制器也存在明显的缺点：

- 逻辑实现复杂。现代计算机的 CPU 都非常复杂，需要控制单元产生的微操作控制信号的数量非常大，用组合逻辑电路实现所有的控制信号将是一件非常困难的事情。
- 不易扩展和修改。设计好的电路用硬件连接逻辑固定下来以后，就很难修改扩展，如果要增加几条指令或某一指令增加某种功能（增加寻址方式），整个控制器几乎要重新设计。

1. 基本原理

采用微程序设计的方法可以克服以上缺点。微程序控制器设计的基本思想是：将机器指令分解为微操作命令序列，这些微命令的有和无本质上就是二进制数的 0（表示无微命令）和 1（表示有微命令），将这些 0、1 按照出现的时间顺序依序存储在存储单元中，每一条指令的微命令序列占一段存储空间。执行该指令只要从存储器单元中依序取出这些 0、1 送到被控部件使其完成对应的操作。这样,就将原来由组合逻辑控制器产生微命令改成由存储逻辑产生。用来存储微命令的存储器称为控制存储器(control memory,CM),控制存储器每一个存储单元存放的内容称为微指令。每一条指令对应的一段存储空间存放的内容称为微程序。执行一条机器指令,只要逐条取出与其对应的一段微程序,就可以产生微操作控制信号序列,实现该机器指令的功能。这种方法利用了程序设计技术及存储逻辑的概念,称为微程序设计技术。用微程序设计技术实现的控制器称为微程序控制器。

程序设计技术解决了控制器设计的规整性问题,它将不规则的微操作命令变成了有规律的微程序,使控制单元的设计更科学合理。存储逻辑的概念解决了控制器设计的修改性问题,如果发现设计错误,只要对与错误有关的微程序进行修改即可,而不涉及其他指令的微程序,大大简化了控制器的设计。控制器容易升级,如需要增加几条指令,只要将该指令所对应的微程序存放到控制存储器中即可。

用来存放微程序的控制存储器采用 EEPROM,即使成品 CPU 芯片在使用过程发现存在设计上的缺陷,也可以直接召回修改,甚至直接通过软件在系统修改,产品的开发周期短,成本低。

微程序控制器的设计,既有软件又有硬件,因此被称为固件(firmware)。微程序控制器的实现不易出现潜在的错误,成本低。缺点是执行一条指令要执行一段微程序,速度比完全采用硬件设计的组合逻辑控制器要慢。

当控制器采用微程序控制器设计,且控制存储器采用 Flash memory 时,这就意味着芯片制造公司可以在远端对芯片进行重构,好处是可以在系统编程,修改芯片设计的bug,但也存在安全隐患,芯片制造公司可以随时修改控制存储器中的内容,让芯片变成"废铁"。因此,要爱国、强国,必须提高自己国家的芯片制造水平,在重要设备中,必须使用自己研发的芯片。

2. 基本概念

1) 微命令和微操作

一台计算机硬件部件基本可以划分两部分:控制部件和执行部件。控制器是控制部件,而运算器、存储器、外部设备相对控制器来说是执行部件。

(1) 微命令。

微命令是构成控制信号的最小单位,即微操作控制信号。例如,打开或关闭某个控制门的电位信号,如模型机的 BUS→MAR。微命令由控制部件通过控制线向执行部件发出。

(2) 微操作。

执行部件接受微命令后所进行的最基本的操作体现在动作过程。微命令是微操作的控制信号,微操作是微命令的控制操作过程。对控制部件是微命令,对执行部件是微操作。

2) 微指令和微周期

(1) 微指令。

微指令是若干个微命令的组合,通常以编码的形式存放在控制存储器的一个单元中,用来产生一组控制信号,以便控制执行相应的一个操作,如控制数据通路的基本操作或信息传送。一条微指令通常包含以下信息。

- 微操作码字段：又称为操作控制字段。用以指定在一条微指令中同时产生的各种微命令。
- 微地址字段：又称为顺序控制字段。用于指定后续微指令地址的形成方式,控制微程序的连续执行。
- 其他相关信息：如常数字段、标志字段等。常数字段用于提供操作需要的数据,标志字段用于提供某些特征信息。

(2) 微周期。

微周期通常指从控制存储器读取一条微指令并执行相应的微操作所需要的时间。

3) 微程序和微程序设计

(1) 微程序。

微程序是由微指令组成的程序。

(2) 微程序设计。

将传统的程序设计方法运用到控制逻辑的设计中。控制逻辑的本质是控制计算机内部的信息传送以及它们之间的相互联系。因此,微程序设计就是利用类似程序设计的方法,组织和控制计算机内部信息的传送和相互联系。

4) 控制存储器

存放微程序的存储器,又称为微程序存储器。由于该存储器主要存放控制命令与下一条要执行的微指令的地址,所以被称为控制存储器,它的每个单元存放一条微指令代码。计算机的指令系统是固定的,实现指令系统的微程序也是固定的,控制存储器用只读存储器(或 EEPROM)实现。计算机内控制信号数量比较多,再加上决定下一条微指令地址有一定宽度,控制存储器的字长比机器字长要长得多。

5) 机器指令与微指令、程序与微程序、主存储器与控制存储器的关系

机器指令是提供使用者编程的基本单位,它表明 CPU 能完成的一项基本功能。微指令则是为实现机器指令中一步操作的微命令的组合。一条机器指令对应若干条微指令序列组成的微程序,机器指令由微指令进行解释并执行。

程序是由机器指令构成的,对用户程序而言,它是为了完成某项任务编制的,并放在主存储器中,允许修改。微程序是由微指令构成,一条机器指令对应一段微程序,微程序是用于描述机器指令的,微程序在设计 CPU 时就将它预先编制好,并存入控制存储器中,不允许用户修改。

主存储器容量大,是由 RAM 芯片构成的,其中存放的是系统程序和用户程序。控制存储器中存放的是对应于机器指令系统的全部微程序,控制实现计算机的整个指令系统。控制存储器容量有限,是由 ROM(或 EEPROM)芯片构成的。

3. 微程序控制器计算机的结构和指令执行过程

1) 微程序控制器计算机的结构

采用微程序控制器的计算机称为微程序计算机,它与采用组合逻辑控制器的计算机的主要差别在于控制单元的结构和组成。图 6-21 给出了微程序计算机的基本结构框图,其控制单元部分用一个完整的存储系统(包括控制存储器 CM、微指令地址寄存器 μAR,

视频：微程序控制器计算机结构和指令执行过程

微指令寄存器 μIR 等）代替了组合逻辑控制单元。

图 6-21　微程序控制计算机的基本结构框图

2）指令执行过程

在微程序控制器中，机器指令是通过读取微指令并执行它所包含的微命令来解释执行的。图 6-22 所示是微程序控制器的工作流程图。

（1）取指令操作。假定每条机器指令所对应的微程序已经编好，并放入 CM 中，如图 6-23 所示。取指令微程序用于实现取指操作，属于微程序中的公用部分。开机或上电复位时，计算机硬件自动在程序计数器 PC 内置入开机后执行的第一条机器指令的内存单元地址，同时将取指令微程序的入口地址 M（控制存储器单元地址）送入微指令地址寄存器 μAR。启动计算机后，便可以从控制存储器中读出取指令微程序的第一条微指令并执行。每执行完一条微指令，其地址字段给出下一条微指令的地址，微命令使 CPU 访问主存储器，读取机器指令送入指令寄存器 IR，并修改程序计数器 PC 的内容。当取指令微程序执行完以后，指令寄存器 IR 中已经存放一条指令，同时在程序计数器 PC 中准备好了下一条机器指令的地址。

（2）获得该指令对应的微程序存放在 CM 中的入口地址。指令译码器根据该机器指令中的操作码字段，产生本条机器指令所对应的微程序入口地址，并将该地址送入微指令地址寄存器 μAR。例如，若该指令是加法指令，将加法指令存放在控制存储器的入口地址 N 送到微指令地址寄存器 μAR；若是减法指令，将减法指令存放在控制存储器的入口地址 L 送到微指令地址寄存器 μAR 等。

图 6-22　微程序控制器工作流程

图 6-23　机器指令对应的微程序

（3）取微指令，执行微程序，完成该指令的操作。根据微程序入口地址逐条取出对应的微指令，每一条微指令的微操作码部分提供一个微命令序列，控制有关操作，地址字段给出下一条微指令地址，直至该条机器指令所对应的一段微程序执行完。

（4）取下一条机器指令。在每条机器指令所对应的微程序中，最后一条微指令的地址字段给出下一微指令的地址为 M，即取指令操作微程序的入口地址，当执行完该条微指令后，又自动进入取指令操作，重复上述（1）（2）（3）过程。

微程序控制单元就是这样通过逐条从控制存储器取出微指令，发出各种微操作命令，从而实现逐条地将机器指令从主存中取出、分析执行，直至整个程序完成。这就是微程序控制计算机执行指令的控制过程。

上面的讨论涉及两个层次。一个层次是程序员看到的传统的机器级——机器指令，用机器指令编写的工作程序存放在主存储器中；另一个层次是微程序控制器设计者看到的微程序级——微指令，用微指令编制的微程序存放在控制存储器中，用来对机器指令进行"解释"。

微程序控制器设计的基本思想是把机器指令的每一操作控制编成一条微指令，每条机器指令对应一段由微指令组成的微程序。执行机器指令时，只要从控制存储器中顺序取出这些微指令，就可按所要求的次序产生相应的微控制信号。下面以 ADD　（R0），R1 指令为例说明微程序的编写方法。假设可以并行操作的微命令合并为一步完成（一条微指令），根据指令执行流程写出各步所需要的微命令，每一步下的微命令用一条微指令实现，ADD　（R0），R1 指令所有的微指令如表 6-3 所示。

```
步                  微操作
1   PC→BUS,BUS→MAR,READ;Clear X,1→C₀,ADD,ALU→Z        ;取指,(PC)+1
2   Z→BUS,BUS→PC,WAIT                ;(PC)+1→PC
3   MDR→BUS,BUS→IR                   ;指令→IR
4   R₀→BUS,BUS→MAR,READ              ;取源操作数据
5   R₁→BUS,BUS→X,WAIT                ;(R₁)→ALU的A端,在读内存时,不用等待
6   MDR→BUS,ADD,ALU→Z                ;相加
7   Z→BUS,BUS→R1,END                 ;结果→R₁
```

表 6-3　ADD　（R0），R1 指令所对应的微指令

微命令	BUS→PC	PC→BUS	BUS→MAR	READ	MDR→BUS	BUS→IR	BUS→X	CLEAR X	I→C₀	ADD	ALU→Z	Z→BUS	R1→BUS	BUS→R1	R0→BUS	WAIT	END	...
1	0	1	1	1	0	0	0	1	1	1	1	0	0	0	0	0	0	
2	1	0	0	0	0	0	0	0	0	0	0	1	0	0	0	1	0	
3	0	0	0	0	1	1	0	0	0	0	0	0	0	0	0	0	0	
4	0	0	1	1	0	0	0	0	0	0	0	0	0	0	1	0	0	
5	0	0	0	0	0	0	1	0	0	0	0	0	1	0	0	1	0	
6	0	0	0	0	1	0	0	0	0	1	1	0	0	0	0	0	0	
7	0	0	0	0	0	0	0	0	0	0	0	1	0	1	0	0	1	

视频：微程
序设计技术

6.5.2　微程序设计技术

1. 微指令的格式

微指令格式的设计是微指令设计的主要部分，它直接影响微程序控制单元的结构和微程序的编制，也直接影响计算机的速度和控制存储器的容量。微指令格式的设计除了要实现计算机的指令系统外，还要考虑具体的数据通路结构、控制存储器的速度以及微指令编制等因素。不同计算机有不同的微指令格式，就其共性来说，大致可以归纳为水平型微指令和垂直型微指令两类。

1）水平型微指令

一次能定义并执行多个并行操作微命令的微指令，称为水平型微指令。它的基本特征是微指令字长比较长，一条微指令能控制数据通路中多个功能部件并行操作，微命令的编码简单，尽可能使微命令与控制门之间具有直接对应关系。

采用水平型微指令编制的微程序，并行操作能力强，效率高，编制的微程序比较短，机器指令的执行速度比较快，控制存储器的纵向容量小（地址空间小），灵活性强。

水平型微指令的缺点是微指令的字长比较长，明显地增加了控制存储器的横向容量（位数）。特别是较复杂的计算机，微命令多达数千个，控制存储器的字长和数据通道的宽度就非常大，硬件实现比较困难。如果将表 6-3 中的每一行作为一条微指令，就是典型的水平型微指令的格式。

2）垂直型微指令

垂直型微指令格式与普通的机器指令相似，在微指令中设置微操作码字段和地址码

字段。由微操作码确定微指令的功能,微命令是通过对微操作码字段进行译码产生的,
一次只能产生几个微命令。地址码字段用来指定微操作数所在的控制单元或微指令的
地址。

垂直型微指令的特点是微指令字长比较短,并行操作能力有限,机器指令的执行速
度比较慢。

2. 微指令的结构

视频:微指
令的结构和
微地址的确
定方法

设计微指令结构时,所追求的目标是有利于缩短微指令字的长度,有利于减少微程
序的长度,有利于提高微程序的执行速度。这些目标往往是相互矛盾的,通常要综合考
虑,相互兼顾。

微命令编码是指微指令中的控制字段采用的表示方法,即将计算机的全部微命令数
字化,组合到微指令中。通常有以下几种方法。

1) 直接控制法(又称不译码法)

在微指令的控制字段中,每一个微命令都用一位信息表示,对应于一种操作。设计
微指令时,选用或不选用某个微命令,只要将表示该微命令的相应位设置成 1 或 0 即可。
微命令的产生不必经过译码,所需要的控制信号直接送到相应的控制点,图 6-24 所示为
直接控制法。

图 6-24 直接控制法示意图

直接控制法的优点是简单、直观,执行速度快,微命令的并行控制能力强,编制的微
程序短。缺点是微指令字长较长。

2）字段直接编译法

将微指令的字段分成若干小段，每个小段分别编码，每种编码代表一种微命令，称为字段直接编译法，如图 6-25 所示。字段直接编译法可以缩短微指令字的长度。例如，某机器指令需要 256 个微命令，如采用直接控制法，微命令的操作控制字段需要 256 位。采用字段直接编译法，如将控制字段分成 4 位一段，每一个字段经过一个译码器输出，可获得 16 个微命令，共 256/16＝16 段，微指令的控制字段仅需要 64（4×16＝64）位（如果采用全译码法则，只需要 8 位就可以了）。

图 6-25   字段直接编译法

字段直接编译法的分段原则如下。

- 将不会同时出现的微命令（又称互斥的微命令）分在同一字段（每组一次可以产生一个微命令，如 ADD、SUB 和 AND 都是控制运算器操作的微命令，运算器在任意一个时刻只能执行一种操作，所以它们是互斥的），可以并行操作的微命令（又称相容的微命令）分在不同的组（如 ADD、READ 微命令，ADD 是控制 ALU 的操作，READ 是控制存储器的读操作，分属不同部件的操作可以同时进行，所以是相容的），这样既可以提高信息位的利用率，又可以加快指令的执行速度。
- 每一个小段的位数不要太多，否则会增加译码线路的复杂程度和译码时间。其实际位数 n 与本段微命令个数 m 之间的关系为 $2^n \geqslant m+1$，有一个编码表示本段空操作（表示该条微指令，本段不产生微命令）。

【例 6-5】   某计算机采用微程序控制方式，水平型微指令格式，断定方式。共有微命令 30 个，构成 4 个互斥类，各包括 5 个、8 个、14 个和 3 个微命令，外部条件 3 个。

（1）若采用字段直接编码和直接控制方式，微命令的操作控制字段各取几位？

（2）假设微指令的字长 24 位，设计出微指令的具体格式。

（3）在（2）的情况下，控制存储器允许的最大容量为多少？

解：

（1）若采用字段直接编码，分 4 个字段，5 个微命令需要 3 位，8 个微命令（实际是 9 个，一个空操作）需要 4 位，14 个微命令需要 4 位，3 个微命令需要 2 位。所以共需要 3＋4＋4＋2＝13 位（每个字段都有 1 个编码表示空操作，本段不产生微命令）。

直接控制方式微命令的操作控制字段位数＝30 位。

（2）假设微指令的字长 24 位，设计出微指令的具体格式为：

5 个微命令	8 个微命令	14 个微命令	3 个微命令	3 个外部条件	下地址
3	4	4	2	2	9

（3）控制存储器允许的最大容量（下地址 9 位，最大寻址单元数为 2^9）：

$$最大容量＝单元数×字长＝2^9×24b＝1.5KB$$

3）字段间接编译法

字段间接编译法是在字段直接编译法的基础上进一步缩短微指令字长的一种编译法。在字段间接编译法中，一个字段的译码输出的微命令受其他字段译码输出的微命令控制（即条件编译），以便用较少的信息位表示更多的微命令。图 6-26 所示为字段间接编译法。

图 6-26　字段间接编译法

3. 微地址的确定方法

微指令中地址字段的结构和后继微地址的形成方式，是解决微程序的连续执行问题，又称为微程序流的控制问题。

在计算机中，微程序以编码（微码）形式按给定的微指令地址存放在控制存储器的相应单元中，微程序执行时，只要依次给出各条微指令的地址，就能使微程序连续执行。要解决微程序执行顺序控制，关键在于当前微指令执行完毕后，如何确定后续微指令的地址。执行微程序时，得到下一条将要执行的微指令地址有三种情况：①由指令寄存器确定，②下一顺序地址，③转移地址。第①种情况是根据机器指令操作码找到相应机器指令所对应的微程序的入口地址。第②、③两种情况是后续微地址的产生。

1）微程序入口地址的确定

每一条机器指令都对应一段微程序。首先由"取机器指令"微程序将一条机器指令从主存储器中取出送到指令寄存器 IR。这段微程序是公用的，一般安排在控制存储器的 0 号单元或其他特定地址 M 单元中（要执行的第一条机器指令的地址以及取指令对应的微程序的入口地址是在计算机开始运行时分别自动地装入程序计数器 PC 和控制存储器的微指令地址寄存器 μAR 中的）。执行完取指令对应的微程序，将从主存中取出的指令存入指令寄存器 IR 中，并修改程序计数器 PC 的内容。指令寄存器 IR 中机器指令的操作码通过微地址形成电路形成这条指令对应的微程序入口地址（如图 6-23 所示的加法指令微程序入口地址 N，减法指令微程序入口地址 L），该地址送入微地址寄存器 μAR 中。根据微地址寄存器中的微地址从 CM 中取出对应微程序的一条微指令，其微命令字段产生一组微命令控制有关操作。

2）后续微地址的产生

每条微指令执行完后都要根据要求产生后续微指令地址。后续微指令地址的产生方法可以概括为以下两种基本方式。

（1）计数器方式（增量方式）。

计数器方式与用程序计数器 PC 来产生机器指令地址的方法相似。在微程序控制单元中，设置一个微程序计数器 μPC，在顺序执行微指令时，后续微指令的地址由现行微地址加一个增量（通常为 1）来产生，在每条指令对应的微程序最后放一条绝对跳转微指令 JMPW M，使本条指令执行完后能自动跳到取指令微程序执行。遇到转移时，由微指令给出转移地址，使微程序按照新的顺序执行。图 6-27 所示为增量方式下的微程序结构。

图 6-27　增量方式下的微程序结构

（2）断定方式（下址字段方式）。

所谓断定方式，是指后续微指令的地址可由设计者指定或由设计者指定的测试判断字字段控制产生。在这种方式中，当微程序不产生分支时，后续微指令地址直接由微指令的顺序控制字段给出，如图 6-28 所示。当微程序产生分支时，按顺序控制字段给出的测试判断字段和状态条件来形成后续微地址。这种方式因为要在微指令格式中设置一

图 6-28　下地址字段法的微控制器的组织

个字段来指明下一条要执行的微指令的地址,所以也称下地址字段法,图 6-28 所示为下地址字段法的微控制器的组织。

6.6 CPU 性能设计

计算机的性能好坏取决于许多因素,其中有很多因素与 CPU 的设计有关,有的因素与各部件之间相互连接的结构有关。涉及 CPU 的三个最重要的因素是指令的强弱、时钟周期的长短、执行每条指令所需要的时钟周期。一条功能强大的指令能够完成一个复杂的任务,执行这样的指令需要多少个时钟周期? 到底采用 CISC 还是采用 RISC 更能提高 CPU 的性能? 时钟速度主要取决于采用的电子线路的速度和功能部件(如 ALU)的实现技术,采用一片 VLSIC 芯片要比采用多片来实现有更高的速度。下面是一些提高 CPU 性能的方法。

1. 多总线结构

采用多总线结构可以将参加处理的数据同时送到处理单元,提高数据传输的并行性,图 6-29 所示为采用三总线结构的 CPU。这样,如果实现两个数相加,与单总线相比,两个操作数可以通过 A、B 两条总线同时送到 ALU 的输入端,结果也不用再经过暂存器 Z 而直接送 C 总线,完成同样的操作,时间可以大大缩短。

2. 指令流水

将取指令周期和执行指令周期重叠起来,可以极大地改善 CPU 性能。这种技术称为指令流水(instruction pipelining),如图 6-30 所示。如果执行一条指令需要

图 6-29 三总线结构 CPU

5 个机器周期,在串行方式下,执行 4 条指令就需要 20 个机器周期;如果采用指令流水方式,在不考虑阻塞的情况下只需要 8 个机器周期。并且当指令执行进入稳定状态(经过 5 个机器周期后),每个机器周期都能执行一条指令。

有三种情况会造成阻塞,影响流水线的效率。

1) 结构相关

结构相关是当多条指令进入流水线后,硬件资源满足不了指令重叠执行的要求时产生的。我们把这种情况称为冒险竞争。例如,取指令要访问内存,取操作数也要访问内存,对内存访问出现了冒险竞争。为了解决这个问题,在设计 CPU 内部 cache 时通常将指令 cache 与数据 cache 分开单独设计,取指令访问指令 cache,取操作数访问数据 cache,避免冒险竞争。或者存储器采用双通道,取指令与取操作数采用不同通道。

图 6-30　指令流水线执行示意图

2）数据相关

数据相关是指令在流水线中重叠执行时，当后继指令需要用到前面指令的执行结果时发生的。例如，在五级流水线上执行下面两条指令：

```
ADD R2,R1;(R2) +(R1)→R1
SUB R1,R3;(R1) -(R3)→R3
```

SUB 指令在 S3 周期要用到 R1 中的操作数，而正确结果要等待 ADD 指令在 S5 周期结束后才能保存到 R1 中。因此 SUB 指令必须等待 2 个周期才能到 R1 中取操作数。图 6-31 所示为数据相关。解决的方法是采用数据旁路技术，不等将结果回写后再取，直接将结果送其他指令需要的地方。ADD 指令在把数据写入 R1 的同时，也将结果送运算器输入端，减少 SUB 指令到 R1 中取操作数这一步操作。

图 6-31　数据相关

3）控制相关

控制相关是当流水线遇到分支指令和其他改变程序计数器 PC 值的指令时引起的。例如在流水线执行下列 6 条指令：

```
        JMP L6
        MOV AX,X1
        MOV BX,Y1
        ADD AX,BX
        MOV CX,AX
L6:     AND AX,BX
```

指令 JMP L6 在流水线上执行到 S4 周期时，直接跳转到标号为 L6 的 AND AX,BX

指令处,这个时候流水线正好处在 MOV CX,AX 指令的取指令周期。图 6-32 所示为控制相关。为了保证程序正确执行,此时应立即取 AND AX,BX 指令,同时将已经取到 CPU 内部指令寄存器队列中的 3 条指令(图 6-32 中虚线框图内部分)作废。

图 6-32 控制相关

3. 指令发射与完成策略

指令发射(instruction issue)是指启动指令进入执行的过程。指令发射策略是指发送使用的协议和规则。指令的发射和完成策略主要用于流水线的调度,对于充分利用指令级的并行度,提高 CPU 尤其是超标量 CPU 的性能十分重要。

当指令按程序的指令次序发射时,称为按次序发射(in-order issue)。为改善流水线性能,可以将有结构、控制、数据冒险的指令推后发射,而将后面的无冒险指令提前发射,即不按程序原次序发射指令,称为乱序发射或无序发射(out-of-order issue)。

类似地,指令执行完成也有按序完成和无序完成之分。一般来讲,无序发射总是导致无序完成。于是,共有三种指令发射与完成策略:按序发射按序完成,按序发射无序完成,无序发射无序完成。无论采用哪种策略对流水线进行调度,都要保证程序运行最终结果的正确性。如 Pentium CPU 采用的是按序发射按序完成策略,Pentium Ⅱ/Ⅲ CPU 采用的是按序发射无序完成策略,而以按序回收来保证最终结果的正确性。

4. 动态执行技术

动态执行(dynamic execution)技术是通过预测程序流来调整指令的执行,并且分析程序的数据流来选择指令的最佳顺序。它主要由以下三方面组成。

1) 多分支预测

多分支预测(multiple branch prediction)是利用转移预测技术,允许程序的几个分支流同时在 CPU 中进行。在取指令过程中,CPU 会在程序中寻找未来要执行的指令,加速了向 CPU 传递任务的过程,并为指令执行顺序的优化提供了可调度基础。

2) 数据流分析

数据流分析(dataflow analysis)是通过分析指令之间的数据相关性,产生优化的重排序的指令调度。CPU 读取指令并对其译码,判断该指令能否与其他指令并行执行,并分析这些指令的数据相关性和资源的可用性，以优化的执行顺序高效处理这些程序。

3）推测执行

推测执行（speculative execution）是将多个程序流向的指令序列，调度好优化顺序送往 CPU 的执行部件去执行，尽量保持多端口多功能的执行部件始终为"忙"，以充分发挥此部件的效能。由于程序流向是建立在转移预测基础上的，指令序列的执行结果也只能作为"预测结果"而保留。一旦证实转移预测正确，已经提前建立的"预测结果"立即变成"最终结果"并修改计算机的状态。显然，推测执行可保证 CPU 的流水线始终处于忙碌状态，加快了程序执行的速度，从而全面提高了 CPU 的性能。

5. 多核心技术

通过提高工作频率来改善 CPU 的性能，在主频达到 3GHz 以上后，遭遇到因漏电流问题导致产生大量废热，增加了 CPU 的功耗，散热问题也越来越难解决。随着微电子技术的发展，半导体集成工艺的提高，使用多个 CPU 来提高计算机性能的方法自然地被引入到 CPU 芯片的制造过程中，这就是多核心技术。在一个 CPU 中集成两个以上物理运行核心，且每一个核心都有自己独立的 cache，能在一个时钟周期内处理两倍以上的数据，管理多个线程。采用多核心技术可以大大提高整个系统的性能，而且整体设计难度和制造成本并不高。例如，执行下面三条指令：

```
MOV AX,data1
MOV BX,data2
ADD AX,BX
```

在单核心下执行，需要 3 个指令周期。在双核下可以将 MOV AX,data1 在一个核心下执行，而 MOV BX,data2 同时在另一个核心下并行执行，执行三条指令只要 2 个指令周期。

Intel 公司和 AMD 公司都在 2005 年推出了各自的桌面计算机双核心 CPU Smithfield 和 Denmark。Intel 公司在 2008 年年末推出了基于 Nehalem 核心架构的 Core i7 四核 CPU。AMD 公司也相继推出了基于改进的 Stars 核心架构的 Phenom X4 四核 CPU。另外，将图形处理器集成在计算机的内部，即 CPU＋GPU，也是处理器技术的一个新的发展方向。随着智能手机和平板电脑的迅速普及，高速、低功耗和高度集成的 CPU 产品获得了市场的青睐，这类 CPU 产品的典型设计公司有 ARM（Advanced RISC Machines）公司和高通（Qualcomm）公司等。

第 6 章课堂练习

第 6 章总结

习　题　6

一、选择题

1. 目前的 CPU 包括_____和 cache。
   - A. 控制器、运算器
   - B. 控制器、逻辑运算器
   - C. 控制器、算术运算器
   - D. 运算器、算术运算器

2. 若 A 机的 CPU 主频为 8MHz，则 A 机的 CPU 主振周期是_____。
   - A. $0.25\mu s$
   - B. $0.45\mu s$
   - C. $0.125\mu s$
   - D. $1.6\mu s$

3. 同步控制是_____。
   - A. 只适用于 CPU 的控制的方式
   - B. 只适用于外部设备的控制的方式
   - C. 由统一的时序信号控制的方式
   - D. 所有指令的执行时间都相同的方式

4. 异步控制常作为_____的主要控制方式。
   - A. 微型机的 CPU 控制
   - B. 微程序控制器
   - C. 组合逻辑控制的 CPU
   - D. 单总线结构计算机中访问主存与外围设备

5. 为协调计算机系统各部分工作，需要有一种器件提供统一的时钟标准，这个器件是_____。
   - A. 总线缓冲器
   - B. 时钟发生器
   - C. 总线控制器
   - D. 操作指令产生器

6. 在 CPU 中存放当前正在执行指令的寄存器是_____。
   - A. 主存地址寄存器
   - B. 程序计数器
   - C. 指令寄存器
   - D. 程序状态寄存器

7. 计算机主频周期是指_____。
   - A. 指令周期
   - B. 时钟周期
   - C. 存取周期
   - D. CPU 周期

8. CPU 内通用寄存器的位数取决于_____。
   - A. 机器字长
   - B. 存储器容量
   - C. 指令字长
   - D. 速度

9. 一条转移指令的操作过程包括取指令、指令译码和_____三部分。
   - A. 地址
   - B. 操作码
   - C. 机器周期
   - D. 计算地址

10. 任何指令周期的第一步必定是_____周期。
    - A. 取数据
    - B. 取指令
    - C. 取状态
    - D. 取程序

11. 微程序入口地址是_____根据指令的操作码产生的。
    - A. 计数器
    - B. 译码器
    - C. 计时器
    - D. 判断逻辑矩阵

12. 下列关于微处理器的描述中，正确的是_____。

　　A. 微处理器就是主机

　　B. 微处理器可以用作微机的 CPU

　　C. 微处理器就是微机系统

　　D. 微处理器就是一台微机

13. 微程序放在_____中。

　　A. RAM　　　　　　B. 控制存储器　　　　C. 指令寄存器　　　D. 内存储器

14. 微指令格式分为水平型和垂直型，水平型微指令的位数_____，用它编写的微程序_____。

　　A. 较多　　较长　　　　　　　　　　B. 较少　　较短

　　C. 较长　　较短　　　　　　　　　　D. 较短　　较少

15. 关于取指令操作，以下说法正确的是_____。

　　A. 取指令操作是指令执行的第一步，控制器的固有操作

　　B. 取指令操作由上一条指令的控制码决定

　　C. 每条指令的取指令流程都是不同的

　　D. 取指令操作由当前指令的控制码决定

16. 以下时间单位中，最小的时间单位是_____。

　　A. 存储周期　　　B. 机器周期　　　　C. 时钟周期　　　　　D. 指令周期

17. 程序计数器里存放的是_____。

　　A. 执行的指令　　　　　　　　　　B. 指令执行之后的若干个标记位

　　C. 下一条要执行指令的地址　　　　D. 程序中指令的数量

18. 控制器的功能是_____。

　　A. 产生时序信号

　　B. 从主存取出指令并完成指令操作码的译码

　　C. 从主存取出指令、分析指令并产生有关的操作控制信号

　　D. 从主存取出指令和寻找操作数

二、填空题

1. 中央处理器由运算器和_____组成。

2. 在 CPU 中跟踪指令后继地址的寄存器是_____。

3. 程序状态字寄存器的作用是_____。

4. 指令寄存器的作用是_____。

5. CPU 具备_____、_____、_____、_____ 4 个基本功能。

6. 指令周期是_____。

7. 任何一条指令的指令周期的第一步必定是_____。

8. 时钟周期的长度等于_____。

9. 指令周期一般由_____、_____和_____三部分组成。

10. 有些计算机将机器周期定为存储周期的原因是_____。

11. 同步控制是_____。

12. 异步控制常用于_____场合。

13. 指令异步控制方式的特点是_____。

14. 时序信号的定时方式,常用的有_____、_____、_____三种方式。

15. 构成控制信号序列的最小单位是_____。

16. 组合逻辑控制器的设计方法是_____流程图,再利用_____写出综合逻辑表达式,然后用_____等器件实现。

17. 组合逻辑控制器的基本思想是:某一微操作控制信号是_____译码输出、_____信号和_____信号的逻辑函数。

18. 在组合逻辑控制器中,把控制部件看作产生_____的逻辑电路。

19. 控制器的控制方式有_____、_____和_____三种形式。其中_____方式最节省时间,_____方式最浪费时间,而_____方式介于二者之间。

20. 控制器的设计思想主要有组合逻辑控制器和_____两种。

21. 微程序控制器中,机器指令与微指令的关系是_____。

22. 采用微程序控制方法,使原来的组合逻辑变成了_____。

23. 微程序是_____的有序集合。

24. 与微程序控制相比,组合逻辑控制的速度较_____。

25. 计算机的核心部件是_____,控制着计算机内_____和_____的操作。

26. 现代计算机的运算器结构一般使用总线来组织,基本分为_____、_____、_____三种结构形式。其中_____操作速度最快,而_____操作速度最慢。

27. 根据机器指令与微指令之间概念上的某种对应关系,请在下面括号中填入适当名称。

指令	微指令
命令	(____)
(____)	微程序
主存	(____)
地址	(____)
(____)	微命令寄存器

三、简答题

1. 什么是指令周期?什么是机器周期?什么是时钟周期?三者有什么关系?

2. 什么叫组合逻辑控制器?它的输入信号和输出信号有哪些?

3. 微程序控制器的设计思想是什么?

4. 组合逻辑控制器与微程序控制器的特点分别是什么?

5. 以模型机组成为背景,试分析下面指令,写出指令的操作流程。

   (1) SUB R_1, A(R_3)

   (2) ADD A(R_1), (R_2)

   (3) NEG @(R_6)+

   (4) ADD(R_2)+, R_3

　　(5) DEC A(R_6)

6. 某计算机主频为 800MHz,每个机器周期平均包含 2 个时钟周期,每条指令平均包括 2.5 个机器周期,求该计算机的平均执行指令速度为多少 MIPS。

7. 某计算机的控制器采用微程序控制方式,微程序中操作控制字段采用字段直接编码法,共有 33 个微命令,构成 5 个互斥类,分别包含 7、3、12、5 和 6 个微命令。一共需要几位控制位?

8. 指令和数据均存放在内存中,计算机如何区分它们是指令还是数据?

9. 试说明机器指令和微指令之间的关系。

四、计算题

　　某机采用微程序控制方式,水平型编码控制的微指令格式,断定方式。共有微命令 30 个,构成 4 个互斥类,各包括 6 个、8 个、15 个和 3 个微命令。

　　(1) 若采用字段直接编码和直接控制方式,微命令的操作控制字段各取几位?

　　(2) 假设微指令的字长 24 位,若操作控制字段采用字段直接编码方式,设计出微指令的具体格式。

　　(3) 在(2)的情况下,控制存储器允许的最大容量为多少?

第7章

chapter 7

总线及总线互连结构

本章详细内容参见图 7-0。

图 7-0 知识点思维图

计算机由CPU、主存模块和I/O模块等组成，计算机的所有功能都是通过CPU周而复始地执行指令实现的。在执行指令过程中，CPU、主存和I/O模块之间要不断地交换信息（包括指令、数据等），可以说计算机所有功能的实现，归根结底就是各种信息在计算机内部各部件之间进行交换的过程。要进行信息交换，必须在部件之间构筑信息通路，通常把连接各部件的通路的集合称为互连结构。部件之间的互连方式通常有两种，一种是各部件之间通过单独的连线互连，称为分散连接；另一种是将各部件连接到一组公共信息传输线上，称为总线连接。

早期的计算机大多采用分散连接方式，相互通信的部件之间都有单独的连线，如果某个部件与其他所有部件都有信息交换的话，它的内部连线就非常复杂，而且成本高。此外，某一时刻它只能和其他部件中的一个交换信息，在交换信息过程中也必须停止本身的工作，这会大大影响系统的工作效率。特别是随着计算机应用领域的不断扩大，I/O设备的种类和数量越来越多，用分散连接方式已无法满足人们随时增减设备的需要，这就提出了总线连接方式。

现代计算机普遍使用的是总线互连结构，所有的功能部件都连接到总线上。采用总线互连结构的优点是配置灵活且成本低。它的灵活性体现在新部件可以很容易地加到总线上，并且部件可以在使用相同总线的计算机系统之间互换。一组单条的总线可被多个部件共享，总线的性价比高。总线互连结构的主要缺点是所有的部件都通过总线传输数据，可能产生通信瓶颈。

本章主要讨论以下问题。

（1）什么是总线？总线的作用及分类。

（2）总线的特性。

（3）总线的数据传输方式及提高总线数据传输速率的方法。

（4）总线的设计要素。

（5）总线接口单元及作用。

（6）总线标准及发展过程。

（7）现代计算机的总线结构及主板芯片组的作用。

7.1 总线概述

7.1.1 总线的特性

总线是连接两个或多个功能部件的一组共享的信息传输线，它的主要特征就是多个部件共享传输介质。一个部件发出的信号可以被连接到总线上的其他所有部件所接收。总线由许多传输线或通路构成，每条线可传输一位二进制信息，若干条线可同时传输多位二进制信息。总线具有以下基本特性。

1. 物理特性

总线的物理特性是指总线在机械物理连接上的特性，包括连线类型、数量、接插件的几何尺寸和形状,以及引脚线的排列等。

从连线的类型来看,总线可分为电缆式、主板式和底板式。电缆式总线通常采用扁平电缆连接电路板。主板式总线通常在印制电路板或卡上蚀刻出平行的金属线,这些金属线按照某种排列以一组连接点的方式提供插槽,系统的一些主要部件从这些槽中插入到系统总线。底板式总线则通常在机箱中设置插槽板,其他功能模块一般都做成一块板卡,通过将卡插到槽内连接到系统中。

从连线的数量来看,总线一般分为串行总线和并行总线。串行总线只有一根数据线(外加一根公共地线),一次只能传输一位二进制数。并行总线有多根数据传输线,数据线的根数称线宽,按数据线的宽度分 8 位、16 位、32 位、64 位总线等。总线的宽度对总线的实现成本、可靠性和数据传输率影响很大。一般串行总线用于长距离的数据传送,并行总线用于短距离的高速度数据传送。

2. 电气特性

总线的电气特性是指总线的每一条信号线的信号传递方向、信号的有效电平范围。通常规定由 CPU 发出的信号为输出信号,送入 CPU 的信号为输入信号。地址线一般为输出信号,数据线为双向信号,控制线绝大部分都是单向的,有的为输出信号,有的为输入信号。

总线的电平表示方式有两种: 单端方式和差分方式。单端电平方式采用一条信号线和一条公共接地线来传递信号,信号线中一般用高电平表示逻辑 1,低电平表示逻辑 0。差分电平方式采用一条信号线和一个参考电压比较来互补传输信号,一般采用负逻辑,即用高电平表示逻辑 0,低电平表示逻辑 1。例如,串行总线接口标准 RS-232C,其电气特性规定低电压要低于$-3V$,表示逻辑 1;高电平要高于$+3V$,表示逻辑 0。差分方式一般用于抗干扰要求比较高的情况。

3. 功能特性

总线功能特性是指总线中每根传输线的功能。不同的总线其功能不同,地址线用来传输地址信息,数据线用来传输数据信息,控制线用来传输控制信息。

4. 时间特性

总线时间特性是指总线中任何一根传输线上的信息在什么时间内有效,以及每根线产生的信号之间的时序关系。时间特性一般可用信号时序图来说明。

7.1.2 总线的类型

计算机系统中含有多种总线,根据所连接的部件层次不同来划分,总线通常可分为成三种类型:内部总线、系统总线和通信总线。

视频:总线的分类及总线的数据传输方式

1. 内部总线

内部总线是用于芯片内部连接各元件的总线。例如在 CPU 芯片内部,各个寄存器、ALU、指令部件等都采用内部总线相连。

2. 系统总线

用于连接 CPU、存储器和各种 I/O 模块等主要系统部件的总线称为系统总线。由于这些部件通常都制作在插件板卡上，所以连接这些部件的总线一般是主板式或底板式总线。主板式总线主要连接主机系统电路板中的 CPU 和主存等部件，也被称为处理器—主存总线，有的系统把它称为局部总线或处理器总线。底板式总线通常用于连接系统中的各个功能模块，如显卡、网卡等，实现系统中的各个电路板的连接。典型的总线标准有 ISA 和 PCI-E 等。

3. 通信总线

用于主机和 I/O 设备之间或计算机系统之间通信的总线称通信总线。这类连接涉及许多方面，包括距离远近、速度快慢、工作方式等，差异很大，通信总线的种类很多。

7.1.3 系统总线的组成

系统总线通常包含数据总线、地址总线、控制总线、电源线。

1. 数据总线

数据总线是用来承载在源部件和目的部件之间信息传输的，这个信息可能是数据、命令或地址。例如，如果想从磁盘上读一些数据到存储器，数据总线用来传输从磁盘读出的数据。数据总线的根数被称为数据总线的宽度，它决定了每次能同时传输的信息的位数。数据总线的宽度是决定系统总体性能的关键因素之一。例如，如果数据总线的宽度为 16 位，而指令的操作位数为 32 位，在取这个操作数时，必须访存两次。如果数据总线的宽度为 32 位，则只要一次访存。

2. 地址总线

地址线用来提供源数据或目的数据所在的主存单元或 I/O 端口的地址。例如，若要从主存单元读一个数据，CPU 必须将该主存单元的地址送到地址线上。若要输出一个数据到外设，CPU 也必须把该外设的地址（实际上是 I/O 端口的地址）送到地址线上。地址线是单向的，它的位数决定了可寻访的地址空间的大小。n 根地址线可以访问的存储单元的个数为 2^n。例如，16 位地址线，不采用分时多次传送地址，则可访问的存储单元为 65 536（2^{16}）个。

3. 控制总线

控制总线是计算机工作时用来传输控制信号，实现对数据总线、地址总线的使用或对外部设备的访问的总线。典型的控制信号包括以下几种。

- 存储器写（Memory Write）：将数据总线上的数据写入被寻址的存储单元。
- 存储器读（Memory Read）：将被寻址的存储单元中的数据读到数据总线上。
- I/O 写（I/O Write）：将数据总线上的数据写入被寻址的 I/O 单元。

- I/O 读(I/O Read)：将被寻址的 I/O 单元中的数据读到数据总线上。
- 总线请求(Bus Request)：表示某个模块需要获得总线控制权。
- 总线允许(Bus Grant)：表示发出请求的模块已经被允许控制总线。
- 数据确认(Data ACK)：表示数据已经被接收，或已放到数据总线上。
- 中断请求(Interrupt Request)：表示某个中断源正在发出中断请求。
- 中断确认(Interrupt ACK)：表示请求的中断已经被识别。
- 时钟(Clock)：用于同步操作。
- 复位(Reset)：初始化所有模块。

通常说的三总线就是数据总线、地址总线和控制总线的总称。

4. 电源线

电源线用来提供计算机工作时所需要的各种电源，通常有±5V、±12V 和地线等。

7.1.4 总线的数据传输方式

在计算机系统中，数据的传输方式有两种：串行传输方式和并行传输方式。

1. 串行传输方式

串行传输只需要一根数据总线(另外一根地线)，数据在总线上是按位进行串行传送的，一次只能传输一位数据，线路成本低，适合远距离、低速率数据传输。

计算机系统大多对数据进行并行处理，采用串行数据传输要在发送端将并行数据先转换为串行数据，在接收端再将串行数据转换成并行数据。图 7-1 所示为串行数据的传输及数据的串—并转换示意图。

图 7-1 串行通信原理图

串行传输方式可以分为同步传输和异步传输两种方式。在异步传输方式中，每个字符要用一位起始位和若干停止位作为字符传输的开始和结束标志，发送端和接收端不需要同步脉冲，接收端根据接收的有效起始位和有效停止位来确定接收到的数据是否有效。起始位和停止位需要占用一定的传输时间，传输效率低。图 7-2(a)所示为串行异步传输方式数据格式。串行同步传输方式是将若干字符前后的附加位(起始位和停止位)去掉，组成一个数据块，在数据的开始和结尾用一个或若干个字符作为同步字符标志，接收端根据同步字符标志来确定接收到的数据的有效性，发送端与接收端有统一的同步控制时钟。图 7-2(b)所示为同步串行通信数据格式。

(a) 异步串行通信数据格式

(b) 同步串行通信数据格式

图 7-2　串行传输方式的数据格式

在数据串行传输方式中，传输的速度用波特率来表示，波特率等于每秒传输比特位数（二进制位 bit）。

【例 7-1】　利用串行方式传送字符，假设每秒传 120 个字符，其中一个字符包含 10 比特位（1 位起始位，8 位数据位，1 位停止位），传送的数据格式如图 7-2(a)所示。传输的波特率是多少？每个比特位占用的时间是多少？

解：波特率：$120 \times 10 = 1200$ 波特

每比特位占用的时间：$1/1200 = 0.833 \times 10^{-3} s = 0.833 ms$

2. 并行传输方式

并行数据传输一次同时有多位数据一起传送，每一位要有一根数据线，一次传输多少位数据就需要有多少根数据线。并行数据传输要比串行传输快得多，但需要更多的传输线，成本高，一般用作近距离传输线，如系统总线。图 7-3 所示为并行传输原理。

图 7-3　并行传输原理图

视频：总线设计要素和总线使用权的裁决方式

7.2　总线的设计要素

尽管总线的设计有许多不同的实现方式，但总线设计的基本要素和性能指标都是相似的。总线设计时主要考虑的基本要素包括以下方面。

(1) 信号线类型：采用专用信号线还是复用信号线。

(2) 仲裁方法：多个部件同时申请使用总线，决定谁优先使用总线称总线仲裁。仲裁方法有集中裁决和分布式裁决。

(3) 定时方式：采用同步通信还是异步通信方式。

(4) 事务类型：总线所支持的各种数据传输类型和其他总线操作类型。

(5) 总线带宽：单位时间内在总线上传输的有效数据。

7.2.1　信号线类型

总线的信号类型有专用和复用两种。专用信号线是指这种信号线专门用来传送某一种信息，如分立的数据线和地址线。复用信号线是指在同一信号线上，不同的时间传送不同的信息，即分时复用。例如，地址/数据分时复用总线，在一段时间内传输地址信息，另一段时间内传输数据信息。

7.2.2　仲裁方式

多个设备(或部件)共用一组总线，部件与部件之间要交换信息，什么时候交换信息，哪两个设备交换信息，均需要统一的管理，这就提出了总线控制的问题。总线控制包括总线仲裁和总线通信控制。

总线上连接多个设备，根据其对总线有无控制能力被分为主控设备(也称主设备，对总线有控制权)和从设备(对总线无控制权)。主设备控制对总线的访问，发起并控制所有的总线请求，主设备也称请求代理。从设备只能响应主设备发来的总线命令，无总线控制能力，从设备又称响应代理。例如，CPU 总是一个主设备。存储器总是一个从设备，它只响应读写请求，但不会发出请求。

最简单的系统可以只有一个总线主设备：CPU。所有的总线操作都必须由 CPU 控制，无须总线仲裁，但 CPU 必须介入每一个总线事务中，占用大量 CPU 时间，这种做法已经变得越来越没有吸引力了。

另一做法是采用多个总线主设备，每个主设备都能启动数据传送。对于多主设备总线，必须提供一种机制来决定在某个时刻哪个设备具有总线使用权。

决定哪个主设备将在下次得到总线使用权的过程称为总线裁决。总线裁决大致可以分为两种方式：集中裁决方式和分布式裁决方式。集中裁决方式是在系统中设置一个独立的硬件设备：总线控制器，由它来分配总线时间。总线控制器可以是独立的模块，也可以是 CPU 的一部分。集中裁决又可以分为菊花链查询方式、计数器定时查询方式和独立总线请求方式。分布式裁决方式没有总线控制器，每个设备都包含访问控制逻辑，这些模块共同作用分享总线，谁先使用总线由它们自己的控制逻辑完成。

1. 集中裁决方式

常用的集中裁决方式有三种：菊花链查询方式、计数器定时查询方式和独立总线请求方式。

1) 菊花链查询方式

图 7-4 所示为菊花链查询方式。在菊花链查询方式中，设备发出总线请求信号(bus request,BR)，通常是低电平有效(BR=0)，总线控制器(bus master)在接到总线请求信号后检查总线是否忙，若总线空闲(BS=0)，总线控制器发总线允许(bus grant,BG)控制信号，表明它已经允许使用共享的总线。总线允许信号首先发给优先级最高的设备 0，如果设备 0 没有申请使用总线，将总线允许信号继续传给优先级次之的设备 1，以此类推。

发出总线请求信号 BR 的设备得到总线允许信号 BG 后,置总线忙 BS(bus busy),获得总线使用权,不再将总线允许信号 BG 往后传,同时撤销总线请求信号,未被选中的设备总线请求信号 BR 必须置在高阻态。发出总线请求方必须在一个固定的时间内终止它的活动(使用完总线,让出总线使用权,撤销总线忙信号 BS),让下一个设备享受总线。

图 7-4　菊花链查询方式

菊花链查询方式的优点是结构简单,缺点是设备的优先级是事先确定好的,越靠近总线控制器优先权越高,无法通过编程调整,如果高优先级的设备频繁使用总线,低优先级的设备可能长时间得不到总线使用权。另一个缺点是对设备的故障不能进行有效隔离。例如,设备 0 出现故障,其他发出总线请求的设备就无法得到总线使用权,因为总线允许信号 BG 无法通过设备 0 向后面的设备传递。

2) 计数器定时查询方式

计数器定时查询方式是在总线控制器中设置一个循环加 1 计数器,与菊花链查询方式相比,多了一组设备线,少了一根总线允许线 BG,如图 7-5 所示。总线控制器接收到总线请求信号 BR(通常低电平有效)后,在总线未被使用(BS=0)的情况下,计数器开始加1 计数,并将计数值发到设备线上。发出总线请求的设备不停地重复读设备线上的信息,当读到的值与该设备的设备号一致时,该设备便获得总线使用权,发总线忙信号 BS,总线控制器收到总线忙信号 BS 后终止计数器计数。

图 7-5　计数器定时查询方式

由于计数器的初值可由程序设置,因此,设备的优先级可以通过设置不同的计数初值来改变,例如,计数器初值设置为1,设备 2 的优先级最高,设备 1 的优先级最低(注意,如果计数器是先送计数值到设备线,后加 1 计数,则应该是设备 1 的优先级最高,设备 0 的优先级最低),所以计数器定时查询方式既可以设置固定优先级(计数器每次都从 0 开始计数,设备 1 的优先级最高),又可以设置为等优先级(计数器从上次计数值继续计数)。而且设备各自独立,故障不会相互影响,计数器定时查询方式克服了菊花链查询方式的缺点,但是缺点是裁决平均时间长,特别是低优先级的设备(设备号大)申请使用总线,查询时间更长。

在计数器定时查询方式中,设备线的根数 y 与计数器最大计数值 $N_{\max}$ 有关(最大计数值 $N_{\max}$,表示实际计数的个数为 $N_{\max}+1$,最多可以对 $N_{\max}+1$ 设备进行裁决)。其关系为 $2^y \geqslant N_{\max}+1, y \geqslant \log_2(N_{\max}+1)$。

3) 独立总线请求方式

独立总线请求是每一个设备都有一组独立的设备请求线 BR 和设备允许线 BG。当某个设备要求使用总线时,就将该设备的设备请求信号 BR(BR=0,低电平有效)通过自己的设备请求线送给总线控制器,总线控制器根据一定的算法(即根据优先级的高低)从请求使用总线的一组设备中选择一个,然后直接向该设备发总线允许信号 BG,而其他未获得总线使用权的设备的总线允许信号 BG=0,如图 7-6 所示。独立总线请求实行按需分配总线,克服了前两种方法的缺点,但总线控制器的硬件电路比较复杂,扩展受到所选择的总线控制器总线允许线的根数限制。

图 7-6　独立请求方式

2. 分布式裁决方式

分布式裁决方式的特点是没有总线控制器,每个申请使用的设备都参与到裁决中,常用的分布式裁决方式有以下两种。

1) 自举分布式裁决方式

自举分布式裁决方式也采用多请求线,但不需要总线控制器,每个设备独立地决定自己是否是最高优先级请求者,一般优先级是固定的。每个需要请求总线控制权的设备在各自对应的总线请求线上送出请求信号,在总线裁决期间每个设备将有关请求线上的信号合成后取回分析,根据这些请求信号确定自己是否拥有总线控制权。每个设备通过取回的合成信息能够检测出其他设备是否发出了总线请求。如果没有,则可以立即使用总线,并通过总线忙信号阻止其他设备使用总线。如果一个设备在发出总线请求的同时,检测到其他优先级更高的设备也请求使用总线,该设备就不立即使用总线,优先级高的设备使用总线。图 7-7 所示为自举分布式裁决方式示意图。

假设总线上有 4 个设备,分别为设备 0～设备 3,设备 3 优先级最高,设备 0 优先级最低,BS 为总线忙信号,BRi 为设备 i 的总线请求信号,最低优先级的设备不需要总线请求线。当设备 3 要使用总线时,首先检查 BS 确认总线是否空闲。如果空闲(BS=0)就将

图 7-7　自举分布式裁决方式

BS 置为有效(BS＝1)，同时设置 BR3＝0(低电平有效)，开始使用总线。使用完总线同时撤销 BS 和 BR3。当设备 2 要使用总线时，首先检查 BS 确认总线是否空闲。如果空闲，再检查设备 3 是否也同时申请使用总线(BR3 是否为 0)。如果设备 3 没有申请使用总线(BR3 为 1)，设备 2 就将 BS 置为有效，同时设置 BR2＝0，开始使用总线，使用完总线同时撤销 BS 和 BR2。如果设备 2 与设备 3 同时申请使用总线，设备 2 的优先级比设备 3 的优先级低，这时设备 3 使用总线，设备 2 继续等待。自举分布式裁决方式中，每个设备的优先级都是事先确定好的，并且是固定的。

2) 冲突检测分布式裁决方式

在冲突检测分布式裁决方式中，每个设备独立地请求使用总线，多个设备同时申请使用总线时就发生冲突。这时冲突被检测到，按照某种策略在冲突的各方选择一个设备使用总线。例如，当某个设备要使用总线时，先检查是否有其他设备在使用总线。如果没有，那它就置总线忙，然后使用总线。如果两个设备同时检测到总线空闲，那就有可能同时立即使用总线，这就产生冲突。一个设备在使用总线进行数据传输过程中，它会侦听总线以检测是否会发生冲突。当冲突发生时，两个设备都会停止传输，各自延迟一个随机时间后再重新发出请求，直到总线空闲获得使用权为止。冲突检测分布式裁决方式一般用在等优先级并且设备比较少的情况。当系统中设备比较多的时候，发生冲突的概率就比较高，总线利用率就比较低。

视频：总线的定时方式和总线带宽

7.2.3　定时方式

众多部件共享总线，谁能获得总线使用权可以按照优先级来进行仲裁，而在传输通信的时间上只能按分时方式来解决。

总线在完成一次传送过程可以分成 4 个阶段。

(1) 申请分配阶段：主设备提出申请，总线仲裁机构决定下一传送周期的总线使用权授予某一申请者。

(2) 寻址阶段：主设备通过总线发出本次访问的从设备的地址，启动从设备。

(3) 数据交换阶段：主从设备进行数据交换，数据由源设备发出，经数据总线到达目的设备。

(4) 结束阶段：主设备的有关信息均从总线上撤除，让出总线使用权。

总线通信定时方式主要解决通信双方如何获知传输开始和传输结束，通信双方如何协调和配合。总线通信定时方式一般采用三种方式：同步通信方式、异步通信方式、半同步通信方式。

1. 同步通信

通信双方由统一的时钟控制数据传输,这种方式称为同步通信方式。这种通信方式的优点是规则明确、统一,缺点是在时间上必须完全要求同步一致,通信双方必须速度完全相同。图 7-8 所示为同步通信方式下的读操作时序图。首先,在同步脉冲的作用下,主设备发出读请求 ReadReq 信号和从设备的地址,从设备准备数据。延时一段时间后,在下一个同步脉冲下,从设备将准备好的数据送数据总线,主设备发读信号 Read,将有效数据取走,至此主设备与从设备完成一次读数据操作。

图 7-8　同步通信方式下的读操作时序关系

2. 异步通信

异步通信方式没有统一的时钟,为了协调发送和接收双方的数据通信,通信双方采用应答方式。主设备发出请求(request)信号后,一直等待从设备的响应(acknowledge)信号,然后才开始通信。异步通信根据握手信号的不同分不互锁、半互锁和全互锁三种类型。

1) 不互锁方式

主设备发出请求信号后不等从设备发响应信号,延时一段时间后,认为从设备已经收到请求信号,便撤销其请求信号。从设备接到请求信号后,在条件允许时发出响应信号,并经过一段时间,认为主设备已经收到响应信号后,自动撤销响应信号,通信双方并不互锁。由于延时的时间是事先确定的,一个快速设备同慢速设备进行通信时,就有可能因慢速设备没有准备好而造成数据丢失。

2) 半互锁方式

主设备发出请求信号,等待接到从设备的响应信号后再撤销其请求信号,存在简单的互锁关系。而从设备发出响应信号后,不等待主设备响应,延时一段时间后便撤销其响应信号,无互锁关系,故称半互锁关系。

3) 全互锁方式

主设备发出请求信号,等待接到从设备的响应信号后再撤销其请求信号,从设备发出响应信号,等待主设备获知后,再撤销其响应信号,故称全互锁方式。全互锁方式必须在通信双方都准备好才开始进行数据传输,因此,不会造成数据丢失。

图 7-9 所示为三种互锁关系示意图。

图 7-9　三种互锁关系示意图

图 7-10 所示为异步通信方式下读存储器操作时序图。一次总线操作从主设备送出一个读请求信号 ReadReq 和地址信息开始，图中的每一步操作说明如下（假设异步操作是在全互锁下进行的）。

图 7-10　异步通信方式下读存储器操作时序图

（1）存储器收到主设备送出来的读请求信号 ReadReq 后，就从地址线上读取地址信息，然后送出响应信号 Ack，表示它已接收了读请求和地址信息。

（2）主设备收到存储器送出的响应信号 Ack 后，接着撤销读请求信号 ReadReq 和地址线。

（3）存储器发现读请求信号 ReadReq 被撤销后，紧接着撤销响应信号 Ack。

至此，主从设备完成了一次握手过程，在这一过程中，完成了读命令信号和地址信号的通信（完成寻址），但总线操作并没有完成，还需要继续进行数据通信。

（4）当存储器完成数据的读出后，将数据送到数据总线上，同时发数据准备就绪信号 Ready。

（5）主设备收到存储器送出的数据准备就绪信号 Ready 后，就从数据线上开始读数据，同时发响应信号 Ack，告诉存储器数据已经被读。

（6）存储器收到信号 Ack 后，得知数据已经被成功读取，撤销数据准备就绪信号 Ready，释放数据总线。

（7）主设备发现数据准备就绪信号 Ready 撤销后，紧接着也撤销响应信号 Ack。

至此，主从设备又完成了一次握手过程，在这一过程中主设备完成了一次存储器的读操作。

同步通信方式通常比异步通信方式快，因为异步通信要进行握手，增加了开销。

【例 7-2】　假设同步总线的时钟周期为 50ns，总线上传输一个数据需要一个时钟周期,异步总线每次握手需要 40ns。两种总线的数据宽度都是 32 位,存储器准备一个数据的时间为 200ns。求从该存储器中读出一个字时两种总线的数据传输率。

解:

同步总线所需要的时间为:

(1) 发送地址和读命令到存储器需要 50ns。

(2) 存储器读数据需要 200ns。

(3) 传输数据到设备需要 50ns。

总时间为 50+200+50=300ns。数据传输率为 4B/300ns=13.3MB/s。

异步总线所需要的时间为:

从图 7-10 中可以看出,异步总线完成一次数据传输需要 7 步,每一步至少需要 40ns,但存储器读操作时间为 200ns,这个时间是在第(1)步存储器收到地址后,到第(5)开始,存储器将数据送的数据总线上的时间,也就是说第(2)、(3)、(4)步操作与存储器准备数据时间重叠。然后第(5)、(6)、(7)步所需要的时间为 40×3=120ns。总时间为 40+200+120=360ns。数据传输率为 4B/360ns=11.1MB/s(注意,这里的 M 是通信单位的 M,1M=1000k)。

3. 半同步通信

半同步通信结合了同步通信与异步通信的优点,既保留了同步通信的基本特点,如所有地址、命令、数据信号的发出时间都严格参照系统时钟的某个前沿开始,而接收方都采用系统时钟后沿时刻来进行识别。同时又像异步通信,允许不同速度的设备和谐地工作,为此增设了一条"等待"(WAIT)响应信号线,设定等待时间。

半同步通信适用于系统工作速度不高、又包含了许多工作速度差异较大的各类设备的简单系统。半同步通信控制方式比异步通信简单,在全系统内各模块又在统一的系统时钟控制下同步工作,可靠性高,同步结构较简单。其缺点是对系统时钟频率不能要求太高,故从整体上看,系统工作的速度不是很高。

7.2.4 总线事务类型

把在总线上一对设备之间的一次信息交换过程称为一个"总线事务",总线事务类型通常根据它的操作性质定义。典型的总线事务类型有存储器读、存储器写、I/O 读、I/O 写、中断响应等。一次总线事务简单来说包括两个阶段:地址阶段和数据阶段。地址阶段主要是主设备发出被寻址的从设备地址,从设备确认该地址,并向主设备发回应答。数据阶段是主从设备之间传输数据信息。

7.2.5 总线带宽

单位时间传输数据的位数称总线带宽。尽管一个总线的带宽主要由总线宽度和总线定时方式所用的协议决定,但其他几个因素也影响带宽:

• 数据总线宽度。增加数据总线的宽度可以一次传输更多的数据位。

- 信号线是专用还是复用。将地址线与数据线独立设置，地址信息和数据信息可以在一个时钟周期发送，提高操作的并行性。
- 是否允许大数据块传输（又称突发数据传输方式或猝发数据传输方式）。允许大数据块传输，传输一批数据只要在开始传输一个地址，在传输同样的数据量时，可以减少传输次数，减少传输过程的响应时间。

【例 7-3】　某总线有 104 根信号线，其中数据线（DB）32 根，若总线工作频率为 33MHz，则其理论最大传输率是多少？

解：数据线是 32 根，表示线宽为 32 位，一次可以并行传输 32 位，且每秒传输 33M 次，则理论最大传输率＝33M/s×32b＝132MB/s。

视频：总线接口及总线的性能指标

7.3　总线接口单元

总线上的信号必须与连到总线上的各个部件产生的信号协调，起协调作用的控制逻辑就是总线接口，它是挂接在总线上的部件与总线之间的连接界面。总线接口单元是处在总线部件中实现总线功能的那部分逻辑，它用于将总线信号接到某个总线部件中。所以，挂接在总线上的所有部件内部都有一部分逻辑是用于和总线进行连接的接口单元。

总线接口单元的基本功能如下。

- 定时和通信。在同步通信方式下，提供或接收时钟信号，在时钟信号的控制下驱动或采样相应的信号线。在异步方式下，按照握手协议对相应的信号线进行驱动或复位。
- 总线请求和仲裁。根据需要发出总线请求信号。有些部件的总线接口中具有集中方式下的总线控制器，此时还要进行总线裁决。对于分布式裁决，每个总线接口都要参与裁决过程。
- 控制操作。提供命令译码等控制逻辑，根据总线传送过来的命令启动总线部件，进行相应的操作。
- 提供数据缓冲。当总线与连接部件之间有速度差异时，可以在接口中设置一些数据缓冲器，利用数据缓冲器使不同速度的部件得到匹配。
- 数据格式转换。当总线与连接的部件之间数据格式不同时，可以通过接口进行数据格式转换。如串-并转换和并-串转换。
- 记录状态信息。有些接口还必须能够记录接口本身以及它所挂接的设备的状态。
- 数据传送控制。有些接口还要对数据传送过程进行控制。
- 中断请求和响应。根据需要发出中断请求信号或接收中断请求并给出响应信号。

根据总线的数据传输方式，总线接口单元分为串行接口和并行接口两类。

7.4　总线性能指标

总线的性能指标包括以下几个。

- 总线宽度：指数据总线的根数，用位（bit）为单位。

- 标准传输率：在总线上每秒能传输的字节量，用 B/s(或 MB/s)表示。
- 时钟同步/异步：总线上的数据与时钟同步的总线为同步总线，总线上的数据与时钟异步的总线为异步总线。
- 总线复用：地址总线与数据总线共用一组物理总线，而在某一时刻传输地址作地址总线用，另一时刻传输数据作数据总线用，这样的总线叫多路分时复用总线。
- 信号线数：地址、数据、控制三总线之和。
- 总线控制方式：包括并发工作、自动配置、仲裁方式、逻辑方式、计数方式等。
- 负载能力：驱动负载的能力。

【例 7-4】 ①总线宽度的含义和总线带宽含义是什么？②某总线在一个总线周期中并行传送 4 字节的数据，假设一个总线周期等于一个时钟周期，总线时钟频率 66MHz，总线带宽是多少？③如果一个总线周期中并行传送 64 位数据，总线时钟频率升为 100MHz，总线带宽是多少？

解：① 总线宽度表示总线数据线的根数，体现在一次并行传输数据的位数。总线带宽表示的是单位时间总线传输数据量，是速度的概念。总线带宽＝总线宽度×每秒传输的次数。

② 总线带宽＝4×66＝264MB/s。

③ 总线带宽＝(64÷8)×100＝800MB/s。

7.5 总线标准及发展过程

所谓总线标准，可视为系统与各部件(或模块)、部件与其他部件之间互连的标准界面。界面的任何一方只需根据总线标准完成自身一面的接口功能，而不必了解对方接口与总线的连接要求，符合总线标准的部件或设备都可以加入总线上，很好地保证了设备的兼容性和互换性。常用的总线标准有以下几种。

1. PC/XT 总线

1981 年，IBM 公司推出了以 8088 为 CPU 的新一代个人计算机，为增加扩充能力，专门为其设计了总线。该总线被称为 PC 或 PC/XT 总线，是 PC 总线的第一次创新。图 7-11 所示为 PC/XT 总线。与以前苹果等公司做法不同的是，IBM 公司向外界完全公开了包括 PC/XT 总线完整规范在内的技术文件，允许各个厂商开发基于 PC/XT 总线的产品。该总线工作频率为 4.77MHz，总线宽度为 1B，传送一次数据需要 2 个时钟周期数，总线传输率为 4.77×1÷2＝2.38MB/s。

图 7-11 PC/XT 总线

PC/XT 总线是一种开放式结构的计算机总线,该总线底板插座有 62 个引脚,支持 8 位双向数据传输和 20 位寻址空间,有 8 个电源和接地引脚、25 个控制信号引脚、1 个保留引脚。该总线的特点是把 CPU 视为总线的唯一主设备,其余外围设备均为从设备。由于 IBM 公司推出 PC 较为仓促,使 PC/XT 总线技术也有些不足,如总线布置较为混乱,对信号完整性及频率方面考虑不够,总线频宽也较低。

2. ISA 总线

ISA 总线是 PC 总线的第二次创新。80286 微处理器推出之后,IBM 公司决定开发功能比 PC/XT 更强大的 PC,称为 PC/AT。由于原 PC/XT 总线与新计算机性能指标不匹配,同时又要保证新机型必须与 PC/XT 的原有软硬件兼容,这就要求必须重新设计新机型的总线。IBM 公司在 PC/XT 总线基础上增加 36 个引脚,形成了 AT 总线。从 1982 年以后,逐步确立的 IBM 公司工业标准体系结构,简称为 ISA(Industry Standard Architecture)总线,有时也称为 PC/AT 总线,如图 7-12 所示。

图 7-12　ISA 总线

ISA 总线的工作频率为 8MHz,总线宽度为 2B,传送一次数据需要 2 个时钟周期数,总线传输率＝8×2÷2＝8MB/s。ISA 总线提供了执行系统基本的存储器、I/O 和 DMA 等功能所需要的信号及定时规范。ISA 总线插座有 98 个引脚,包括接地和电源引脚 10 个、数据线 16 个引脚、地址线 27 个引脚、各控制信号引脚 45 个。与 PC/XT 总线相比,ISA 总线不仅增加了数据线宽度和寻址空间,还加强了中断处理(新增了 7 个中断级别)和 DMA(新增了 3 个 DMA)传输能力,并且具备了一定的多主功能。在 ISA 总线使用的前几年,IBM 从不全部说明 ISA 总线的详细时序和负载规范,使适配器设计者只能推测其值,难以保证其设计能在各种计算机上正常工作,直到 1987 年 IEEE 同意其成为标准时,才向其他公司说明其时序和负载规范。

3. MCA 总线

在 80386 处理器诞生后,一些计算机制造厂商和 IBM 公司先后推出功能更强的 80386 计算机。为提高运算速度,增大可用内存,要管理 4GB 实际内存和 64TB 虚拟内存,增加多处理能力等,又重新设计了总线。在该次总线创新设计中,不同公司出于各自目的,产生了两种新型总线：MCA(Micro Channel Architecture)和 EISA(Extended Industry Standard Architecture)。

1987 年 IBM 公司为保护自身的利益,在推出 PC/2 计算机时,同时推出相对封闭的微通道结构,简称为 MCA 总线,试图由该公司加以专利控制。从技术层面上讲,MCA 是比较先进的,其数据宽度为 32 位,地址总线宽度也为 32 位,寻址空间 4GB,总线时钟为 10MHz,最大数据传输率为 40MB/s。MCA 总线配有总线仲裁机构,可支持 16 个总线主控制器,允许共享中断级,适用于多用户、多任务的环境。但是,由于 MCA 总线与 ISA 总线不兼容,不支持 ISA 外设,影响了在 PC 兼容机上的使用。

4. EISA 总线

如果将 MCA 总线称为 PC 总线的第三次创新,那么,EISA 总线就是 PC 总线的第四次创新了。为了打破 IBM 公司的垄断,1988 年 9 月,Compaq、AST、Epson、HP、Olivetti、NEC 等 9 家公司联合起来,推出了一种兼容性更优越的总线,即 EISA 总线。设计 EISA 总线的目标有两个:为提高数据传输率,用一个专门猝发式 DMA 策略使 32 位总线能达到 33MB/s 的速度;在功能、电气、物理上保持与 PC/XT、PC/AT 总线兼容。该总线除了具有与 MCA 总线完全相同的功能外,还与 ISA 总线 100% 兼容。EISA 是 32 位总线,支持多处理器结构,具有较强的 I/O 扩展能力和负载能力,支持多总线主控,总线时钟为 8.33MHz,传输率为 33MB/s,适用于网络服务器、高速图像处理、多媒体等领域。由于 EISA 总线是兼容商共同推出的,技术标准公开,因而受到众多厂家的欢迎,相继有上百种 EISA 卡问世。

5. VESA 总线

20 世纪 90 年代以来,微处理器的飞速发展开拓了计算机应用的新领域,如复杂的图像处理、在线交易处理、全运动视频处理、高保真音响、Windows NT 多任务、局域网络以及多媒体的应用等。这些新领域、新应用经常需要在 CPU 和外设之间进行大量及高速的数据传送和处理,而以前的总线 ISA、EISA 等无法实时传送上述应用的大量数据。为了打破高速 CPU 与外设之间数据传输的瓶颈,提高计算机的整体性能,1992 年视频电子标准协会(Video Electronics Standards Association,VESA)联合 60 余家公司,对计算机总线进行了第五次创新,推出了 VESA Local Bus(简称 VL 总线)局部总线标准 VESA v1.0。

VESA 总线又称为局部总线(Local Bus VL),VL 总线跟 EISA 总线不同,实际上不需要专用芯片,却极大地增强了系统性能,成为当时最流行的高速总线之一。VESA 数据总线宽度为 32 位,总线时钟与 CPU 主频有关,最大不超过 40MHz,支持突发传输方式(Burst Mode),总线最高传输率 132MB/s。地址总线宽度 32 位,最大寻址空间为 4GB。

从 VESA 局部总线结构上看,局部总线好像是在传统总线和 CPU 之间又插入了一级总线,将一些高速外设,如网络适配器、GUI(图形用户界面)图形板卡、多媒体设备、磁盘控制器等从传统总线上卸下,直接通过局部总线挂接到 CPU 总线上,使之与高速 CPU 相匹配。

VESA 总线没有很多严格的标准,只规定了信号线定义,对时间关系、负载情况等并没有精确的规定。因此,不同公司的 VL 总线板卡兼容性较差,扩展性也不好,最多只能有 3 个扩展槽,并且 VESA 所支持的总线时钟不超过 40MHz。

尽管 VESA 总线有这些缺点,但是,对于 GUI 和多媒体的应用,它所能提供的高达 132MB/s 的数据传输率,可以满足大数据量的传输要求,又加上协议简单,基本上不需要增加成本,所以得到了极快的发展。从 CPU 与总线的匹配关系来看,VESA 标准总线几乎是 486 CPU 信号的延伸，VESA 标准总线与 486 匹配达到最佳，能够充分发挥 486 计算机各部件的性能，486 CPU 系列计算机基本都采用了 VESA 总线。由于 VESA 总线是直接挂在 CPU 上，在 CPU 升级或任务变动时都会使 VESA 不再适用，例如，VESA 不能支持 Pentium 及其以后的 CPU 芯片。因此，随着 486 芯片的衰落，VESA 已被淘汰。

6. PCI 总线

有没有一种既具有 VESA 总线的高数据传输率、又与 CPU 相对独立、并且功能更强的总线？Intel 公司研制的 PCI（Peripheral Component Interconnect）总线（如图 7-13 所示）做出了肯定的回答。它的产生，可以说是 PC 总线技术的第六次创新。1992 年 6 月，Intel 公司和多家主要计算机厂商组成了 PCI 专责小组，目的是推广、统筹并强化 PCI 标准，使 PCI 总线标准最终成为开放的、非专利的局部总线标准。

图 7-13　PCI 总线

从结构上看，PCI 总线是在 ISA 总线和 CPU 总线之间增加一级总线，由 PCI 局部总线控制器（或称为"桥"，bridge）相连接。这样可将一些高速外设，如网络适配卡、磁盘控制器等从 ISA 总线上卸下来，通过 PCI 总线直接挂在 CPU 总线上，使之与高速的 CPU 总线相匹配。PCI 总线宽度为 32 位，可扩展至 64 位，工作频率为 33MHz，最大传输率为 133MB/s。

桥也叫桥连器，实际上这是一个总线转换部件。其功能是连接两条计算机总线，完成总线间的通信。它可以把一条总线的地址空间映射到另一条总线的地址空间，可以使系统中每一台总线主设备（master）能看到同样的一份地址表。从整个存储系统看，有了整体性统一的直接地址表，可以大大简化编程模型。

桥本身可以十分简单，也可以相当复杂。在 PCI 规范中，提出了三种桥的设计：①主桥，就是 CPU 至 PCI 的桥；②标准总线桥，即 PCI 至标准总线（如 ISA、EISA、微通道）之间的桥；③PCI 桥，在 PCI 与 PCI 之间的桥。其中，主桥称为北桥（North Bridge），其他的桥称为南桥（South Bridge）。图 7-14 所示为典型的 PCI 总线配置系统。

7. AGP 总线

随着 3D 游戏的迅速普及，显卡的数据吞吐量越来越大，PCI 总线的 133MB/s 带宽已经不足以应付。于是 Intel 公司在 1996 年 7 月份推出了 AGP 总线规范，专门为显卡量身打造了一种总线标准。图 7-15 所示为 AGP 总线。

AGP 的设计其实也是在 PCI 2.1 版规范基础之上扩充修改而成，工作频率为 66MHz，1X 模式下带宽为 266MB/s，是 PCI 总线的两倍。后来依次又推出了 AGP2X、AGP4X，直到 AGP8X，带宽已经达到了 2.1GB/s，是 PCI 总线带宽的 16 倍。AGP 的最大特色在于这是一条独立的北桥到显卡数据通道，不存在与其他设备共享总线资源的风险，最大限度地照顾了显卡的数据吞吐要求。图 7-16 所示为 AGP 总线逻辑框图。

(a) 典型的单处理器系统

(b) 典型的多处理器系统

图 7-14 典型的 PCI 总线配置系统

图 7-15 AGP 总线

图 7-16 AGP 总线逻辑框图

AGP 总线可以将系统主内存映射为 AGP 内存,用作图形卡上的专业显存的扩展,并通过直接内存执行方式提高系统的 3D 图形处理性能,减少图形设备对系统的占用。

AGP 总线有两种工作方式，一种是直接内存访问方式（direct memory access，DMA），另一种是直接内存执行方式（direct memory execute，DME）。二者最大的区别在于 3D 图形加速芯片是否能直接利用系统内存中纹理贴图数据进行渲染。

当 AGP 总线工作在 DMA 方式时，AGP 总线先将系统主内存中的纹理和其他数据装载到图形加速器的本地内存中，例如纹理映射、明暗度调整、Z 向缓冲等工作都由图形加速器在本地内存中执行。在此模式下，AGP 总线基本上与 PCI 的图形加速器的工作方式相同，而图形加速器只是拥有了 AGP 总线高速数据传输的优势。

当 AGP 总线处于 DME 方式时，图形数据可直接在系统主内存中执行，而不需要将原始数据全部传输到图形控制器。这样做的好处是可减少主内存和图形控制器之间的数据传输量，尤其是在贴图数据量很大时，优势更加明显。

8. EV6 总线

在比较旧的计算机教科书中，你会发现它们几乎都没有提到一个单词，那就是前端总线（front side bus，FSB）频率这个在今天十分流行的词语。这是怎么回事呢？原因就是在当时，前端总线频率与 CPU 外频都是同步的，这就造成人们很少把它们区别开来讲。但是自从 Alpha EV6 总线发布以后，前端总线频率开始和 CPU 外频分道扬镳，它们之间已经无法再画上等号。外频是 CPU 与主板之间同步运行的速度，前端总线频率的速度指的是数据传输的速度，也就是说，100MHz 外频特指数字脉冲信号每秒钟振荡一千万次；而 100MHz 前端总线频率指的是 CPU 可接受的数据传输率是 $100\text{M/s} \times 64\text{bit} \div 8\text{Byte} = 800\text{MB/s}$。为了能给 CPU 提供更大的数据传输带宽，AMD 公司研发了 Alpha EV6 总线，采用源同步时钟技术，可以利用同一方波的上升沿和下降沿分别完成一次触发，这就可以轻易地使 CPU 与芯片组之间的总线频率达到两倍于外频的速度。以 Athlon XP 2000＋为例，2000＋的外频为 133MHz，前端总线频率就达到了 $133\text{MHz} \times 2 = 266\text{MHz}$。

与此同时，Alpha EV6 总线采用信息包传输协议，允许每一 CPU 容纳 24 项预处理任务，这个数字可是 PCI 总线的 6 倍。同时，Alpha EV6 总线能支持的 CPU 物理可寻址空间达到了 8TB，而 PCI 总线仅支持 64GB 的地址空间。

9. PCI-X 局部总线

为解决 Intel 架构服务器中 PCI 总线的瓶颈问题，Compaq、IBM 和 HP 公司决定加快加宽 PCI 芯片组的时钟频率和吞吐率，使时钟频率达到 133MHz，数据带宽达到 1GB/s。这种新的总线称为 PCI-X，并于 2000 年上市。PCI-X 总线技术能通过增加计算机 CPU 与网卡、打印机、存储硬盘等各种外围设备之间的数据流量来提高服务器的性能。64 位的 PCI-X 总线工作频率将达到 133MHz；理论上，传输数据速率可超过每秒 1GB。其传输数据的能力约为 PCI 总线的 8 倍。

10. HyperTransport 总线

1999 年，AMD 公司在 Microprocessors Forum（微处理器论坛）上首次提出了

HyperTransport 总线的概念,当时被称为闪电数据传输(lightning data transport,LDT),在 2001 年 2 月正式改名为 HyperTransport。

HyperTransport 是一种为主板上的集成电路互联而设计的端到端总线技术,它可为内存控制器、硬盘控制器以及 PCI 总线控制器之间开拓出更大的带宽。HyperTransport 总线是由数据路径、控制信号和时钟信号组成的双点对点单向链路,每一条数据路径宽度可以是 2、4、8、16 和 32 位。由于 HyperTransport 总线是由两条端到端的单向数据传输路径组成(一条为输入、一条为输出),工作频率从 200MHz 到 1600MHz,可调。而且采用双时钟频率触发技术,当路径宽度设置为 32 位,同时在 800MHz 下(等效 1600MHz)工作,就可实现 12.8GB/s 的带宽。

HyperTransport 技术联盟随后又正式发布了 HyperTransport 2.0 规格,使频率成功提升到了 1.0GHz、1.2GHz 和 1.4GHz,最大带宽由原来的 12.8GB/s 提升到 22.4GB/s。

11. PCI Express(3GIO)总线

计算机技术的快速发展,已经让 PCI 总线越来越显现出不足,尤其是千兆网络以及视频应用等高速外设的发展,使 PCI 可怜的 133MB/s 带宽难以承受,当几个类似外设同时满负荷运转时,PCI 总线几近瘫痪。不仅如此,随着技术的不断进步,PCI 电压难以降低的缺陷越来越凸显,PCI 规范已经成为现在 PC 系统的发展桎梏,彻底升级换代迫在眉睫。到了 2001 年,在春季的英特尔信息技术峰会(Intel Developer Forum,IDF)上,Intel 公司正式公布了旨在取代 PCI 总线的第三代 I/O 技术。该规范由 Intel 公司支持的 AWG(Arapahoe Working Group)负责制定,并称为第三代 I/O 总线技术(3rd Generation I/O,即 3GIO),也就是后来的 PCI Express(简称 PCIE)总线规范。不过在公布之初,应用环境、配套设备还不是很完善,并不为人们所关注。到了 2002 年 4 月 17 日,AWG 正式宣布 3GIO 1.0 规范草稿制定完毕,并移交 PCI-SIG 进行审核,该规范最终被命名为 PCI Express。而到了 2003 年 Intel 春季 IDF 上,Intel 公司正式公布了 PCI Express 的产品开发计划,PCI Express 最终走向应用。

PCI Express 总线是一种完全不同于 PCI 总线的全新总线规范。与 PCI 总线共享并行架构相比,PCI Express 总线也是一种点对点串行连接的设备连接方式,如图 7-17 所示。点对点意味着每一个 PCI Express 设备都拥有自己独立的数据连接,各个设备之间并发的数据传输互不影响,而对于过去 PCI 那种共享总线方式,PCI 总线上只能有一个设备进行通信,一旦 PCI 总线上挂接的设备增多,每个设备的实际传输速率就会下降,性能得不到保证。现在,PCI Express 以点对点的方式处理通信,每个设备在要求传输数据时各自建立自己的传输通道,对于其他设备,这个通道是封闭的。这样的操作保证了通道的专有性,避免其他设备的干扰。

PCI Express 的接口根据总线位宽不同而有所差异,包括 X1、X4、X8 及 X16(X2 模式将用于内部接口而非插槽模式)等,其中 X1 的传输速度为 250MB/s,而 X16 就是等于 16 倍于 X1 的速度,即是 4GB/s。与此同时,PCI Express 总线支持双向传输模式,可以运行全双工模式,表 7-1 为 PCIE 各种传输模式下的传输速度。连接的每个部件都可以使用最大带宽,PCI Express 接口设备将有着比 PCI 设备优越得多的总线带宽资源可用。

图 7-17　PCI Express 总线点到点的连接

表 7-1　PCI Express 总线各种传输模式下的传输速度

模　　式	双向传输模式	单向数据传输模式
PCI Express x1	500MB/s	250MB/s
PCI Express x2	1GB/s	500MB/s
PCI Express x4	2GB/s	1GB/s
PCI Express x8	4GB/s	2GB/s
PCI Express x16	8GB/s	4GB/s
PCI Express x32	16GB/s	8GB/s

　　除了这些，PCI Express 设备能够支持热拔插及热交换，支持三种电压模式，分别为＋3.3V、3.3V aux 以及＋12V。考虑到现在显卡功耗的日益上升，PCI Express 总线随后在规范中改善了直接从插槽中取电的功率限制，16x 的最大提供功率达到了 70W，而并不需要外接电源，比 AGP 8X 接口有了很大的提高，基本可以满足中高端显卡的需求。

　　从图 7-17 可以看到，PCI Express 只是南桥的扩展总线，它与操作系统无关，所以也保证了它与原有 PCI 总线的兼容性，也就是说在很长一段时间内在主板上 PCI Express 总线接口将和 PCI 总线接口共存，这也给用户的升级带来了方便。PCI Express 总线最大的意义在于它的通用性，不仅可以让它用于南桥和其他设备的连接，也可以延伸到芯片组间的连接，甚至也可以用于连接图形芯片，这样，整个 I/O 系统将重新统一起来，将更进一步简化计算机系统，提高计算机的可移植性和模块化程度。PCI Express 总线已经为计算机的未来发展重新铺设好了路基。下面就要看 PCI Express 总线产品的应用情况了。

　　曾经辉煌的 ISA 总线早已从主板上消失，AGP 总线也已被 Intel 公司判了"死刑"，现在主板已不支持 AGP 总线了，PCI Express 总线已经切实走到我们身边。总线技术的不断发展,不断地为模块之间修建越来越快的"高速公路",让 CPU 等各个部件越来越充分地发挥性能,可以说总线的发展史就是计算机系统的发展史。

真正的技术强国,就是看你在核心技术领域里含有多少知识产权,含有多少有价值的国际标准。只有在该领域里掌握行业标准的核心技术,是标准制定的领头羊,你才有绝对的话语权,别人才会尊重你。要像钱学森、钱三强等老一辈科学家一样科技报国!像曹德旺、任正非等民族企业家一样,掌握行业核心技术,产业报国。

7.6　总线结构

7.6.1　总线结构的物理实现

从物理实现的角度看,系统总线就是一组导线,一般在计算机主板上是一组印制线路。在这组导线上设置了一些插槽,用于插入 CPU、内存条、I/O 卡等插件板,这些插件板通过插槽接入总线,如图 7-18 所示。随着计算机技术的发展,系统总线也从单总线发展到多总线结构。

图 7-18　总线的物理实现

7.6.2　总线结构

视频:总线结构

早期的微型计算机、小型机多采用单总线结构形式,它是将 CPU、主存及 I/O 设备(通过 I/O 接口)挂在一组总线上,支持 I/O 与主存、I/O 与 I/O 之间直接进行信息交换。其特点是结构简单,便于扩充,但是,各部件共享一组总线,极易造成计算机系统的通信瓶颈,一般通过增加总线宽度和提高总线传输速率等方法解决。随着计算机的发展、外部设备种类的增加,特别是高速视频显示器、网络接口等的应用,单总线结构已远远不能满足系统工作的需要,为此,计算机系统总线结构经历了单总线、双总线,发展为现在的多总线结构。

1. 单总线结构

图 7-19 所示为单总线结构。在该结构中,CPU、主存储器、I/O 设备都挂在总线上,任何两个部件之间传输数据都要通过总线,容易造成冲突,部件之间的并行能力差。如早期的 8086 和 80286 计算机就是典型的单总线结构。

2. 双总线结构

CPU 要到主存中频繁地取指令和操作数。为了提高取指令的速度,单独在 CPU 与主存之间增加一条总线，其他的 I/O 设备仍然挂在系统总线上，这样可以提高 CPU 与其他 I/O 设备之间的并行性。图 7-20 所示为以主存为中心的双总线结构。

图 7-19　典型的单总线结构　　　　图 7-20　以主存为中心的双总线结构

另外一种方法是将高速的主存挂在系统总线上，I/O 设备另外挂在 I/O 总线上，I/O 总线与系统总线之间通过输入/输出处理器（IOP）相连。I/O 设备之间的通信直接通过 I/O 总线，CPU、主存与 I/O 设备之间数据传输由 IOP 通过系统总线和 I/O 总线完成。IOP 是一种专门用于进行输入/输出控制的特殊处理器，它将 CPU 中大部分 I/O 控制任务接管过来，具有对各种 I/O 设备进行统一管理的功能。通过 IOP 将 CPU 和 I/O 分离开，减轻了 CPU 参与 I/O 操作的负担。图 7-21 所示为采用 IOP 方式的双总线结构。

图 7-21　采用 IOP 方式的双总线结构

3. 三总线结构

在上述以主存为中心的双总线结构中，将主存从系统总线上分离出来，将原来的系统总线分成主存总线和 I/O 总线。而在主存和高速的磁盘等设备之间引入一条专门的 DMA（直接存储器数据传输）总线，构成一种三总线结构。图 7-22 所示为含 DMA 总线的三总线结构。在这种总线结构中，主存总线用于 CPU 与主存之间的信息交换，I/O 总线用于 CPU 与各 I/O 设备之间进行信息交换，DMA 总线用于高速外设与主存之间的信息交换。但是，DMA 总线与主存总线不能同时访问主存。

图 7-22　含 DMA 总线的三总线结构

另一种三总线结构是传统的三总线结构。该总线结构中，在 CPU 与 cache 之间设置了局部总线，它将 CPU 与 cache 或多个局部设备相连接。cache 控制器不仅将 cache 连接到局部总线上，还将它直接连入主存总线。这样 cache 就可以通过主存总线与主存储器直接交换信息，减少了 CPU 对主存储器的频繁访问，而且 I/O 与主存储器之间的信息交换也不影响 CPU 的工作。采用扩展总线可使系统支持更多的 I/O 设备,将 I/O 设备与扩展总线相连,扩展总线再通过扩展总线接口与主存总线相连。图 7-23 所示为传统的三总线结构。

图 7-23　传统的三总线结构

4. 高性能总线

为了克服传统的三总线结构中所有的外部设备都挂在扩展总线上的缺点,人们设计了高性能总线,即在原有的总线基础上再增加一条高速总线,将高速外设挂在高速总线上,低速外设挂在扩展总线上,高速总线与低速总线之间通过扩展总线接口连接。高性能总线结构的优点是使高速设备与 CPU 之间联系更紧密,同时又可以独立于 CPU 工作。图 7-24 所示为高性能总线。PCI 总线就是这样的总线结构。

图 7-24　高性能总线

7.6.3　多总线分级结构举例

图 7-25 所示是 Intel 公司著名的由南北桥结构的芯片组 440BX 所组成的 Pentium Ⅱ 计算机的总线基本结构。采用典型的三级总线结构,即 CPU 总线(HostBus)、局部总线(PCI 总线)和系统总线(一般是 ISA、EISA、VESA 等)。其中,CPU 总线为 64 位数据线、32 位地址线的同步总线,66MHz 或 100MHz 总线时钟频率。PCI 总线为 32 位或 64 位数据/地址分时复用同步总线。PCI 总线作为高速的外围总线能够直接连接高速的外围设备。在这种结构中,主要通过两个桥片将三级总线连接起来。这两个桥片分别是被称为北桥的 CPU 总线-PCI 总线桥片(HostBridge)和被称为南桥的 PCI-ISA 桥片。

图 7-25 南北桥结构 Pentium Ⅱ 计算机系统的总线结构

440BX 芯片组的北桥芯片是 82443BX 芯片，它集成了 CPU 总线接口，支持单、双处理器，双处理器可以组成对称多处理器（SMP）结构。同时，82443BX 还集成了主存控制器（MCH）、PCI 总线接口、PCI 仲裁器及 AGP 接口，并支持系统管理模式（SMM 和电源管理功能）。它作为 CPU 总线与 PCI 总线的桥梁。

440BX 芯片组的南桥芯片是 82371EB 芯片。该芯片组集成了 PCI-ISA 连接器、IDE 控制器、两个增强的 DMA 控制器、两个 8259 中断控制器、8253/8254 时钟发生器和实时时钟等多个部件，另外还集成了一些新的功能部件，如 USB 控制器、电源管理逻辑及支持可选的 I/O APIC（advanced programmable interrupt controller，高级可编程中断控制器）等。通过 USB 接口，可以连接很多外部设备，例如拥有 USB 接口的扫描仪、打印机、数码相机和摄像头等。

这种结构的最大特点就是将局部总线 PCI 直接作为高速的外围总线连接到 PCI 插槽上。这一变化适应了高速外围设备与微处理器的连接要求。早期的三级总线结构中，图形显示卡也是通过 PCI 总线连接的，由于显示部分经常需要快速传送大量的数据（如纹理数据），这在一定的程度上增加了 PCI 总线通路的拥挤度，而 PCI 总线 133MB/s 的带宽也限制了纹理数据输出到显示子系统的速度。因此，在 440BX 芯片组中，使用专用 AGP 总线加速图形处理速度，以适应高速增长的 3D 图形变换和生动的视频显示等需要，同时也使 PCI 总线能更好地为其他设备服务。

南北桥结构尽管能够为外围设备提供高速的外围总线，但是南北桥芯片之间也是通过 PCI 总线连接的，南北桥芯片之间的频繁数据交换必然使得 PCI 总线信息通路呈现拥挤状态，也使南北桥芯片之间的信息交换受到一定的影响。为了克服这个问题，同时也为了进一步加强 PCI 总线的作用，Intel 公司从 810 芯片组开始，就抛弃了南北桥结构，而采用了如图 7-26 所示的中心结构。

构成这种结构的芯片组主要有三个芯片，它们分别是存储控制中心（memory

图 7-26   Intel 810 芯片中心结构

controller hub,MCH)、I/O 控制中心(I/O controller hub,ICH)和固件中心（firmware hub,FWH）。习惯上,仍然将存储控制中心称北桥芯片,I/O 控制中心称南桥芯片。

　　MCH 的用途是提供高速的 AGP 接口、动态显示管理、电源管理和内存管理功能。此外,MCH 与 CPU 总线相连,负责处理 CPU 与系统其他部件之间的数据交换。在某些类型的芯片组中,MCH 还内置图形显示子系统,既可以直接支持图形显示又可以采用 AGP 显示部件,这时称其为图形存储控制中心(GMCH)。

　　ICH 含有内置 AC′97 控制器(提供音频编码和调制解调器编码接口)、IDE 控制器(提供高速磁盘接口)、2 个或 4 个 USB 接口、局域网络接口以及与 PCI 插卡之间的连接。

　　FWH 包含了主板 BIOS 和显示 BIOS 以及一个可用于数字加密、安全认证等领域的硬件随机数发生器。此外,ICH 通过 LPC 总线(low pin count bus)和 Super I/O 控制器相连接,而 Super I/O 控制器主要为系统中的慢速设备提供与系统通信的数据交换接口,如串行接口、并行接口、键盘和鼠标等。

　　比较图 7-26 和图 7-25 不难发现,MCH 和 ICH 两个芯片之间不再用 PCI 总线相连,而是通过中心高速专用总线相连,这样,可以使 MCH 与 ICH 之间进行大量频繁的数据交换时不会增加 PCI 的拥挤度,也不会受 PCI 带宽的限制。

　　随着 Intel Pentium 4 CPU 的推出,Intel 公司也随之相应地推出了 845、865、915、925、945、975 等芯片组,但其内部结构仍然采用中心结构。图 7-27 所示为 Intel 915 芯片组内部结构,图 7-28 所示为 Intel 975 芯片组内部结构。

　　将图 7-27 和图 7-28 与图 7-26 相比较,不难发现其结构完全相似。所不同的只是以下几点。

　　(1) 915 以后的芯片组不再支持 AGP 图形显示接口,而采用速度更快的 PCIE 接口。

　　(2) 915 以后的芯片组不再支持 SDRM 内存,而采用速度更快的 DDR/DDR2 内存。

　　(3) 915 以后的芯片组提供了对串行 SATA/SATA2 接口硬盘的支持。

　　(4) 915 以后的芯片组将 AC′97 控制器改用新的 Azalia 音频标准(high audio)的控制器,可以满足 24b/192kHz 这样高质量音频的回放要求,并且可以对输入/输出端口进行自动识别调整,支持"盲插拔"。

　　影响计算机系统性能的主要因素不仅仅是 CPU,当 CPU 的速度提高到一定程度后,

图 7-27　Intel 915 芯片组内部结构

图 7-28　Intel 975 芯片组内部结构

外围其他主要功能部件的性能指标对整机性能的影响也是非常重要的，特别是系统的总线速度及总线的互连结构对整个系统的影响至关重要。这也使 CPU 厂商每推出一款新的 CPU 芯片，也必然推出与之相配套的外围芯片组（例如，Intel 公司随着双核、四核 CPU 的推出而推出的与之相配套的 P35、P45、H65 芯片组等）来保证 CPU 的性能得到充分发挥。

第 7 章课堂练习

第 7 章总结

习 题 7

一、选择题

1. 总线_____技术可以使不同的信号在同一条信号线上传输,分时使用。
   A. 复用　　　　　B. 分时　　　　　C. 分频　　　　　D. 带宽

2. 在菊花链查询方式下,越接近控制器的设备优先级_____。
   A. 越高　　　　　B. 越低　　　　　C. 越困难　　　　D. 越容易

3. 根据连线的数量,总线可分为串行总线和_____总线。
   A. 并行　　　　　B. 多　　　　　　C. 控制　　　　　D. 地址

4. 总线控制方式可分为集中式和_____式两种。
   A. 分布　　　　　B. 网络　　　　　C. 控制　　　　　D. 遥测

5. 在相同工作频率下,串行总线与并行总线相比_____。
   A. 并行总线成本高,速度快　　　　　B. 并行总线成本低,速度慢
   C. 串行总线成本高,速度快　　　　　D. 串行总线成本高,速度慢

6. 为协调计算机系统各部分工作,需有一种器件提供统一的时钟标准,这个器件
   是_____。
   A. 总线缓冲器　　　　　　　　　　　B. 时钟发生器
   C. 总线控制器　　　　　　　　　　　D. 操作指令产生器

7. 总线的电气特性包括每一条信号线的信号传递方向,信号的时序特性和_____
   特性。
   A. 电平　　　　　B. 时间　　　　　C. 电流　　　　　D. 安全

8. 串行传送方式中,一个数据的帧通常包括起始位、数据位、_____、结束位和空闲位。
   A. 检测位　　　　B. 查询　　　　　C. 校验位　　　　D. 控制位

9. 计算机中 PCI 总线的数据通道宽度是_____位的。
   A. 32　　　　　　B. 64　　　　　　C. 8　　　　　　　D. 16

10. 双向传输的总线,又可分为_____。
    A. 信号和全双工　　　　　　　　　　B. 信息和半双工
    C. 全双工和半双工　　　　　　　　　D. 信息和 PC

11. 在计数器定时查询方式下,如果每次计数都是从上一次计数的终止点开始,
    则_____。

A. 设备号小的优先级高　　　　　　B. 设备号大的优先级高

C. 每个设备使用总线的机会相等　　D. 设备号居中的优先级高

12. 在独立请求方式下,若有 N 个设备,则_____。

A. 有一个总线请求信号和一个总线响应信号

B. 有 N 个总线请求信号和 N 个总线响应信号

C. 有一个总线请求信号和 N 个总线响应信号

D. 有 N 个总线请求信号和一个总线响应信号

13. 下列选项中的英文缩写均为总线标准的是_____。

A. PCI、CRT、USB、EISA　　　　　　B. ISA、CPI、VESA、EISA

C. ISA、SCSI、RAM、MIPS　　　　　D. ISA、EISA、PCI、PCI-Express

14. 在系统总线的数据线上,不可能传输的是_____。

A. 指令　　　　　　　　　　　　　B. 操作数

C. 握手(应答)信号　　　　　　　　D. 中断类型号

15. 一次总线事务中,主设备只需给出一个首地址,从设备就能从首地址开始的若干连续
单元读出或写入多个数据。这种总线事务方式称_____。

A. 并行传输　　　B. 串行传输　　　C. 突发传输　　　D. 同步传输

二、填空题

1. 总线是一组传输_____信号线的集合。

2. 总线的主要特征是_____。

3. 总线协议一般包括_____等。

4. 总线的物理特性是指总线的物理连接方式 ,包括_____等。

5. 衡量总线性能的重要指标是_____。

6. _____称为系统总线。

7. 总线带宽是_____。

8. 总线宽度是_____。

9. 按总线所处的位置不同可以分为_____、_____、_____、_____。

10. 按总线传送信息的类型可将总线分为_____、_____、_____、_____。

11. 按数据传送格式,可将总线分为_____总线与_____总线。

12. 按时序控制方式,可分为_____总线与_____总线。

13. 串行总线有两根数据线,分别实现两个方向的数据传输,称为_____。

14. 外总线较多采用_____,以节省通信线路的成本、实现远距离传输。

15. 根据连接方式不同,常见的计算机系统总线结构可分为 _____、_____
和_____。

16. 双总线结构中有两组总线。一组总线是 CPU 与主存储器之间进行信息交换的公共
通路,称为_____。

17. DMA 总线,即直接主存访问总线,它负责_____与_____的信息传送。

18. 系统总线包括_____、_____、_____和_____。

19. 总线结构对计算机系统性能的影响有_____、_____和_____三方面。

20. 计算机系统的吞吐量是指_____。

21. 在集中式总线仲裁中,_____响应时间最快。

22. 在集中式总线仲裁中,_____对电路故障最敏感。

23. 集中式总线控制主要有_____、_____、_____。

24. 菊花链式查询方式的主要优缺点是_____。

25. 同步通信之所以比异步通信具有较高的传输频率,是因为同步通信_____。

26. 异步控制常用于_____的系统中,作为其主要控制方式。

27. _____称为同步通信。

28. _____称为异步通信,根据应答信号的约束关系可以分为三类:_____、_____、_____。

29. 在 PCI Express 总线中,每个设备在要求传输数据的时候都会各自建立自己的传输通道,这称为_____通信的通信方式。

30. 总线完成一个传输过程可以分为 4 个阶段:_____、_____、_____、_____。

三、解答题

1. 什么是总线?它有什么用途?试举例说明。

2. 总线通信采用的方式有哪几种?各有什么优缺点?

3. 什么叫信号线的分时复用?试比较采用专用信号线和分时复用信号线各自的优缺点?

4. 在异步通信中,握手信号的作用是什么?

5. 什么情况下需要总线仲裁?总线仲裁的目的是什么?有哪几种常用的仲裁方式?各有什么特点?

6. 某总线在一个总线周期中可并行传输 8 个字节数据,假设一个总线周期等于一个时钟周期,总线的时钟频率为 66MHz,请问总线的带宽是多少兆字节每秒(MB/s)?

7. 传输一张分辨率为 1024×768 像素、65536 色的照片(采用无压缩方式),设有效数据传输率为 56kb/s,大约需要多少时间?

第8章

输入输出设备

本章详细内容参见图 8-0。

图 8-0　知识点思维图

课程思政
材料

　　输入输出设备又称外部设备(简称外设),是指连接到主机上的任何设备,它是计算机系统与人或其他机器之间进行信息交换的装置。输入设备的功能是把数据、命令、字符、图形、图像、声音、电流或电压等信息,变换成计算机可以接收和识别的 0、1 数字代码,供计算机进行运算处理。输出设备的功能是把计算机处理的结果,变成人最终可以识别的数字、文字、图形、图像或声音等信息,打印或显示出来,供人们分析使用。外设一般分为如下两种。

* 人-机交互设备:用来实现操作者与计算机之间互相通信的设备,可分为输入设备和输出设备。
* 机-机通信设备:用来实现计算机与其他计算机之间或者计算机与其他系统之间通信的设备。

本章主要讨论以下问题。

(1) 外设的分类及作用。

(2) 键盘的分类、作用和工作原理。

(3) 鼠标的分类、作用和工作原理。

(4) 打印机的分类、作用和工作原理。

(5) 显示器的分类、作用和工作原理。

8.1 外设的分类与特点

8.1.1 外设的分类

外设有多种分类方法，可以按照信息的传输方向来划分，也可以按照功能来划分。

1. 按照信息传输方向划分

按照信息传输方向划分，外设可以分为输入设备、输出设备和输入输出设备。

1）输入设备

输入设备是将外部信息输入计算机内的一类设备。键盘、鼠标、扫描仪、手写输入系统等都属输入设备。这类设备又可以分为媒体输入设备（如扫描仪）和交互式输入设备（键盘，鼠标）。

2）输出设备

输出设备是接收计算机处理结果的一类设备。显示器、打印机、绘图仪、语言输出设备等都属输出设备。

3）输入输出设备

同一设备既可以作为输入设备，又可以作为输出设备，既可以输入信息又可以输出信息，即为输入输出设备，如磁盘机、可读写的光盘、触摸屏、通信设备等。

2. 按照功能划分

按照功能划分，外设可以分为人机接口设备、存储设备和机-机互联设备。

1）人机接口设备

人机接口设备是用于人机交互信息的，操作员可以直接加以控制，又称为字符型设备（或面向字符的设备），即输入输出设备与主机交换信息是以字符为单位的，如键盘、鼠标、显示器、打印机等。

2）存储设备

存储设备是用于存储大容量数据的，作为计算机的外存储器使用，又称为面向信息块的块设备，即主机与外设之间交换信息不是以字符为单位，而是以几十到几百个字节组成的信息块为单位，如磁盘、光盘等。

3）机-机互联设备

机-机互联设备主要用于机-机通信，如调制解调器、数/模和模/数转换设备等。

8.1.2 外设的特点

外部设备种类繁多，功能各异，相对主机来说，外设具有以下特点。

1. 异步性

外设相对于 CPU 来说是异步工作的，二者之间无统一的时钟。各类外设之间的工作速度差异很大,它们的操作很大程度上独立于 CPU 之外,但又要在某个时刻接受 CPU 的控制,这就势必造成输入输出相对于 CPU 时间的任意性与异步性。

2. 实时性

一个计算机系统中可能接有多个外设,有高速设备又有低速设备,各个设备与 CPU 之间交换信息是随机的,CPU 必须能及时接收来自外设的信息,否则就有可能造成信息的丢失。

3. 多样性

外设的种类多,它们的物理特性差异很大,信息的格式多种多样,这就造成了主机与外设之间连接的复杂性。为了简化控制,在计算机系统中往往采用标准接口,以便外设与计算机连接。

8.2 输 入 设 备

输入设备的作用是将各种原始信息转换为计算机能识别和处理的信息形式输入计算机,它具有完成输入程序、数据和操作命令的功能,是进行人机对话的主要工具。常用的输入设备有键盘、鼠标、触摸屏、扫描仪等。

视频：键盘
的工作原理

8.2.1 键盘

键盘是目前应用最普遍的一种输入设备,通过键盘可以向计算机直接输入信息。键盘按照它提供给主机的数据方式可以分为无编码键盘和有编码键盘。有编码键盘是依靠硬件来实现编码信息的,这种键盘又称通用键盘。无编码键盘是通过软件(扫描软件)来编码信息实现的。所有键盘都通过接口电路与主机相连。

1. 无编码键盘

无编码键盘是由一组行线和一组列线组成一个二维矩阵,按键开关是跨接在行、列

图 8-1　无编码键盘

线的交叉点(交叉点不相连),图 8-1 所示为由 8 行 8 列(8×8)构成的 64 键无编码键盘原理框图。从图中可以看出,列线是通过一个电阻直接接到 5V 电源上,如果没有键被按下,列线输出是高电平 1。判键分两步进行,先判是否有键按下,然后再判断哪个位置上的键被按下。以图 8-1 为例,首先,主机将 8 根行线全置 0,读 8 根列线,若全 1,则无键按下,只要有一根列线是 0,说明该列有键被按下。然后,主机再逐行送 0(其他行仍然为 1,常称键盘扫描),

每送一次行线对应地读一次列线,若某列线为 0,表明送 0 的行线与读 0 的列线交叉的按键被按下。如 $K_0 K_1 K_2 K_3 K_4 K_5 K_6 K_7 = 01111111$ 时读列线 $L_0 L_1 L_2 L_3 L_4 L_5 L_6 L_7 = 01111111$,说明 0♯键被按下,$L_0 L_1 L_2 L_3 L_4 L_5 L_6 L_7 = 10111111$ 说明 1♯键被按下。以此类推,逐行扫描结束(全部扫描码送完),就可以识别所有被按下的键。这种无编码键盘结构简单,但识别的仅仅是位置码(按键所在的行和列的位置),还要再通过软件将位置码转换成按键所对应的编码(如 ASCII 码)。无编码键盘按键维持时间要大于全部扫描码送完的时间,否则会漏判。另一个特点是可以识别是否有多个键同时按下,能识别组合键。

2. 电子编码式键盘

有编码键盘不仅可以判断是否有键被按下,还能直接获得被按下键的编码。下面以 ASCII 码键盘为例来说明编码式键盘的工作原理。由于 ASCII 码的每个字符码用 7 位二进制数表示,可表示 128 个键的编码,键盘矩阵由 8 行×16 列组成。用一个 7 位二进制循环加 1 计数器进行循环计数,用计数器的值来控制行线和列线,实现对键盘上的字键扫描,图 8-2 所示为电子编码式键盘。键盘上矩阵中的 128 键的 ASCII 码值与 7 位计数器值相对应,未按键时,行列都是高电平。判键方法是:将 7 位计数器的高 4 位送到 4～16 译码器的输入端中,4 位二进制数对应的 16(0～15)个状态,输出 $L_0 \sim L_{15}$ 对应这 16 个状态,任何时刻只有一根列线为低电平 0。7 位计数器的低 3 位作为 8 选 1 多路选择器的控制端输入信号,3 位二进制数的 8 个状态分别选择输入线 $K_0 \sim K_7$ 中的一个到输出端 Y,计数器低 3 位从 000 到 111 的变化,依次对键盘矩阵中的 8 条行线分别进行选通检测。7 位计数器不断循环加 1 计数,键盘上每一个键都依次被访问,若某个键被按下,例如,数字 0 键(对应的 ASCII 码值为 30H)被按下,当 7 位计数器的值 $= 0110000B$(30H)时,4～16 译码器(译码器的四个输入信号对应高 4 位位 0110)的输出 $L_6 = 0$,其他为 1,此列上加的低电平经过被按下的 0 键传到此键所在的行,使 $K_0 = 0$(其他行仍然为 1),经过 8 选 1 电路(8 选 1 的控制信号为 000,输出 $Y = K_0$)Y 输出的低电平送到与门的一个输入端(与门的另一个输入端接计数脉冲),封锁了 7 位计数器的计数脉冲,计数器

图 8-2　编码式键盘

停止计数。此时7位计数器的内容就是该键的编码，将该值送出计数器，作为键码输出，等该键释放后(Y=1)计数器恢复加1循环计数。只要有键被按下，计数器就停止计数，该编码键盘只能判断单键被按下的情况，不能判组合键。

为了不漏判，按键被按下维持时间必须大于7位计数器的循环计数时间(128个计数脉冲时间)。

计算机中的键盘是通过PS/2或USB接口与主机相连的，键盘内含有自己的控制芯片，完成判键(是否有键被按下，哪一个键被按下，是否是组合键等)和与主机通信的工作。

视频：鼠标的工作原理

8.2.2 鼠标器

鼠标器(mouse，简称鼠标)已成为计算机系统的标准输入设备。鼠标的操作主要是选择操作(完成定位)和控制操作，选择操作是根据鼠标箭头在屏幕上的位置来确定的。控制操作是通过鼠标上的按键是否按下来实现的(如通常所说的左键的单击、双击、按住拖动等)。鼠标根据工作原理可以分成机械式鼠标、光机式鼠标、光电式鼠标和光学式鼠标。计算机在开机检测时，操作系统首先对鼠标光标进行定位，光标的起始位都定在屏幕的中心。

1. 机械式鼠标

机械式鼠标的工作原理很简单，它采用一个小滚球和桌面接触，当滚球在桌面滚动时，通过摩擦，滚球推动压力滚轴转动，滚轴的另一边连着编码器(X方向和Y方向各一个)，在每个编码器上呈圆形排列很多金属触点。当滚球滚动时，使触点依次碰到金属接触条，形成"接通"和"断开"两个状态，产生计算机容易辨认的1和0信号。根据金属接触条与触点接触的次数来决定移动的距离，根据编码盘转动方向，用两个接触条碰到同一触点时的先后顺序来识别决定移动方向。通常鼠标内部有一个芯片将这些数据转换成X轴和Y轴的位移，这样就可以看到光标在屏幕上移动了，图8-3所示为机械式鼠标原理图。

机械式鼠标的定位精度受到了桌面光洁度、采样精度等多方面因素的制约，另外，还存在触点容易磨损造成接触不良，滚球容易脏，造成光标定位不准，且鼠标移动时有疙疙瘩瘩的

图8-3 机械式鼠标的原理

缺点，因此并不适合在高速移动或者大型游戏中使用，目前机械式鼠标已经淘汰。

2. 光机鼠标

光机鼠标是在纯机械式鼠标基础上进行改良的，通过引入光学技术来提高鼠标的定位精度。与纯机械式鼠标一样，光机鼠标同样拥有一个胶质的小滚球，并连接着X、Y转

轴,所不同的是光机鼠标不再有圆形带金属触点的编码盘,取而代之的是两个带有栅缝的光栅编码盘,并且增加了两组(X 方向一组,Y 方向一组)发光二极管和接收二极管。

图 8-4 所示为光机鼠标内部结构。当鼠标在桌面上移动时,滚球会带动 X、Y 转轴的两只光栅码盘转动,而 X、Y 方向的发光二极管发出的光便会照射在各自方向的光栅编码盘上,由于光栅码盘存在栅缝,当发光二极管发射出的光透过栅缝直接照射在接收二极管组成的检测头上时,便会产生信号 1。若光被遮挡,接收二极管没有接收到光信号,则将之定为信号 0。光栅编码盘转动的方向决定光标在屏幕上移动的方向。接下来,这些信号被送入专门

图 8-4　光机鼠标内部结构

的控制芯片内运算生成对应的坐标位移量,确定光标在屏幕上的位置,光机鼠标经过多年的发展,生产技术更加成熟,精度已经达到了这种结构的极限。但是它也有一个致命的缺点:由于与桌面接触的滚球的存在,在鼠标使用一段时间后,一般都会出现光标移动缓慢、光标定位不准、鼠标移动时有疙疙瘩瘩的感觉等现象,这是因为滚球和连接编码器的转轴上附有很多污垢,所以,每使用一段时间需要对滚球和转轴进行彻底清洁。

3. 光电鼠标

光电鼠标的底部没有圆球,其主要部件为两个发光二极管、感光芯片、控制芯片和一个带有网格的反射板(简称光学板,光学板上横竖均匀地分布着明暗条纹的直线),图 8-5 所示为光电鼠标。工作时光电鼠标必须在反射板上移动,X 方向发光二极管和 Y 方向发光二极管会分别发射出光线照射在反射板上,接着光线会被反射板反射回去(光学板的明暗条纹对光的反射强度与方向是不同的),经过镜头组件传递后照射在感光芯片上。感光芯片将光信号转变为对应的数字信号后将之送到定位芯片中专门处理,进而产生 X-Y 坐标偏移数据。其工作原理类似于条码扫描仪。由于光学板携带不方便,光电鼠标的造价颇高,且反射板不慎被严重损坏或遗失,整个鼠标就无法使用,目前这种光电鼠标已很少使用。

4. 光学鼠标

光学鼠标的定位原理采用了照相技术和图像处理技术(做成专业芯片),不再需要光学板。在光学鼠标内部有一个发光二极管,通过该发光二极管发出的光线,照亮光学鼠标底部表面,相当于照相机的闪光灯(这就是鼠标底部总会发光的原因)。光学鼠标底部表面反射回的一部分光线,经过一组光学透镜,传输到一个光感应器件 CMOS(微成像器,低档摄像头上采用的感光元件)或 CCD 内成像,如图 8-6 所示。这样,当光学鼠标移动时,其移动轨迹便会被记录为一组高速拍摄的连贯图像。最后利用光学鼠标内部的一块专用数字信号处理芯片(DSP 芯片)对移动轨迹上摄取的一系列图像进行分析处理,通过对这些图像上特征点位置(同一点,在连续两张图片上所处的位置)的变化进行分析,来判断鼠

标的移动方向和移动距离，从而完成光标的定位，如图 8-7 所示。特征点 A 在第一张照片中的位置坐标(X_1,Y_1)，第二张照片中的位置坐标(X_2,Y_2)，将两张照片重叠后，同一特征点在两张照片中的位置差 $X=X_2-X_1$，$Y=Y_2-Y_1$，这就相当于鼠标向左移动了 X 距离，向上移动了 Y 距离，将这个距离映射到屏幕上就是鼠标的光标在屏幕移动的像素点。

图 8-5　带光学板的光电鼠标

图 8-6　光学鼠标的 CMOS

(a) A点在第一张照片中的位置　　(b) A点在第二张照片中的位置　　(c) 将两张照片重叠位置的偏移量

图 8-7　光学鼠标定位原理

　　鼠标的一个重要指标是分辨率，就是鼠标在桌面移动 1in（英寸），光标在屏幕上移动多少像素点（counts-per-inch，cpi，或用 dot-per-inch dpi 表示）。分辨率越高，意味着鼠标在桌面上移动很小的距离，光标在屏幕上移动很多像素点，如果屏幕比较小，且屏幕分辨率比较低，就会感觉鼠标在屏幕上移动较快，不易定位。选择鼠标不仅要考虑鼠标的分辨率还要考虑显示器尺寸和显示分辨率。

　　光学鼠标的缺点是不能在镜面上使用，由于镜面一致性非常好，没有参照点，无法定位。另外一个缺点是光学鼠标有"色盲"现象，某些颜色的鼠标垫也影响光学鼠标的使用，这是因为鼠标底部发光二极管发出的光正好被该种颜色的鼠标垫完全吸收（两者波长一致）而无法反射，使鼠标无法定位。

　　目前，市场上销售的鼠标主要是光学鼠标，光机鼠标也差不多被淘汰了。特别注意的是现在大家口语中常说的机械鼠标，实际上应该称光机鼠标，而常说的光电鼠标实际应该称光学鼠标，这是个概念问题，不要混淆，因为它们的定位原理是不同的。

　　鼠标通过串行接口、PS/2 或 USB 接口与主机相连，鼠标内部控制芯片完成判键（左键的单击、双击，按住拖动，右键单击等）和定位，并将其信息传送给主机。

8.2.3 触摸屏

触摸屏既是输入设备也是输出设备，通常是在普通显示器的显示屏外加上一组感应控制电路构成的，一般用在公共场所为用户提供信息查询和其他简单操作。操作主要通过菜单提示完成，如银行的 ATM 机、地铁的自动售票系统和大型商场的导购系统等。随着智能手机和平板计算机的普及，触摸屏已经是这类设备的标配输入输出设备。

触摸屏的工作原理是通过接触或靠近触摸屏来产生定位信号并结合软件来完成操作。根据定位方式，触摸屏可以分成 5 类：电阻式、电容式、表面超声波式、扫描红外线式和压感式。

1. 电阻式

电阻式触摸屏是在显示屏上加两层高度透明的并涂有导电物质的薄膜组成的，两层薄膜是隔开的（间距约 0.0001in）。当用户触摸屏幕时被压点两层薄膜就会接触，根据接触电阻的变化就可以求出触摸点的(x,y)坐标。图 8-8 所示为电阻式触摸屏原理。电阻屏的特点是不支持多点触控。

图 8-8 电阻式触摸屏原理

2. 电容式

电容式触摸屏是在显示屏上加一个内部涂有金属层的玻璃罩，当手触摸时，手和金属建立了耦合电容，在触摸点将产生微小电流并流向屏幕的四个角，根据电流大小算出触摸点的(x,y)坐标。电容式触摸屏支持多点触控，当我们看网页或看图片时，可以利用多个手指抓屏缩小网页或图片，做扩大状触摸放大图片或网页，使用非常方便快捷。智能手机的触摸屏基本上都是采用电容式的触摸屏。由于电容式触摸屏是靠手指触摸产生感应电流来定位的，所以戴着手套或其他干燥绝缘的东西触摸屏幕就没有反应。

3. 表面超声波式

表面超声波式触摸屏定位原理是在显示屏的水平方向和垂直方向的一边装有超声波发射器（组件），其对边安装超声波接收器（组件）。当手触摸屏幕时会吸收或遮挡两个方向的超声波，超声波接收器就接收不到超声波。根据被手阻挡超声波接收器的位置就可以计算触摸点的(x,y)坐标。

4. 扫描红外线式

扫描红外线式触摸屏定位原理与表面超声波式定位原理是相同的,只是将超声波发射器和接收器换成红外线发射器和接收器。

5. 压感式

压感式触摸屏是在屏幕上装上透明的压力传感器,通过触摸点的压力变化,由压力传感器转化成电信号来确定触摸点的(x,y)坐标。

触摸屏通常放在公共场所,使用环境较差,对触摸屏技术要求要比普通的显示器高,主要是防潮、防尘和应对温度的变化,密封性要好,同时还要考虑散热问题。

8.3 输出设备

输出设备的作用是将计算机处理的结果,以用户可以识别的数字、字符、图形、图像、声音等形式记录或显示出来,供用户识别、分析、处理和保存。常用的输出设备有打印机、绘图仪、显示器等。

8.3.1 打印机

视频:打印机的分类及工作原理

打印机是将计算机的计算结果、程序等以人们能识别的数字和字符形式打印在记录纸上的设备。按印字方式的不同,打印机可以分为击打式打印机和非击打式打印机。

- 击打式打印机:是以机械力量击打字锤从而使字模隔着色带在纸上打印出字符的设备,原理同盖印章类似。击打式打印机根据印字方式又可以分成整字式打印机和点阵针式打印机。整字式打印机的字模是一个完整的字符,一次击打可以打印一个完整的字符,特别适合打印拼音文字,如英文等,但不适合打印中文。点阵式打印机是将一个字符分成 $n×m$ 点阵,通过钢针撞击色带在打印纸上留下字符的点阵图,不仅可以打印西文,还可以打印汉字。点阵式打印机又称为针式打印机。

- 非击打式打印机:是一种利用物理或化学的方法实现"打印"输出的设备。这类打印机的共同特点是打印头在打字过程中无击打动作,所以又称印字机,主要有喷墨打印机、激光打印机和热敏打印机等。

1. 点阵式针式打印机

针式打印机的印字方法是通过打印针撞击色带在打印纸上印出 $n(横)×m(纵)$个点阵组成的字符图形。一般西文字符由 $5×7$、$7×7$、$7×9$ 点阵组成,而汉字由 $16×16$ 或 $24×24$ 点阵组成。点越多,字的质量越高,如图 8-9 所示。

针式打印机由打印头、字车机构、色带机构、输纸机构及控制电路等组成。

1）打印头

打印头是打印机的关键部件,由打印针、磁铁、衔铁等组成,如图 8-10 所示。打印头一般有若干打印针(如 9 针、24 针等)并按照一定方式排成 2～3 列。每根打印针受一个电磁铁控制,当电磁铁线圈通电吸合时,驱动打印针向前快速运动撞击色带,把色带上的油墨打印在纸上,形成一像点,如图 8-9 所示。打印头装在字车上,由步进电机驱动,进行水平移动和精确定位。

图 8-9　5×7 点阵组成的字符"N"点阵图　　　图 8-10　针式打印机结构

2）字车机构

字车机构是用来驱动打印头做左右运动的机构。字车机构由字车电机、字车、主动轮、从动轮、齿皮带、两根字车不锈钢导轴和起始位置检测器组成。每打完一个字符,字车电机通电,主动轮转动,带动齿皮带拖动从动轮使字车移动到下一字符位(这个过程称输格)。打印完一行或接到回车控制符,字车电机反方向转动回到行首(这个过程称回车)。打印机开机通电时,起始位置检测器自动检测,将字车定位在行首。

3）输纸机构

输纸机构用来完成打印纸的传送和检测,由步进电机驱动。每打完一行字符,按给定的步距要求走纸。输纸机构有摩擦传动输纸和链式传动输纸两种输纸方式。摩擦传动输纸是靠压轮橡胶的摩擦力带动纸前进实现输纸。链式传动输纸是将打印纸的两边小孔套在齿轮上,靠转动齿轮转动带动纸的前进实现输纸。

4）色带机构

驱动色带不断移动的装置称色带机构。针式打印机的色带多为环型色带,在打印间隙(输格或回车换行时,打印头已回位),色带电机拖动色带进行匀速循环移动,保证打印的字符颜色均匀且色带不易出现局部的严重损坏。

5）打印机控制电路

控制电路主要由字符缓冲存储器、字符发生器、时序控制电路和接口电路 4 部分组成。打印前,先由计算机通过接口电路向打印机字符缓冲器输入将要打印的字符代码。打印时,在逻辑时序的控制下,从字符缓冲器中顺序取出字符代码,并对字符代码进行译码,得到该字符点阵信息在字符发生器(通常由 ROM 组成)的地址,然后,逐列取出字符点阵信息,打印头按照字符点阵信息的要求使打印头驱动线圈通电,把铁芯磁化,产生磁化力,推动相应的钢针,使之在打印纸上形成字符点阵。打印完,线圈断电,磁力消失,打印针在弹簧力的作用下恢复原状,等待下次打印。

针式打印机的优点是耗材便宜,并且可以一次打印几个相同的副本(如打印发票),缺点是打印噪声大,打印速度慢。

2. 喷墨打印机

喷墨打印机利用喷墨印字技术,从细小的喷嘴中喷出墨水滴,在纸上形成点阵字符或图形。与针式打印机相比,主要是将针式打印头换成喷墨打印头,也不再有色带机构。喷墨技术分为喷泡式技术和压电式技术。

喷泡式技术的工作原理是每一个喷嘴内有一个电阻发热元件,在电脉冲作用下,发热元件对墨水加热,使周围的墨水气化,生成一个气泡,并在高温的作用下迅速膨胀,挤压墨水,使墨水从细小的喷嘴中喷出,在打印纸上形成打印的像点。电脉冲结束后,气泡收缩,在喷头内形成负压,新的墨水被吸入,补充了喷头里减少的墨水。

压电式技术的工作原理是每一个喷嘴外侧有一压电晶体,当电脉冲加到压电晶体上,压电晶体对喷嘴产生压力,墨滴从喷嘴喷出,在纸上构成点阵字符或图形。喷头的另一端有续墨水用的导管与墨水罐相连,当电脉冲结束后,压电体晶体复原,墨水补充进喷头。图 8-11 所示为压电式喷墨原理。

(a) 喷墨过程1

(b) 喷墨过程2

(c) 喷墨结束

图 8-11　压电式喷墨原理

1) 喷墨打印机结构

喷墨打印机的结构包括机械部分和控制驱动部分,其机械部分主要由墨盒、喷嘴、清洗系统、字车机构、输纸机构组成。

(1) 墨盒及喷嘴。

喷嘴相当于针式打印机的针头,根据控制信号喷出墨滴在打印纸上形成字符的点阵图。墨盒储存墨水,并与喷嘴相连。有的打印机将墨盒和喷嘴一体化,这种方式结构简单,体积小,但墨盒中的墨水用完后,只能将墨盒与喷嘴一起换掉,耗材成本高。另一种是将墨盒和喷嘴分开,墨水用完只要更换墨盒即可。有的喷墨打印机墨水还可以添加。

(2) 清洗系统。

清洗系统的作用是清洗喷嘴。喷墨打印机在使用过程中,喷嘴中残留的墨水随着时间的推延,水分蒸发后会堵塞喷嘴,喷嘴必须定期清洗。一般打印机在加电后自动进行清洗,当然,也可通过软件控制清洗。喷嘴不要长时间(不要超过 30min)暴露在空气中,如果打印机长时不用,应将喷嘴取出,用原包装中的塑料薄膜封住喷嘴后放回到原装盒中。

(3)字车机构。

作用和工作原理与针式打印机相同。

(4)输纸机构。

作用和工作原理与针式打印机相同。喷墨打印机一般只有摩擦输纸,也不能使用复写式打印纸一次打印多个副本。

(5)控制驱动部分。

控制驱动部分的作用是检测打印机的工作状态以及驱动打印机的机械结构完成其规定的动作,并解释和处理来自接口的数据和打印命令等。

2)喷墨打印机的工作过程

图 8-12 所示为喷墨打印机打印过程图。不同类型的喷墨打印机利用各种技术使墨水从墨盒中经由喷嘴喷出,形成墨滴,并给墨滴充电,充电的墨滴继续前进,经过偏转电极,受偏转电极的影响,在垂直方向发生偏转,偏转的角度与墨滴所带的电荷成比例,这样就实现了字符点阵中同一列的点,根据高低位置打印到纸上。打印头横向移动,完成整个字符的打印。现在喷墨打印机的喷嘴有多个喷头,分多列排列,一次可以打印多列(多个点)。

(a)喷墨打印机打印过程   (b)打印H示意图

图 8-12 喷墨打印机打印过程示意图

喷墨打印机最大的优点是可以打印彩色图片,而且可以打印宽幅图片,价格也便宜。

3. 激光打印机

激光打印机是一种高精度、低噪声的非击打式打印机。它是利用激光扫描技术与电子照相技术共同来完成整个打印过程的。

1)激光打印机的结构

激光打印机由激光光电扫描系统、电子照相系统和控制系统组成。图 8-13 所示为激光打印机的组成。

(1)激光扫描系统包括激光器、偏转调制器、扫描器和光路系统。它的功能是对激光

器产生的激光按照字符点阵信息或图像进行高频调制，将电信号转换成光信号。利用调

图 8-13　激光打印机的组成

制后的载有信息的激光束扫描光导材料感光鼓（也称磁鼓），在感光鼓上形成静电潜像。

（2）电子照相系统包括感光鼓、高压发生器、显影装置、定影装置和清洁装置等，作用是将静电潜像变成可见的影像并固化在打印纸。

（3）控制系统包括输入缓冲器、字符发生器、图形处理器及其他控制电路。控制系统对激光打印机的整个打印过程进行控制。

2）激光打印机的打印原理及过程

图 8-14 所示为激光打印机的打印原理及打印过程。整个过程可以分以下几步完成。

图 8-14　激光打印机打印过程示意图

（1）充电：预先在暗盒中由充电电晕靠近感光鼓放电，使鼓面充以均匀的正电荷。

（2）曝光：将主机送来的待打印字符或图像经过字符发生器和图形处理器转换成点阵图，激光器产生的激光按照字符点阵信息或图像进行高频调制，调制后的载有信息的激光再经过聚焦形成很细的激光束，激光束扫描感光鼓，感光鼓在暗盒中预先被高压充电带上正电荷，激光束扫描到的地方被曝光，使正电荷逃逸。通常将不显示字符的部分被激光照射，显示字符的部分不被照射。这样就在鼓面上形成静电潜像（带电的字符点阵图或图像）。同时步进电机转动，为下一行扫描曝光做准备。

（3）显影：当载有静电潜像的感光鼓转到显影区，磁刷将在感光鼓上均匀地刷上一定厚度的磁粉层，磁粉带有与感光鼓相反极性的负电荷，因为异性相吸，未被激光束扫描的静电潜像就能吸附磁粉，达到显影，从而在鼓面上显影成可见的字符磁粉。

（4）转印：感光鼓继续旋转进入到转印区，在打印纸的背面用转印电晕放电，使纸上充上与磁粉极性相反的静电荷，将磁粉吸到打印纸上，形成浮像。

（5）分离：在转印过程中，打印纸被充电后将与磁鼓粘连，当磁鼓转到分离电晕处，用电晕不断对打印纸施放正、负电荷，消除打印纸与磁鼓之间的静电引力，使打印纸与磁鼓分离。

（6）定影：传输机构将打印纸送到定影区，经过加热将磁粉中的树脂熔化，磁粉渗透到纸纤维中形成永固的打印成品。

（7）清扫：完成转印后，感光鼓上残留的磁粉通过清扫刷进行清扫，感光鼓恢复到原来的状态，为下一打印周期做准备。

激光打印机具有打印质量高、打印速度快等优点，而且价格也比较便宜，目前，普通激光打印机的价格已接近千元。缺点是普通激光打印机只能打印黑白文字。随着新技术的发展，彩色家用激光打印机也已经开始投入商业化生产。

4. 打印机的技术指标

1）打印质量

分辨率是衡量打印质量的重要指标，单位是 dpi（dot per inch，每英寸可打印点数），dpi 越高，打印输出的效果就越精细。

2）打印速度

打印速度用每分钟打印多少页纸来衡量，单位是 ppm（page per minute，每分钟打印页数）。一般是指平均速度，对于喷墨打印机还存在彩色打印速度和黑白打印速度之分。

3）打印纸张的种类和幅度

采用普通打印纸还是专用打印纸，可打印的打印纸的最大幅度规格，如最大 A4 幅度等。

4）噪声

噪声用 dB 来表示。噪声越小越好。

5）打印机价格和打印成本

一是指打印机绝对价格，当然价格越低越好；另一个是耗材的价格，涉及长期使用成本。购买时不仅要考虑打印机的绝对价格，还必须考虑长期使用成本。

6）打印机接口与驱动程序

打印机的驱动程序涉及打印机的应用环境和范围，绝大多数打印机都支持多种操作系统。最好是操作系统认证过的免驱动的，否则可能会出现操作系统升级，或更换操作系统时，打印机驱动不兼容，打印机不能正常工作等情况。接口最好选择市面上计算机上最通用的接口，如 USB 接口，像笔记本计算机基本都没有并行打印接口。

8.3.2 显示设备

以可见光的形式传递和处理信息的设备称为显示设备。它可以把计算机的输出信息以字符、图形、图像或视频的形式在屏幕上显示出来。

1. 显示设备分类

1）按显示设备的组成器件分类

按显示设备的组成器件分类，显示器可以分为阴极射线管（cathode ray tube，CRT）显示器、液晶（liquid crystal display，LCD）显示器、等离子（plasma display panel，PDP）显示器和发光二极管（light emitting diode，LED）显示器。

2）按显示的信息内容分类

按显示的信息内容分类，显示器可以分为字符显示器、图形显示器、图像显示器。

在 CRT 显示设备中，还经常按扫描方式的不同分成光栅扫描和随机扫描两种；根据分辨率的不同可以划分成高分辨率显示器和低分辨率显示器。

2. 显示器的有关概念

1）图形和图像

图形（graphics）最初是指没有亮暗层次变化的线条图，如工程设计图、电路图等。

图像（image）最初是指有亮暗层次的图，如自然景物、照片等。经计算机处理与显示的图像称为数字图像。

图形和图像都是由称作像素的光点组成的。光点的多少用分辨率表示，光点颜色的深浅变化用灰度级（颜色）表示。分辨率和颜色决定了所显示图像的质量。

2）阴极射线管

阴极射线管（如图 8-15 所示）是一个漏斗形的电真空器件，由电子枪、偏转线圈和荧光屏构成。

图 8-15　阴极射线管

（1）电子枪。

电子枪由灯丝、栅极、加速阳极和聚焦极组成。电子枪的功能是发射具有足够强度和速度的电子束。电子束的强度由栅极控制，阳极对电子束进行加速。高速电子束打到荧光屏上产生亮点，由亮点组成图形。

（2）偏转部件。

偏转部件的作用是控制电子束的运动方向，以便使电子束能扫描到荧光屏的任何位置。显示器的扫描线依靠在 x、y 方向的偏转线圈加上一定频率的锯齿波电压，控制电子束在荧光屏上做水平方向和垂直方向的移动。

（3）荧光屏。

荧光屏是在 CRT 玻璃屏的内壁涂有荧光粉的屏幕，电子轰击后发光。

如果是彩色 CRT 显示器，电子枪有三枪，分别控制红（red）、绿（green）、蓝（blue）（简称 RGB）三基色，荧光屏内壁涂有彩色荧光粉，利用三基色的不同组合形成丰富多彩的颜色。另外还有一种单枪式，只有一个电子枪，颜色的控制要比三枪复杂。

3）分辨率和灰度级

分辨率（resolution）是指显示设备所能显示的像素点个数，像素点越密，分辨率越高，图像越清晰。通常用列（像素点）×行（像素点）来表示。如 1024×768 表示有 768 行，每行有 1024 个像素点。

对于黑白显示器，灰度级（gray level）指的是所显示像素点的亮暗差别，而对于彩色显示器则表示颜色的数量。灰度级越多，图像层次越清楚逼真。一般用若干位二进制编码表示。例如用 8 位二进制表示一个像素的灰度级,则灰度级为 $256(2^8=256,0\sim255)$ 级。如果是彩色,三基色的每种颜色都用 8 位二进制表示,可以表示的色彩为 2^{24} 种。

4)刷新和刷新存储器

(1)刷新。

CRT 器件的发光是由电子束打在荧光粉上产生的。电子束扫过之后,其发光亮度只能维持几十毫秒便消失,为了使人眼能看到稳定的图像,就必须在图像消失前使电子束不断重复扫描整个屏幕,这个过程就叫刷新(refresh)。每秒钟刷新的次数为刷新率。

(2)刷新存储器。

为了不断提供刷新图像的信号,必须把图像存储起来。存储图像的存储器就叫刷新存储器,也叫"帧存储器"或"视频存储器"(video RAM, VRAM)。刷新存储器的容量由图像分辨率和灰度级决定,分辨率越高灰度级越多,刷新存储器容量越大。例如,分辨率为 512×512,灰度级为 256 级的图像存储器容量为 $512\times512\times8bit=256KB$。刷新存储器的存取周期必须满足刷新频率的要求。容量和存取周期是刷新存储器的两个重要指标。

5)随机扫描和光栅扫描

电子束在荧光屏上按某种轨迹运动称为扫描(scan)。控制电子束扫描轨迹的电路叫扫描偏转电路。扫描方式分随机扫描(random scan)和光栅扫描(raster scan)两种。

(1)随机扫描。

随机扫描控制电子束在 CRT 屏幕上随机地运动,从而产生图形和字符。电子束只在需要作图的地方扫描,扫描的线路最短,所以速度快,图像清晰。高质量的图形显示器采用这种扫描方式。缺点是这种扫描方式的偏转系统与电视标准不兼容,驱动系统较复杂,价格较贵。

(2)光栅扫描。

光栅扫描控制电子束从上至下顺序扫描,又分为逐行扫描和隔行扫描。逐行扫描是从上到下按顺序进行扫描,从左上角扫到右下角显示一屏图像。隔行扫描是将一屏图像的像素分成奇数行和偶数行两部分,先扫描奇数行,然后再扫描偶数行。光栅扫描是电视机中采用的一种扫描方法。除了高质量的图形显示器外,大部分的字符、图形、图像显示器都采用光栅扫描。

3. 光栅扫描显示器的工作原理

视频:各种显示器的工作原理

在不同的计算机系统中,显示系统的组成方式也不同。在大型计算机中,显示器作为终端设备独立存在,即键盘输入和 CRT 显示输出是一个整体,通过标准的串行接口与主机相连。在微型计算机系统中,CRT 显示输出和键盘输入是两个独立的设备,显示系统由插在主机槽中的显示适配器(即显卡)和显示器两部分组成,而且将字符显示与图形显示结合为一体。

1)字符显示方式显示原理

显示字符的方法以字符的点阵图为基础,以此构造字符,图 8-16 所示是字符 A 的 7×9 点阵图。CRT 字符显示器常采用电视光栅扫描原理,用字符点阵图来形成显示字符。这种方法将可显示的字符的全部点阵结构存入由 ROM 构成的字符发生器中,在 CRT 进行光栅扫描过程中,从字符发生器中取出被显示的字符的点阵去控制扫描电子束的开关,就可以在屏幕上显示指定的字符。

字符A的点阵图　　字符A的奇数行点阵图　字符A的偶数行点阵图

图 8-16　字符 A 的点阵图

为了使图像充满整个画面,要求电子束扫描整个屏幕,即控制电子束从左到右,从上到下做有规则的运动,图 8-17 所示为光栅扫描显示原理。在电子枪回扫期间(图中的虚线部分),要对电子束进行抑制,不让回扫线在屏幕上显示出来。这部分功能由消隐控制电路完成。在字符显示过程中,为了使显示字符没有闪烁感,要求显示屏上的字符刷新频率大于 50 帧/s。

图 8-17　光栅扫描显示原理

2) 字符显示系统的组成

图 8-18 所示为字符显示系统的组成,包括字符显示控制器 CRTC、显示存储器和字符发生器。CRTC 为核心部件,其作用有两个,一是选择字符存储器对应的 ASCII 值,在光栅计数信号的控制下,读出点阵信息;二是形成行、列地址信号,并产生水平同步信号 HYSNC 和垂直同步信号 VSYNC。显示存储器由字符存储器和属性存储器(存储字符的亮度、颜色等属性)组成。

图 8-18　字符显示系统组成

3) 彩色图像显示的显示原理

显示彩色图像时,每个像素需要使用多个二进制位来表示,图形存储器有两种组织方式: 多个位平面方式和组合型像素格式。

（1）多个位平面方式。

显示存储器由多个位平面（如 R、G、B、I）组成，图 8-19 所示为多个位平面方式（planes_pixel format）。CRTC 除了完成前面介绍的两个基本功能外，还实现画图功能。CRTC 接受并实现 CPU 送来的画图命令，其结果写入显示存储器，不同的色彩数据写入不同的位平面。另一方面，CRTC 读出显存内容，经过并-串变换和 D/A 转换后送显示器的 RGB 三根电子枪，形式 RGB 三种不同的彩色信号，从而在屏幕上显示出彩色图形。在微机系统中，CRTC 又称为图形显示卡（简称显卡）。目前，显卡的功能越来越强，大多数显卡除了完成二维画图命令外，还具有三维图形功能。这种图像显示方式的缺点是彩色功能有限，速度比较慢。

图 8-19　多个位平面方式图形显示

（2）组合型像素格式。

组合型像素格式（packed_ pixel format）用显存中一个字的若干位（称为像素深度）来代表一个像素。例如，8 位二进制数表示一个像素点颜色，可以表示 256 色，24 位二进制数表示一个像素点颜色，可以表示 16M 种颜色（称为真彩色）。每次画图操作可以同时对 8 位进行读、写操作，也可以采用一次读出多个字节的方案，图 8-20 所示为组合型像素格式。优点是显示操作速度快，色彩能力强，缺点是对显存的速度要求较高。

图 8-20　组合型像素格式图形显示

（3）彩色表功能。

从显存中读出的像素值不直接送 CRT 亮度信号，而是去查一张彩色表（color table 或 video_lookup table），从表中读出的 R、G、B 三个分量值内容才去控制 CRT 的亮度。

彩色表的功能是①扩大了彩色范围，如从 8 位的 256 色扩大到 24 位的 16M 色；②彩色表是 RAM，可以由 CPU 直接改写，当写入彩色表的内容变化而显存内容不变时，屏幕上显示色也相应变化（显示内容不变）。利用彩色表还可以实现高速清屏和简单的动画功能。

4）CRT 显示器的主要技术指标

（1）显像管形状：显像管的外形主要由球面、平面直角、纯平等。目前，主要以纯平为主。

（2）显像管尺寸：以显示区对角线长度来标称，如 14、15、17、19、21 英寸等。

（3）点距：通俗地讲就是两个像素点之间的距离。点距越小越好。

（4）分辨率：表示屏幕上可以显示的像素点的多少，用水平显示的像素个数×水平扫描线数（列×行）表示，如 1024×768。

（5）垂直刷新率：也称场频，是指每秒电子枪从上到下的扫描次数。标准规定 85Hz 以上为无闪烁。

（6）水平刷新率：又称行频，是指每秒电子枪从左到右扫描水平线数，以 kHz 为单位。

（7）带宽：指每秒电子枪扫描过的总像素点数，等于水平分辨率×垂直分辨率×场频。

（8）电子辐射标准：有 MPR-Ⅱ 和 TCO 标准。MPRⅡ 是由瑞典技术委员会制订的电磁场辐射规范。MPRⅡ 也包括了推荐的设计标准。这些标准面向普通工作环境设计，其目的是将显示器周围的电磁辐射降低到一个合理程度。TCO 是瑞典专业雇员联盟就电子设备制订的安全及环保标准。而针对显示器的 TCO 标准发展到今天已经有了 TCO′92、TCO′95、TCO′99 等几个标准，它们一个比一个对显示设备的要求严格。而 TCO′99 标准则更是规定了显示器的制造材料要符合安全及环保标准。随着时间的推移，原有的 TCO′99 标准已经难以适应新的 LCD、PDP 显示器了。于是 TCO 联盟开始制定最新的 TCO′03 标准，对显示器的制造、生产、辐射、亮度等提出了更高的要求。在显示器行业，TCO 是公认的标准认证之一。

CRT 显示器由于体积大、功耗大，存在高压电子辐射等致命缺点，已经逐渐被淘汰。

4. 液晶显示器

液晶在物理学上是指某种物质的过渡状态，这种状态在外形上看是流动的半液体、半固体，即所谓的晶体，这种能在某个温度区域内保持固态与液态中间状态的物质就叫液晶体。

液晶在磁场、电场热能等作用下可以改变其光学特性。作为显示器，所关心的主要是电压、电流改变时的光学效应，就是在电压、电流作用下，其液晶分子的形态和排列的形式。

目前市场上广为流行的液晶显示器根据其分子的形态和排列的形式分成两种：一种是扭曲向列式（twist nematic，TN），包括超扭曲向列（super twist nematic，STN）；另一种是源阵列薄膜场效应管器件型（thin film transistor，TFT）液晶显示器，工作原理就是在电场的作用下改变液晶晶体的排列，使液晶有透光和不透光两种情况，达到在屏幕上显示图像的目的。

1）TN（STN）模式的工作原理

图 8-21 所示为 TN 模式的结构。它是在两个玻璃基片之间填上液晶，且在上、下极板间连续扭转 90°排列，即扭曲排列。不加电的情况下，液晶使入射的偏振光偏转 90°，正好与下侧的偏振片光轴正交，形成不透光状态。在电场的作用下，液晶分子按照电场方向排列，不再扭曲 90°，光的偏振方向不变，所以呈透明状态。单纯的 TN 液晶显示器本身只有明暗两种情况（黑白模式），为了显示彩色图形，在单色 TN 液晶显示器加上一个彩色

滤光片(color filter),并将单色显示矩阵的一个像素分成三个像素,分别通过彩色滤光片显示红、绿、蓝三基色,再将三基色根据不同的比例调和,就可以显示出全彩模式的色彩。

图 8-21 TN 模式液晶显示器显示原理

液晶显示器本身是非发光器件,因此不能在暗处使用。解决方法是利用背光源,光从背面均匀照射,通过调节背光源的光强,可以得到满意的使用效果。

TN 液晶的优点是功耗较小,缺点是随着屏幕的加大,屏幕对比度比较差,并且视角小(小于 30°)。目前,主要在低档手持式设备(如手机、MP3、低档数码相机等)中大量使用。

2) 薄膜场效应管液晶显示原理

TFT 型的液晶显示器主要构成包括荧光管、导光板、偏光板、滤光板、玻璃基片、液晶材料、薄膜式晶体管等。首先利用背光源,也就是荧光灯管投射出光源,这些光源先经过导光板,再经过一个偏光板然后经过液晶,通过调节液晶分子的排列方式改变穿透液晶的光线角度来达到显示的目的。

有源阵列薄膜场效应管 TFT 液晶显示器是一种真彩显示器,显示屏上每个像素后面都有 4 个(1 个单色,3 个 RGB 彩色)相互独立的薄膜晶体管驱动像素发出彩色光,显示时,实际上控制的是每一个晶体管的工作电流来控制三色光的强度达到控制明暗不同颜色图像。显示器在亮度、对比度、色度和响应速度等方面已接近 CRT。

由于在光源设计上,TFT 显示采用的是"背投式"照射方式,光的照射方向是自下而上的,是有源的,功耗比 TN 式的高。目前笔记本计算机和台式机的液晶显示器大都采用 TFT 模式。

3) 液晶显示器的特点

液晶显示器的特点如下。

(1) 显示质量高:液晶显示器每一个点在收到信号后就一直保持那种色彩和亮度,恒定发光,不像 CRT 那样要不断刷新,所以显示时屏幕无闪烁,对眼睛伤害小。

(2) 没有辐射:没有高压线圈和高频调制信号,液晶显示器电磁辐射小。

(3) 功耗小:液晶本身不发光,靠调制外界光达到显示目的(被动显示)。注意,TFT显示器是背投式的,需要光源,但总体功耗小。

(4) 体积小:不需要给电子加速的电子枪,显示器可以做得很薄,有平板显示器之称。

（5）应用范围广：由于功耗小和体积小，不仅用作计算机的显示器，还可以作为各种移动电子设备的显示终端。

随着液晶显示器技术的发展，阻碍液晶显示器应用的关键问题也得到了很好的解决。例如，液晶显示器的价格，随着技术的成熟、成品率的提高和制造规模的加大，已接近同尺寸 CRT 显示器的价格，甚至低于同尺寸 CRT 显示器的价格。"拖尾"现象和视角窄的问题也已很好地得到解决。但是，液晶显示器仍然存在亮度不足问题。另外一个问题就是显示器的显示分辨率不可随意调整，否则显示的图像可能非常模糊，这是因为液晶显示器每个像素点后面都有 4 个（1 个单色，3 个 RGB 彩色）相互独立的薄膜晶体管驱动像素发出彩色光，这个比例是在制造时就固定好的，调整显示分辨率将会造成每个像素点下的 GRB 比例失调，色彩模糊。

5. 发光二极管显示器

发光二极管（light emitting diode，LED）显示器是利用发光二极管点阵模块或像素单元组成的平面式显示屏幕。每个像素点由红、绿、蓝三色发光二极管组成，通过调整流过发光二极管的电流来调整显示的颜色。发光二极管具有发光率高、使用寿命长、组态灵活、色彩丰富以及对室内外环境适应能力强等优点。1962 年，美国科学家使用磷砷化镓材料成功研制了红色发光二极管，此后，绿色发光二极管也随之诞生。但只有完整地采用红、绿、蓝三原色，才能产生足以照明的白色光源。尽管工业界和学术界付出了巨大努力，直到 1993 年产生蓝色光源的发光二极管技术才被攻克。早期由于受到制造工艺的限制，发光二极管体积比较大，以及蓝色发光二极管很难制造，发光二极管显示器通常只用于户外广告显示屏。1993 年日本科学家赤崎勇、天野浩和美籍日裔科学家中村修二开发出具有商业应用价值的蓝光发光二极管（三位科学家因发明蓝色发光二极管，获 2014 诺贝尔物理学奖），为 LED 显示器的大规模商业化扫清了最后的障碍。LED 显示器具有亮度高、视角宽、色彩好等优点，正逐步成为主流显示器。特别是有机发光二极管（organic light-emitting diode，OLED）可以使显示设备做到超薄、柔软和可折叠。

第 8 章课堂练习

第 8 章总结

习 题 8

一、选择题

1. CRT 显示器上构成图像的最小单元称为_____。

  A. 元素   B. 亮点   C. 单位   D. 像素

2. 外围设备的定时方式分为同步定时与_____两种方式。

  A. 异步应答   B. 异步   C. 应答   D. 控制

3. _____的定位原理采用了照相技术和图像处理技术。

  A. 光电鼠标   B. 光机鼠标   C. 光学鼠标   D. 机械鼠标

4. _____属于击打式打印机。

  A. 喷墨打印机 B. 激光打印机 C. 针式打印机 D. 热敏打印机

二、填空题

1. 外设一般分为人-机交互设备和_____。

2. 外部设备具备以下特点：_____、_____、_____。

3. 有编码键盘与无编码键盘的区别是_____。

4. 触摸屏系统分成_____和_____。

5. 触摸屏根据其采用的技术,分为_____、_____、_____、_____和_____五类。

6. 按所显示的信息内容分类,显示设备可分为_____、_____和_____三大类。

7. CRT 是一个_____,由_____、_____和_____构成。

8. 点距指的是_____,越_____越好。

9. CRT 显示器中刷新存储器的作用是_____,其容量由_____决定。

10. _____叫图形。_____叫图像。

11. _____叫分辨率。_____叫灰度级,在彩色显示器中则表现为颜色的不同。

12. _____叫 CRT 中的刷新。

13. _____叫随机扫描。_____叫光栅扫描。

14. 光栅扫描显示器的特点是_____。

15. _____叫击打式打印机。_____叫非击打式打印机。

16. 针式打印机由_____、_____、_____和_____四部分组成。

17. 激光印字过程分_____、_____、_____、_____、_____和_____ 6 个步骤。

18. 产生墨滴的机构,可采用不同的技术,流行的有_____和_____。

19. 液晶显示器的工作原理是_____。

三、简述题

1. 简述打印机的发展趋势。

2. 简述普通显示器和显示终端的区别。

3. 某显示器的分辨率为 1024×768,24 位真彩,试计算:为达到这一显示,需要多少字节的显示缓冲区?

第9章

chapter 9

输入输出系统

本章详细内容参见图 9-0。

图 9-0　知识点思维图

课程思政
材料

　　输入输出系统(或称输入输出组织)是用来控制外设与内存或 CPU 之间进行数据交换的机构。它是计算机系统中重要的软、硬件结合的子系统。通常把 I/O 设备及其接口电路、控制部件、通道或 I/O 处理器以及 I/O 软件统称为输入输出系统,其要解决的问题是对各种形式的信息进行输入和输出控制。实现输入输出功能的关键是要解决以下一系列问题。

- 如何在 CPU、主存和外设之间建立一个高效的信息传输通道。
- 怎样将用户的 I/O 请求转换成对设备的控制命令。
- 如何对外设进行编址。
- 怎样使 CPU 方便地找到要访问的外设。
- I/O 硬件和 I/O 软件如何协调完成主机和外设之间的数据传输。

本章主要讨论以下问题。

(1) I/O 接口的功能、作用及分类。

(2) I/O 接口的编址方法。

(3) 常用的 I/O 数据传输控制方式(程序直接传输方式、中断方式、DMA 方式、通道方式和外围处理机方式)。

(4) 常用标准接口。

9.1　I/O 接口

由于外部设备种类繁多，为了方便计算机对各种外设进行控制，通常外设都是通过标准的接口与计算机相连。接口可以看作是两个系统或两个部件之间的交界部分，它既可以是两种硬件设备之间的连接电路，也可以是两个软件之间的共同逻辑边界。把主机（系统总线）与外围设备或其他外部系统之间的接口逻辑，称为输入输出接口（简称 I/O 接口），接口在它所连接的两个部件之间起着转换器的作用。

9.1.1　I/O 接口的功能

I/O 接口一般位于系统总线与外部设备之间，系统总线一般是标准而通用的，它符合某种总线标准（如 EISA 总线、PCI 总线等），并不局限于特定的设备。外部设备通过 I/O 接口连接到系统，接口必须将各种不同类型外设的信号转换成与总线信号相匹配的信号。I/O 接口通常具有以下功能。

1. 寻址

接口逻辑接收总线送来的寻址信息，经过译码，选择多台外部设备中的一台，或该设备中某个有关的寄存器。

2. 实现数据缓冲

在接口电路中，一般设置一组数据缓冲寄存器，以补偿各设备之间的速度差。

3. 实现数据格式转换、电平变换等预处理

接口与总线之间一般采用并行数据传输，接口与外设之间有并行传输，也有串行传输，数据传输前必须先进行数据格式的转换。

另外，设备使用的信号电平与总线使用的信号电平有可能不同，必须进行电平转换。

4. 实现控制逻辑

CPU 与 I/O 设备的通信控制是主机通过总线向接口传输命令信息的，接口对这些命令要予以解释，并产生相应的操作命令发送给设备。接口连接的设备及接口本身的信息，也通过接口连接的总线传输给 CPU。当采用中断方式控制信息传输时，接口中应有相应的中断控制逻辑。当采用 DMA 方式控制信息传输时，接口中应有相应的 DMA 控制逻辑。

5. 检错

I/O 接口应有检错功能，并能将错误信息报告给 CPU。一类错误是设备中的电路故障，另一类错误是数据传输时数据位出错。传输中的错误经常用一些检验码进行检测，如奇偶校验、CRC 校验,以保证数据无错传输。

6. 与主机和设备通信

上述功能都必须通过 I/O 接口与主机或与设备之间的通信来完成。

9.1.2　I/O 接口的基本组成

不同的 I/O 接口在复杂性和控制外设的数量上差异很大,内部电路也不相同,但是,一般情况 I/O 接口应包含以下公共部分,如图 9-1 所示。

图 9-1　I/O 接口的通用组成

1. 各种寄存器集合

(1) 控制寄存器 CR 和状态寄存器 SR:用来保存接口的工作方式控制字或者保存接口和外设的工作状态。

(2) 数据寄存器 DR:用来保存与系统交换的数据。

(3) 地址寄存器 AR:保存外设的地址或接口内部寄存器地址。

(4) 输入数据缓冲寄存器 IDBR:保存外设输入的数据。

(5) 输出数据缓冲寄存器 ODBR:保存送往外设的数据。

2. 各种控制电路

接口中的控制电路与接口类型有关,包括设备选择、设备地址译码电路,如果是同步数据传输还包括同步时钟,采用异步数据传输还要提供握手信号,采用中断数据传输应包括中断控制电路,采用 DMA 传输应包括 DMA 控制逻辑。

3. 数据格式转化与电平转换电路

如果是串行接口要实现数据并-串或串-并的转换,如果外设是模拟设备(如话筒声音信号和输出到喇叭的音频信号),接口中应包括 A/D 转换和 D/A 转换电路。

4. 主机与接口、接口与 I/O 设备两个方向的信号连接线

在系统侧,CPU 通过系统总线(数据线、地址线、控制线)与接口相连。接口内逻辑通过一组控制线与 CPU 相连,CPU 使用这些控制线发送命令给 I/O 接口,并将数据送到数据总线上,或到数据总线上读取数据。CPU 通过地址总线来确定所寻址的设备或设备中的某个寄存器。接口也通过控制线将接口或设备的状态返回给 CPU,CPU 根据状态信号来确定下一步的操作。

在设备侧,I/O 接口通过一组信号线(数据线、控制线、状态线)与设备连接,设备通过连线将数据或状态传输给接口中的输入数据缓冲寄存器或状态寄存器,然后由接口经总线传输给主机或其他设备。主机传输给设备的数据或命令经接口的输出数据缓冲寄存器或控制寄存器传送给设备。

在设备与计算机系统之间,I/O 接口起着中间桥梁的作用。

9.1.3 I/O 接口的分类

I/O 接口可以根据不同的分类方式进行分类,通常有以下 4 种方式。

1. 按照数据传输格式分类

按照数据传输格式,I/O 接口可以分串行接口和并行接口。

1) 串行接口

串行接口与输入输出设备之间采用串行方式传输数据,而接口与系统总线之间采用并行传输数据,因此接口要负责完成数据格式的串行与并行之间的变换,图 9-2 所示为串行接口。串行接口用于串行工作设备或计算机网络的远程终端设备与计算机的连接。特点是速度慢,传输距离远。RS-232、USB 都是串行接口。

图 9-2 串行接口

2) 并行接口

并行接口与系统总线以及接口与外设之间都是以并行方式传输信息的。有几根数据线就能同时传输几位二进制数,由于传输线多,传输速率快,线路成本高,通常用于高速近距离数据传输,图 9-3 所示为并行接口。

2. 按照总线数据传输的时序控制方式分类

按照总线数据传输的时序控制方式分类,接口可分为同步控制方式和异步控制方式接口。

同步接口与同步总线相连,接口与系统总线之间的信息传输由统一的时序信号控制。

图 9-3 并行接口

异步接口与异步总线相连,接口与系统总线之间的信息传输采用异步应答的控制方式。

3. 按照数据传输的控制方式分类

按照数据传输的控制方式分类,接口可以分为中断接口和 DMA 接口。

主机与外设之间的数据传输采用程序中断方式控制,这样的接口称为中断接口,也称为程序中断接口。接口中有相应的中断系统所需要的中断控制逻辑。

主机与高速外设之间的数据传输采用 DMA 方式控制传输,这样的接口称为 DMA 接口。接口中需要有相应的 DMA 控制逻辑。

4. 按照接口使用的通用性分类

按照接口使用的通用性分类,接口可以分为通用接口和专用接口。

通用接口是按照某种规范标准设计的可以供多种外设使用的接口,只要符合接口标准的设备都可以连接到系统中,如 RS-232 接口、USB 接口、IEEE 1394 接口等。

专用接口是专为某些专用外设设计的接口,如计算机与其控制的医疗设备之间的连接接口等。

视频：外设
的编址方式

9.2　I/O 设备的寻址

I/O 设备的寻址是解决外设与主机通信的一个必要环节。I/O 接口的引入仅给出了外设与主机进行信息交换的通路,此外,还必须让 CPU 能在众多的受控设备中方便地找到要进行信息交换的设备,这就是 I/O 接口的编址和寻址要解决的问题。

在计算机系统中,对于每个与主机相连接的 I/O 设备都赋予唯一的设备码,这个设备码就是设备的地址。主机通过地址总线送出要访问设备的地址码来确定要访问的 I/O 设备。通常设备地址的编址方式有统一编址和独立编址两种编址方法。

1. 统一编址

统一编址的基本思想就是将 I/O 设备地址和存储器单元地址统一编址,将 I/O 设备地址看成存储器地址的一部分。对 I/O 设备的访问与对存储器的访问一样(I/O 输入操作相当于存储器读操作,I/O 输出操作相当于存储器写操作),这样,系统无须设置专门的输入输出指令,只要用一般的访存指令就可以对 I/O 端口进行输入输出操作。因为这种方式是将 I/O 端口地址映射到主存空间的某个地址上,所以,又称为"存储器映射 I/O 方式"。Motorola 公司生产的处理器都采用这种方式。图 9-4 所示为主存与 I/O 设备统一编址。系统地址总线 16 根,在总共的 64K 地址空间中,低

图 9-4　主存与 I/O 统一编址

32K(0000H～7FFFH,最高位地址总线 A15＝0)为主存空间,高 32K(8000H～FFFFH,最高位地址总线 A15＝1)为 I/O 地址空间。地址总线的高位 A15(图中粗线部分)用作地址译码器,A15＝0 时,$\overline{CS}$＝0,选择的是低 32K 地址空间,这时 CPU 的读($\overline{RD}$)操作和写($\overline{WR}$)操作是对主存进行的,即 $\overline{MEMR}$(存储器读操作有效信号)或 $\overline{MEMW}$(存储器写操作有效信号)有效。当 A15＝1 时,$\overline{CS}$＝1,选择的是高 32K 地址空间,这时 CPU 的读($\overline{RD}$)操作和写($\overline{WR}$)操作是对 I/O 端口进行的,即 $\overline{IOR}$(外设读操作有效信号)或 $\overline{IOW}$(外设写操作有效信号)有效。

2. 独立编址

将 I/O 地址与存储器地址分开,对 I/O 设备和存储器的访问采用不同的指令,访问 I/O 设备时,采用专门的输入输出指令。

例如,8086 CPU 就是采用的独立编址,其输入和输出指令格式为:

> 输入指令: IN 寄存器号,输入端口地址;　　//将端口内容读到指定的寄存器
> 输出指令: OUT 输出端口地址,寄存器号;　//将指定寄存器的内容送端口

端口号小于 256 可以直接使用端口号,端口号大于或等于 256 时,端口地址必须放在 DX 寄存器中(相当于寄存器间接寻址)。

采用独立编址,CPU 所连接外部设备的数量受到编址范围的限制,如 Intel 公司的奔腾处理器其外设的地址空间为 2^{16},当然,这么大的空间也足以满足系统的需要了。图 9-5 所示为主存与 I/O 设备独立编址,粗线部分是 16 根地址总线 A0～A15。从图 9-5 中可以看出,I/O 地址 0000H～FFFFH 与主存单元地址的地址

图 9-5　主存与 I/O 独立编址

号是重叠的,同一地址到底是对主存访问还是对外部设备访问由控制信号 $\overline{MEMR}$、$\overline{MEMW}$ 与 $\overline{IOR}$、$\overline{IOW}$ 来决定,执行访存指令产生 $\overline{MEMR}$ 或 $\overline{MEMW}$ 控制信号,执行输入输出指令产生 $\overline{IOR}$ 或 $\overline{IOW}$,任意一时刻只能执行一条指令,同一时刻这 4 个信号只有一个有效,CPU 根据执行的不同指令来产生其中之一的控制信号。

按照数据传输的方式,输入输出设备可分为字设备(如键盘)和块设备(如硬盘)两种。通常块设备的数据直接与主存进行交换,CPU 中的寄存器通常只与字设备进行数据交换。I/O 指令分两类:

- 寄存器 I/O 指令:在寄存器和 I/O 端口之间传输一个单数据项。
- 成组 I/O 指令:在存储器和 I/O 端口之间传输一串数据项。

采用统一编址时,访问 I/O 设备直接使用访存指令,不需要另外增加指令,可以简化 CPU 的设计,但 I/O 设备占内存空间,地址空间的选择要通过外部电路的地址译码器来完成,外部电路设计要复杂些。另外,同一条指令到底是访问内存还是访问 I/O 设备很难一眼看出,程序的可读性差。采用独立编址,除在 CPU 中增加访问 I/O 设备指令,在 CPU 的引脚上还要增加 $\overline{IOR}$、$\overline{IOW}$ 引脚,CPU 的设计要复杂一些,但是,程序的可读性比

较好,访问内存还是访问 I/O 设备,在指令上一目了然。有些系统设计者愿意使用独立编址,有些喜欢统一编址(如在单片机系统中,采用统一编址可以简化控制器的设计,降低系统成本)。表 9-1 给出了 Intel 80x86 系列处理器的部分外设端口地址分配。

表 9-1 Intel 80x86 系列 CPU 的部分外设端口地址分配

输入输出设备	I/O 地址	占用地址数
DMA 控制器 1	000～01FH	32
中断控制器 1	020～03FH	32
定时器/计数器	040～05FH	32
键盘控制器	060～06FH	16
实时时钟,NMI 屏蔽寄存器	070～07FH	16
DMA 页面寄存器	080～09FH	32
中断控制器 2	0A0～0BFH	32
DMA 控制器 2	0C0～0DFH	32
硬盘控制器 2	170～177H	8
硬盘控制器 1	1F0～1F8H	9
游戏 I/O 口	200～207H	8
并行打印端口 2	278～27FH	8
串行端口 4	2E8～2EFH	8
串行端口 2	2F8～2FFH	8
软盘控制器 2	370～377H	8
并行打印端口 1	378～37FH	8
单色显示器/打印适配器	3B0～3BFH	16
彩色/图形监视器适配器	3D0～3DFH	16
串行端口 3	3E8～3EFH	8
软盘控制器 1	3F0～3F7H	8
串行端口 1	3F8～3FFH	8

9.3 I/O 数据传输控制方式

有了数据通道,用户就可以使用指令编程实现主机与外设之间的信息交换,由于执行数据传送指令需要花费 CPU 时间,特别是大数据量传送时,占用 CPU 时间更多,CPU

用来进行信息处理的时间就少了,这就影响了系统的效率。设法缩短主机与外设交换信息所消耗的时间,对提高系统整体性能是至关重要的。主机与外设之间的信息交换控制,在不同的系统中有不同的方式,一般有以下几种。

1. 程序直接控制方式

程序直接控制(program direct control)方式是通过使用 I/O 指令编写的程序来控制主机和外设之间的信息传输。具体方法是先由主机通过启动指令启动外设工作,外设启动后,主机用测试指令不断查询外设工作是否完成,一旦外设工作完成,就进行数据传输。这种方法控制简单,但主机和外设是串行工作的,主机大量时间消耗在等待外设准备数据的过程中。

2. 程序中断控制方式

在程序中断控制(program interrupt control)方式中,主机启动外设后,不再等待查询外设是否准备好而继续执行原来的程序,当外设工作完成后,便向 CPU 发出中断请求,CPU 接到中断请求后,当响应条件满足时,CPU 响应外设的中断请求,并执行中断服务程序,完成外设与主机之间的一次信息传输,数据传输完成后主机又继续执行原来的程序。程序中断传输方式实现了 CPU 和外设之间的并行工作,而且可以使多台外设同时工作,CPU 的效率大大提高。由于中断增加了 CPU 的开销,一般适合速度要求不太高的设备与主机之间传输信息。对于高速设备,采用中断方式有可能造成数据丢失。

3. 直接存储器存取方式

直接存储器存取(direct memory access,DMA)方式是在外设和主机之间另外再开辟一条数据通道,当高速设备的数据传输准备好后,由专门的 DMA 控制器来代替 CPU 实现数据传输控制。CPU 在整个传输过程中只在传输开始和传输结束进行一些必要的处理,在中间传输过程中不需要 CPU 的干预。一般用在主存和辅存之间的数据传输。

4. I/O 通道控制方式

在 I/O 通道控制(I/O channel control)方式中,通道控制器能独立地执行用通道命令编写的输入输出控制程序,产生相应的控制信号,送给由它管辖的设备控制器,继而完成复杂的输入输出过程。所谓"通道",不是一般概念的 I/O 通路,它是一个专门的名称,是一种通用性和综合性都较强的输入输出方式,它代表了现代计算机组织向功能分布式方向发展的初始发展阶段。I/O 通道具有自己的指令系统,并能实现指令所控制的操作,但它仅仅是面向外围设备的控制和数据的传输,其指令系统也仅仅是几条简单的与 I/O 有关的命令。

5. 外围处理机方式

外围处理机(peripheral processor unit,PPU)又称输入输出处理机。它除完成 I/O 通道所要完成的 I/O 控制外,还可以完成码制转换、格式处理、数据块的检错纠错操作,它的功能比I/O通道控制器更强,外围处理机结构更接近一般处理机,甚至是一台小型通用计算机。外围处理机基本独立于主机工作。

9.4 程序直接控制的数据传输方式

程序直接控制的数据传输方式是主机与外设之间进行数据交换的最简单、最基本的控制方式,是CPU直接利用I/O指令编程实现数据的输入输出。

如果有关的操作时间已知,可以直接执行输入输出指令,如从某设备的缓冲区中读取数据或向缓冲区中输入数据,即无条件传输方式或同步传输方式。

如果有关的操作时间未知或不定,往往采用查询、等待和传输的方式,也称条件传输方式或异步传输方式。CPU启动外设后,主机不断通过I/O指令查询设备状态是否准备好,是否完成一次操作,若尚未准备好或未完成,CPU将继续查询、等待,直到设备准备好或完成一次操作为止,CPU通过I/O指令进行I/O数据传输。在外设工作期间,CPU只执行与I/O有关的操作,即查询、等待、传输,因此这种方式又称为程序查询方式。图9-6所示为程序查询方式的流程图。在有多个外设的情况下,除了CPU与外设不能并行工作外,外设的优先级也是事先规定好了的。图9-7为多个外设情况下程序查询方式的流程图。程序查询方式虽然比较简单,但大量的CPU时间都在查询等待中浪费掉了,效率很低。

图9-6　程序查询方式程序流程图

图9-7　多个设备查询流程示意图

9.5　程序中断控制数据传输

9.5.1　中断的基本概念

视频：中断
的基本概念

1. 中断问题的提出

　　CPU 的速度比外设的速度快得多，在程序查询工作方式下，CPU 的大部分时间是在等待外设工作而不能干别的事，这样 CPU 大部分的时间都被白白浪费掉了。CPU 启动了外设后而外设还没有准备好时，CPU 可以继续进行原来的工作，当外设准备好后通知 CPU，然后 CPU 执行与外设的数据传输，这种工作方式就是中断方式。采用中断方式不仅实现了外设与 CPU 并行工作，提高了 CPU 的利用率，而且一个 CPU 可以同时控制多台外设，实现多台外设并行工作。图 9-8 所示为中断方式下 CPU 与外设并行工作的时序与程序查询方式下的时序比较。

(a) 程序查询方式下的外设与CPU串行工作示意图

(b) 程序中断方式下的外设与CPU并行工作示意图

图 9-8　程序查询方式与程序中断方式下的外设与 CPU 并行工作时序比较

2. 中断的定义

　　所谓中断，是指 CPU 在执行程序过程中，如果因出现某种随机事件而收到中断请求，暂时中断现行程序的执行，而转去执行一段中断服务程序，并在执行完中断服务程序后自动地返回到原来的程序继续执行的过程。

　　这就好像你（相当于 CPU）在家看书（相当于 CPU 执行程序），突然电话铃响了（相当于因某种随机事件而收到中断请求），这时你就会停止看书并做好标记把书放好（暂时中断现行程序的执行），然后去接电话（转去执行一段中断服务程序），接完电话后又继续看书（执行完中断服务程序后自动地返回到原来的程序继续执行）。

3. 中断过程

中断过程包括以下内容。

（1）中断请求：中断源向 CPU 发出中断请求。

（2）中断响应：在满足中断条件下，CPU 响应中断。

（3）现场保存：为了使中断任务完成后能返回到断点处继续执行原程序，必须保存好断点地址、程序状态字等信息。

（4）中断屏蔽：在保存现场信息（主要是指主程序执行时的中间变量与相关寄存器中的内容）过程中必须先屏蔽中断（由硬件完成，防止在保存现场信息时有更高优先级的中断申请，而造成程序执行错误），保存完现场信息后再开中断（这一过程不是必需的）。

（5）中断处理：执行中断服务程序完成本次中断任务。

（6）现场恢复：恢复原来现场信息（也要进行中断屏蔽），使原程序可以继续正确执行（这一过程不是必需的）。

（7）中断返回：执行完中断后返回断点继续执行原程序。

当然，上述过程随计算机结构不同而存在一定的差异，也不是每一步都需要。以上过程是由计算机的中断系统实现的。所谓中断系统，是指计算机中实现中断功能的软硬件总称。在 CPU 一侧配置了中断机构，在设备一侧配置了中断控制接口，在软件上设计了相应的中断服务程序。

4. 中断源、断点、中断入口和中断类型

1）中断源
中断源是引起中断事件及发出中断请求的来源。

2）断点
断点是被中断打断时 CPU 正在运行的程序地址（严格讲应该为正在执行指令的下一条指令的地址，即 CPU 执行完中断服务程序返回到原程序中要执行的第一条指令的入口地址），即当前程序计数器 PC 中的内容。

3）中断入口
中断入口是中断服务程序第一条指令所在的存储器单元地址。

4）中断类型
中断类型可以按照中断处理方法、中断源种类或是否提供向量地址等分类。

（1）按中断处理方法分类。

按中断处理方法，中断可以分为程序中断和简单中断。

主机响应中断请求后通过执行一段程序来处理有关事项，称为程序中断（简称中断）。它适合中速、慢速 I/O 设备的数据传输，以及要求复杂事务处理的场合。

简单中断则是指主机响应中断后不需要执行中断服务程序，而是让出几个主存周期，使 I/O 设备和主存直接交换数据。它不需要借用 CPU 执行指令，不破坏 CPU 现场，因此不需要保护现场，一般用于高速 I/O 设备与主机的数据传输。

（2）按中断源类型分类。

按中断源类型分类可以分强迫中断和自愿中断。

强迫中断是随机产生的中断，现行程序事先未知，当中断出现后由中断系统强行终止现行程序。产生强迫中断的中断源有以下 4 方面。

① 内中断：硬件故障或程序故障引起的中断。由于故障源来自 CPU 内部，所以称为内部中断。

② 外中断：由系统配置的外设引起的中断。由于中断源来自 CPU 以外，所以称为外中断。

③ 程序中断：由正在执行的程序引起的中断。如现行程序要求系统分配新的硬件资源（如打印机），必须向系统提出中断请求。

④ CPU 之间中断：在计算机网络范围内，由 CPU 之间数据信息的传输所引起的中断。

自愿中断（也称程序自中断）不是随机产生的中断，而是事先在程序某处设置断点，并借用中断方式保护现场，引出一段服务程序，如 BIOS 中断调用。

（3）按中断源是否提供向量地址分类。

按中断源是否提供向量地址分类，中断可以分为向量中断和非向量中断。

向量中断是指 CPU 响应中断后，由中断机构自动地提供中断服务程序的入口地址，不必经过处理程序来查询中断源的中断服务程序的入口地址。中断过程是由一个程序切换到另一个程序的过程，在程序切换时，需要保护好旧的程序计数器（PC）和程序状态寄存器 PSW，更换新的程序计数器（PC）和程序状态寄存器 PSW。新的程序计数器即为中断服务程序的入口地址，新的程序状态寄存器 PSW 是中断服务程序的程序状态字，在向量中断中，称程序计数器内容和程序状态寄存器 PSW 内容为中断向量，并在内存中开辟一个区域用来存放各中断源的中断向量，存放中断向量的首地址称为向量地址。向量中断过程中，CPU 响应中断后由中断机构自动地将向量地址通知 CPU，由向量地址指明中断向量位置获得中断向量，实现从主程序到中断服务程序的切换。

非向量中断是在响应中断时，中断机构不能直接提供中断服务程序的入口地址，CPU 响应中断后，通过执行一段软件查询程序找到服务程序入口地址，然后再转入相应的中断服务程序。

5. 单级中断与多重中断

（1）单级中断。

在执行中断服务程序过程中，如果只能为本次中断服务，不允许其他中断打断该中断服务程序，只有在中断服务程序执行完返回到主程序后，才能响应新的中断请求，这种情况称为单级中断。在单级中断中，所有中断的优先级是相同的，如图 9-9 所示。

（2）多重中断。

多重中断又称中断嵌套，是在执行中断服务程序中响应新的中断。在一次中断服务程序执行过程中，允许优先级高的中断源中断优先级低的中断服务程序，在保存断点和现场后，转去响应优先级更高的中断请求，并执行新的中断服务程序，如图 9-10 所示。

图 9-9　单级中断示意图

图 9-10　多级中断示意图

为了实现中断嵌套,通常在中断系统中设置中断屏蔽字,每个中断源对应中断屏蔽字的一位,1 表示屏蔽该中断源的中断,0 表示允许中断。通过在各自的中断服务程序中设置中断屏蔽字来实现高优先级中断(对应的屏蔽位设为 0)可以打断低优先级中断。

【例 9-1】　某计算机有五级中断 L4～L0,中断屏蔽字 M4、M3、M2、M1、M0,$M_i = 1$($0 \leqslant i \leqslant 4$)表示对 L_i 级中断进行屏蔽,若中断响应优先级从高到低的顺序是 L4→L0→L2→L1→L3,则 L1 的中断处理程序中设置的中断屏蔽字是多少?

解:5 个中断源的优先级从高到低顺序是 L4→L0→L2→L1→L3 时,L1 的优先级低于 L4、L0 和 L2,其对应的屏蔽位 M4、M0 和 M2 应设置为 0。L1 的优先级高于 L3,屏蔽位 M3 设置为 1,另外 L1 本身不能中断自己,M1 = 1。所以 L1 中的屏蔽字 M = M4M3M2M1M0 = 01010。

【例 9-2】　某计算机有 4 个中断源,优先级从高到低为 L1→L2→L3→L4。若将优先级顺序修改,修改后中断源 L1 的屏蔽字 M1M2M3M4 = 1101,中断源 L2 的屏蔽字 M1M2M3M4 = 0100,中断源 L3 的屏蔽字 M1M2M3M4 = 1111,中断源 L4 的屏蔽字 M1M2M3M4 = 0101,则修改后的优先顺序从高到低为何?

解:由于高优先级中断源可以中断低优先级中断源的中断服务,所以必须在低优先级中断源的中断服务程序中,将高于自己优先级的中断源的中断屏蔽位设置为 0,低于自己优先级的中断源的中断屏蔽位设置为 1,并且自己不能中断自己,该位也置 1。在修改优先级后,L3 的屏蔽字为 1111,它的优先级最高,L1 的中断的屏蔽字为 1101,它的优先级仅比 L3 低,L4 的屏蔽字为 0101,优先级低于 L3 和 L1,高于 L2。L2 的屏蔽字为 0100,它的优先级最低。所以修改后 4 个中断源的优先级从高到低的顺序为 L3→L1→L4→L2。

6. 中断功能

(1) 中断可以实现 CPU 与 I/O 设备并行工作,大大提高了 CPU 的工作效率。

采用中断方式,当 CPU 启动外设后,可以继续执行自己程序,不用等待外部设备的工作,并且可以同时启动多个外设,实现 CPU 与外设、外设与外设之间的并行工作。

(2) 可以利用中断处理故障,提高了计算机的可靠性。

当系统中有故障时可以通过中断来处理。如程序执行非法操作、除法运算出现分母为零的情况以及硬件故障,都可以通过中断来处理,避免系统崩溃。

（3）利用中断可以进行实时处理。

利用中断可以使外部事件得到及时处理，如证券交易软件的行情实时显示。

（4）利用中断可以方便地进行人机对话。

键盘、鼠标等都是采用中断方式与主机进行通信的。

（5）可以实现多道程序的并发运行。

在多进程、多线程环境下，利用中断完成进程（线程）的调度，实现 CPU 的分时多任务操作。

9.5.2 中断结构

视频：中断结构

中断结构是指处理机与设备、设备与设备之间，在中断系统中互相连接的关系。主要解决中断源的中断申请、中断屏蔽和中断判优等问题。

1. 中断请求的提出

当外设（中断源）需要 CPU 服务时，必须向处理机发出中断请求，又称为中断申请。中断源发出中断请求的条件是外设工作已经完成，外设已经具备了与主机交换数据的所有条件，这时就可以向主机发出中断申请信号，等待主机响应。

2. 中断请求的传输和中断优先级排队

当外设提出中断请求时，CPU 是否会响应？当两个以上设备提出中断申请时，CPU 首先响应哪个设备的请求？这就是中断优先级和优先级排队要解决的问题。

1）设置优先级

设置优先级的原则是按中断事件的轻重缓急确定优先级。首先，故障引起的中断优先级最高，其次是简单中断，最后是 I/O 程序中断。I/O 程序中断中，高速外设优先于低速外设；输入设备优先于输出设备。当中断源很多时，还可以采用主、次优先级的方法，把所有的中断按不同的类别分成若干级（称为中断级），按中断级确定主优先级次序，然后在同一优先级内再确定各个中断源的优先级高低（次优先级）。

2）排队判优

中断系统的排队判优方法与中断系统硬件结构有关，即与中断请求线的传输方法有关。常用的方法有以下几种。

（1）单线请求软件查询判优。

在单线请求的计算机中，所有的中断请求通过 OC 门连到一根公用的中断请求线 $\overline{\mathrm{IRQ}}$（interrupt request，IRQ）（低电平有效）上。在中断服务程序的最前面安排一段中断源查询程序，CPU 接到中断请求信号后，通过软件查询的方法来识别中断源。查询将花费大量的 CPU 时间。图 9-11 所示为单线请求结构图，图 9-12 所示为单线请求软件查询流程图。

（2）单线请求菊花链判优。

在单线请求菊花链判优计算机结构中，所有的中断请求通过 OC 门连到一根公用的

图 9-11　单线请求结构图

图 9-12　单线请求软件查询

中断请求线上$\overline{\text{IRQ}}$(低电平有效)。设备的优先级判优，则通过硬件排队来完成。用硬接线逻辑将设备串联在中断响应线(interrupt acknowledge，INACK)上，优先级越高的越靠近 CPU，这样的一条链称为菊花链。CPU 发回的中断响应信号沿菊花链往后传，直到被发出中断请求的设备截获，设备就将自己的设备码或设备地址送 CPU，CPU 根据地址码转中断服务程序。其缺点是设备的优先级是固定的，设备的故障不能隔离，高优先级的设备发生故障将影响低优先级设备的中断响应。图 9-13 所示为单线请求菊花链判优。

（3）多线请求判优。

在多线请求判优的计算机结构中，每一个设备分配一个优先级，每一个设备都通过一根中断请求线 IRQ 和中断响应线 INACK 与中断判优逻辑相连。在 CPU 内置判优逻辑电路（或在 CPU 外部专门设置一个中断控制器），当多个中断源申请中断时，判优逻辑选出优先级最高的中断源，并将该中断源的中断向量送 CPU，CPU 立即为优先级高的中断源服务。图 9-14 所示多线请求判优。

图 9-13　单线请求菊花链判优

图 9-14　多线请求判优

（4）多线请求菊花链判优。

多线请求菊花链判优是当系统中设备较多时，可以采用分组方法实现判优。将主优先级相同的设备分在同一组。组间采用多线判优，组内采用菊花链判优。图 9-15 所示为多线请求菊花链判优。

图 9-15　多线请求菊花链判优

【例 9-3】　中断判优逻辑和总线仲裁方式类似,下列说法正确的是_____。

Ⅰ.在总线仲裁方式中,独立请求方式响应时间最快,是以增加处理的开销和增加控制线数为代价的。

Ⅱ.在总线仲裁方式中,计时器定时仲裁方式有一根总线请求(BR)和一根设备地址线,若每次计数器都从 0 开始,则设备号小的优先级高。

Ⅲ.总线仲裁方式一般是指 I/O 设备争用总线的判优方式,而中断判优方式一般是指 I/O 设备争用 CPU 的判优方式。

Ⅳ.中断判优逻辑可以通过硬件实现,也可以通过软件实现。

A. Ⅰ、Ⅲ　　　　B. Ⅰ、Ⅲ、Ⅳ　　　　C. Ⅰ、Ⅱ、Ⅳ　　　　D. Ⅱ、Ⅳ

解:在独立请求方式中,每个设备都有两根线与总线控制器相连,判优速度最快,但增加了总线的根数,Ⅰ正确。计时器定时方式设备地址线不是一根而是 $\log_2(n+1)$ 根($n+1$ 是设备的个数),Ⅱ错误。总线仲裁方式一般是指 I/O 设备争用总线的判优方式,而中断判优方式一般是指 I/O 设备争用 CPU 的判优方式,Ⅲ正确。中断判优逻辑可以通过硬件实现,如多线请求判优,也可以通过软件实现,如采用软件查询方式判优,Ⅳ正确。本题正确选项为 B。

3. 中断控制器

为了实现排队判优,在系统中必须设置中断判优逻辑电路,有的系统直接将中断判优电路设置在 CPU 中(如单片机系统),有的系统单独设置中断控制器(如 PC/XT 机系统中的 8259 中断控制器。为了减少主板面积,目前个人计算机系统的中断控制器都集成在主板芯片组的 ICH 中)。中断控制器中除了中断排队判优逻辑外,通常还包括以下内容。

1) 中断请求寄存器 IRR

中断请求寄存器中的每一位对应一个(外设)中断源,该位为 1,表示所对应的中断源发出了中断请求;该位为 0,表示所对应的中断源未发出中断请求。

2）中断屏蔽寄存器 IMR

中断屏蔽寄存器中的每一位对应一个中断源，CPU 可以通过指令设置中断屏蔽寄存器中每一位中的内容。设置该位为 1，表示不允许该位所对应中断源申请中断；设置该位为 0，表示允许该位所对应中断源申请中断。

3）中断优先级寄存器 IPR

中断优先级寄存器中保存的是中断源的中断优先级码，CPU 可以通过指令来设置或修改。

4）中断服务寄存器 ISR

中断服务寄存器保存正在被服务的中断源的优先级编码，是硬件根据正在执行的中断服务程序自动设置的。

中断判优逻辑根据 IRR、IMR、IPR、ISR 中的内容从申请中断的中断源中找出优先级最高的中断源，然后通过中断请求线 IRQ 向 CPU 发中断请求。CPU 接到中断请求信号，向中断控制器发出中断允许信号。中断控制器直接将中断允许信号发给中断优先级高的中断设备，并通过硬件将正在被服务的中断源的优先级编码置于 ISR 中。

9.5.3 中断响应及响应的条件

视频：中断
响应及响应
的条件

I/O 设备提出中断请求后，CPU 中止现行程序的执行，转去为某个设备服务的过程称为中断响应。中断响应必须满足一定的条件。

1. 中断响应的条件

中断响应必须满足以下条件。

- 中断源有中断请求。
- CPU 允许中断。
- CPU 响应中断的时间。当前两个中断响应条件满足时，CPU 应等待正在执行的一条指令执行完毕，并且执行的不是停机指令、中断返回或子程序返回指令，又没有更高优先级的中断有请求，则 CPU 进入中断周期状态，进行中断响应。

2. 中断响应

一旦 CPU 中断响应条件得到满足，则 CPU 进入中断周期状态，并开始响应中断。响应中断必须解决以下问题。

- 保护断点：主要保存程序计数器 PC 和程序状态寄存器 PSW 的内容。
- 中断请求设备的识别：确定哪个设备优先得到处理。
- 提高响应的速度。

3. 中断响应方案

中断响应所采用的方案与中断结构有关。

1）单线请求中断查询的响应

在单线请求的中断结构里，CPU 进入到中断周期状态时，由 CPU 执行一条中断隐指令(要求速度快,因此由硬件在中断响应时完成,不在程序中出现),中断隐指令主要完成以下三个操作。

(1) 关闭中断允许触发器:CPU 响应中断后首先应保护旧现场,不让 CPU 响应新的中断请求,否则会破坏原现场,无法恢复运行环境。

(2) 保护断点地址:将断点地址(程序计数器中的值)送堆栈保护,以便执行完中断服务程序后可以返回到断点处继续执行原来的程序。

(3) 执行转移操作:将中断查询程序的入口地址置程序计数器。

CPU 响应中断后,下一步执行查询程序,识别出首先服务的中断对象。查询程序安排在中断服务程序的最前面,为公共服务程序。图 9-16 所示为程序查询判优。

图 9-16 程序查询判优

2) 单线请求菊花链响应

在单线请求菊花链响应方案中,执行完中断隐指令后,进入到中断服务程序,中断服务程序首先执行一条中断查询指令 INTA,通过硬件连接来查出优先级最高的设备,CPU 根据该设备的地址码转向此设备的中断服务程序。

上述两种方案需要执行查询程序才能确定中断服务程序的入口地址,速度比较慢,因此,Intel 80x 系列 CPU 通常采用向量中断方式来获得中断程序的入口地址。

9.5.4 向量中断

视频:向量
中断

1. 向量中断的概念

在多线请求的中断判优结构中,为了提高 CPU 的速度,均采用向量中断。在硬件线路上,由串行排队判优改为并行判优。在向量中断中,每一个中断源都给出一个中断向量和向量地址。当 CPU 响应中断后,由中断机构自动将向量地址通知 CPU,由向量地址指明向量的位置并实现向量的切换,自动获得中断源的中断服务程序的入口地址,不必经过处理程序查询中断服务程序的入口地址,这种响应称为向量中断响应。

2. 与向量中断有关的几个名词

中断向量:在向量中断方式中,将中断服务程序的入口地址和服务程序的状态字(有的计算机不包括状态字,如 IBM PC)称为中断向量(interrupt vector,IV)。

中断向量表:将每个中断服务程序的中断向量集中存放在一张一维表格中,这张表就称为中断向量表（也称中断入口地址表），通常将中断向量表存放在内存的一段连续存储区中。图 9-17 所示为中断向量表。例如，IBM PC 系统最多可以有 256 个中断源，每一个中断源的中断服务程序的入口地址由两部分组成：16 位段基址 CS 和 16 位偏移量 IP，占 4 个字节。因此，系统将主存最低端的 1KB 空间（0000H～03FFH）存放中断向量表，保存 256 个中断向量，即中断服务程序的入口地址。中断向量号（又称中断类型号）是系统为每一个中断源分配的唯一序号：0♯～255♯。

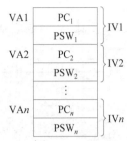

图 9-17　中断向量表

向量地址：中断向量所在的存储器单元地址称为向量地址（vector address，VA），也称中断指针，它指向每个中断向量的首地址。图 9-17 中，VA1、VA2、VAn 分别是向量 IV1、IV2、IVn 的向量地址。图 9-18 展示了 IBM PC 机中的中断类型号、向量地址和中断向量表的关系。

中断类型号		向量地址	中断向量表
0#	向量地址＝中断类型号×4 →	00~03H	CS:IP(除法出错中断)
1#		04~07H	CS:IP(单步中断)
2#		08~0BH	CS:IP(NMI中断)
3#		0C~0FH	CS:IP(断点中断)
4#		10~13H	CS:IP(溢出中断)
5#		14~17H	系统保留(5#)
⋮		⋮	⋮
31H#		7C~7FH	系统保留(31H#)
32H#		80~83H	用户定义(32H#)
⋮		⋮	⋮
FFH#		3FC~3FFH	用户定义(FFH#)

图 9-18　IBM PC 机中的中断类型号、向量地址和中断向量表的关系

在 IBM PC 系统中，向量地址与中断类型号有固定的对应关系，即向量地址＝中断类型号×4。CPU 在响应中断后，采用硬件将中断类型号×4 获得向量地址，然后根据向量地址从内存中取出中断向量，即中断服务程序的入口地址送程序计数器 PC(CS:IP)，在下个机器周期执行中断服务程序。

在向量中断方式下，中断服务程序的入口地址查找完全由硬件自动完成，大大节省了 CPU 时间。

视频：中断
服务处理

9.5.5　中断服务处理

CPU 在中断响应后转入中断服务程序，进入中断服务处理。典型的中断服务程序应包括三个程序段：先行段、服务段和恢复段。图 9-19 所示为中断服务程序流程。

1. 先行段的主要功能

（1）判断引起中断的设备（非向量中断方式，向量中不需要这一步）。

（2）保护现场及屏蔽字（保护被中断程序执行的中间结果和中断服务程序所用到的内部寄存器中的内容）。

（3）开中断。保护完旧现场和屏蔽字并建立新屏蔽字后，打开中断，此后可以响应更高级的中断（假如允许中断嵌套）。

2. 中断服务程序本体（服务段）

执行中断服务程序，完成本次中断应该完成的任务。

3. 恢复段的主要功能

（1）关中断，防止恢复现场过程被别的中断打扰而丢失信息。

（2）恢复本次中断现场和屏蔽字，为返回中断做准备。

（3）清中断请求，表示本次中断处理完毕。

（4）打开中断，以便返回到被中断的程序后允许新的中断进行。

图 9-19　中断服务程序流程

（5）返回被中断的程序，从断点处继续主程序。

中断方式虽然可以实现 CPU 与外设并行工作，但对于只需要进行大量数据传输而不需要进行复杂事务处理的情况，如果仍然采用中断方式，在进行中断切换时将会造成大量 CPU 时间的浪费，为此引入了直接存储器访问方式。

9.6　直接存储器访问方式

高速大容量的辅助存储器与主存储器之间交换信息时，若采用程序直接传输方式或程序中断传输方式会遇到以下问题。

- 主机的效率低。采用程序直接传输时，主机与外设不能并行工作，而且每传输一个字要执行若干条指令，主机的效率低。
- 增加了 CPU 的额外负担。采用中断控制传输数据时，由于要保护断点地址和恢复断点地址，增加了 CPU 的额外负担。特别是高速设备，CPU 不断地处于中断和返回过程中，容易造成数据丢失。

9.6.1　直接存储器访问

直接存储器访问 DMA 数据传输方式是在高速 I/O 设备与主存之间由硬件组成直接数据传输通道，高速外设按照连接地址直接访问主存，进行成块数据传输。图 9-20 所示为 DMA 数据传输通道结构。

数据传输是在 DMA 控制器的控制下进行的，由 DMA 控制器给出当前正在传输的

图 9-20　DMA 数据传输通道结构

数据字节的主存地址，并统计传输数据的个数，以确定一组数据的传输是否已结束。在主存中开辟一连续地址的专用数据缓冲区，用来提供或接收传输的数据。在数据传输开始前和结束后，通过初始化程序或中断方式对缓冲器和 DMA 控制器进行预处理和后处理。

9.6.2　DMA 的特点

DMA 方式与前两种 I/O 控制方式相比有以下基本特点。

（1）DMA 传输方式在外设和内存之间建立了独立的数据传输通道，大大减轻了系统总线的负担。

（2）数据传输过程是由 DMA 控制器来控制实现的。DMA 控制器能像 CPU 一样访问内存。在 DMA 数据传输过程中，CPU 可以继续执行原来的程序，程序直接控制方式和中断控制方式其数据传输都是由 CPU 执行程序完成数据传输的。

（3）主存需要开辟专用数据缓冲区，及时供给数据或接收数据。DMA 传送数据开始前需要由 CPU 为 DMA 传输做准备，使 DMA 初始化；传送结束后，再通过中断方式进行结束处理。

（4）为了解决 CPU 和 DMA 同时访问内存发生的冲突，DMA 传输常采用周期挪用。周期挪用是在 CPU 执行指令周期中冻结一个存储周期，被 DMA 挪用，进行一次数据读写操作。CPU 只是让出一个存储周期，不需要保护现场。

9.6.3　DMA 三种工作方式

1. CPU 暂停方式

CPU 暂停方式是指主机响应 DMA 请求后让出存储总线，直到一组数据传输完毕后，DMA 控制器才把总线控制权还给 CPU，如图 9-21 所示。这种方式造成 CPU 无法访问主存时间过长，形成死区。

图 9-21　CPU 暂停方式

2. CPU 周期窃取方式

CPU 周期窃取方式是在 DMA 控制器与主存之间传输一个数据,占用(窃取)一个 CPU 周期,即 CPU 暂停工作一个周期,然后继续执行程序,如图 9-22 所示。

图 9-22　周期窃取方式

3. 直接访问存储器工作方式

直接访问存储器方式是标准的 DMA 工作方式,如传输数据时 CPU 正好不占用存储总线,则对 CPU 没有影响。如果 CPU 和 DMA 同时访问存储总线,则 DMA 的优先级高于 CPU,DMA 优先使用存储总线。

9.6.4　DMA 控制器的组成

视频:DMA 控制器的组成

DMA 传输是在 DMA 控制器与 CPU 共同控制下完成的,DMA 控制器接受 CPU 的初始化命令,然后由 DMA 控制器完成具体的操作。图 9-23 所示为 DMA 控制器组成框图,DMA 控制器主要包括以下部分。

图 9-23　DMA 控制器组成框图

1. 寄存器组

寄存器组包括以下寄存器。

(1) DMA 地址寄存器 DMAR:用来提供存储器数据缓冲区的地址,该寄存器具有自动加 1 的功能。

（2）外设地址寄存器 DAR：用来存放 I/O 设备的地址码。

（3）字数计数器 WCR：用来存放要传输的字数，每传输完一个字其内容自动减 1。

（4）控制寄存器 CR 与状态寄存器 SR：用来存放 DMA 控制字和状态字。

（5）数据缓冲寄存器 DBR：是用来暂存 I/O 设备与主存之间传输的数据，与主机之间并行传输，并具有字节拼装能力。

2. 中断控制逻辑

DMA 通道由 CPU 准备和启动，一旦启动后，数据传输过程完全由 DMA 控制器实现，当 DMA 传输结束后，由 DMA 接口中的中断控制逻辑向 CPU 发中断请求，要求 CPU 结束 DMA 处理工作。

3. DMA 请求触发器 C_{DMAREQ}

在批量交换数据传输过程中，每一次数据的交换都要向 CPU 发一次 DMA 请求，接口中设置 DMA 触发器 C_{DMAREQ}。一次周期挪用结束，在 CPU 侧，DMA 控制器清除 C_{DMAREQ}；在设备侧，当设备读写操作完成后，则以完成信号回答接口，使 C_{DMAREQ} 置 1，表示下次 DMA 请求开始。

4. 传输线

传输线是 DMA 接口与主机和 DMA 接口与 I/O 设备两个方向的数据线、地址线和控制信号线。

9.6.5　DMA 操作过程

视频：DMA
操作过程

DMA 数据传输过程可分为 DMA 传输前的预处理（CPU 用主程序为 DMA 传输做准备）、数据传输及传输结束后处理三个阶段。

1. DMA 传输前的预处理（由软件实现）

为了实现高速外设与内存之间数据直接成批交换，必须把有关数据来源、去向和传输数据总量等信息事先通知 DMA 接口，因此在传输前先由 CPU 用测试指令测试设备状态，以判断是否可以调用该设备。若可以调用该设备，则用几条输入输出指令实现以下功能：

（1）设备地址送外设地址寄存器 DAR。

（2）主存数据区首地址送 DMA 地址寄存器 DMAR。

（3）传输字数送字数计数器 WCR。

（4）数据传送方向送控制寄存器 CR。

（5）启动设备。

在完成这些工作之后，CPU 继续执行原程序，DMA 接口被启动后，便代替 CPU 管理 I/O 设备进行数据传输，CPU 与高速设备重叠运行。

2. DMA 的数据传输（由硬件实现）

下面以数据输入操作（从外设输入到内存）为例，介绍 DMA 的数据传输过程。

（1）主机启动设备后，从 I/O 设备存储介质上读入一个字到 DMA 数据缓冲寄存器的 DBR 中，此时设备控制器已"完成"信号置 $C_{DMAREQ}=1$，表明设备已完成一个数据传输工作，并向 CPU 发出 DMA 请求，申请存储周期。

（2）CPU 响应 DMA 请求并在 CPU 的一个存储周期结束后，DMA 控制器立即占用下一个存储周期（DMA 周期）进行写操作，此时 CPU 现场冻结。DMA 周期结束后开始热启动 CPU 继续工作。在 DMA 周期中，CPU 把存储器的控制权移交给 DMA 接口，DMA 接口与主存直接沟通，并执行以下三个操作。

- 将存储器数据区首地址（DMAR 中内容）送主存地址寄存器 MAR。
- 将数据缓冲寄存器数据（DBR 中内容）送主存数据寄存器 MDR。
- 发送写存储器命令。

当 DMA 周期结束以后清除信号送 DMA 接口。

（3）清除信号在 DMA 接口中执行三个操作。

- WCR 的内容减 1 送 WCR。
- DMAR 加 1 指向存储器数据区的下一个地址。
- 将 C_{DMAREQ} 置 0 以表示本次 DMA 结束。

（4）高速设备只需要启动一次，以后连续不断读出数据，即循环执行步骤（1）～步骤（3），完成所要传输的全部字符。

数据全部读出并交换完毕（即 WCR＝0），DMA 接口发 DMA 中断请求。中断请求条件是全部字数交换完毕并且系统允许中断。

3. DMA 的结束处理

当计数器 WCR 的计数值为 0 时，将 DMA 结束信号发送至中断控制逻辑，产生 DMA 中断请求信号，向 CPU 发中断请求。CPU 响应中断后，则停止原程序的执行，转去执行中断服务程序，做 DMA 结束处理工作。如检验输入主存数据，测试在传输过程中是否发生错误等。

9.6.6　中断方式与 DMA 方式的区别

中断方式与 DMA 方式的区别主要体现在以下 5 个方面。

- 中断方式是通过程序的切换，即通过 CPU 执行一段中断服务程序来完成数据交换的，DMA 仅挪用一个存储周期，在执行数据传输过程中不需要 CPU 参与，完全由 DMA 控制器来完成。
- 中断方式只能在一条指令结束后 CPU 才能响应中断，而在 DMA 方式中，CPU 可以在指令周期中任何一个周期结束时响应 DMA 请求。图 9-24 所示为 DMA 响应与中断响应的时机，中断只能在一个指令周期结束进行（该指令必须执行完才能响应中断），而 DMA 在任何一个机器周期结束都可以进行，DMA 传输不需要保存 CPU 的现场。

图 9-24　中断与 DMA 的不同插入点

- DMA 方式使 CPU 与 DMA 并行性比中断方式高。在 DMA 方式中，CPU 对 DMA 控制器初始化后，数据传输完全由 DMA 控制器完成。中断方式是通过 CPU 执行中断服务程序完成数据传输的，只是在外设准备数据时 CPU 不再等待。
- DMA 方式的优先权比中断方式高。用户的程序是以文件的形式存储在外设中的，CPU 只能直接访问主存，在需要执行的时候由操作系统通过 DMA 数据传输方式调入内存，只有程序调入内存，CPU 才能执行，因此 DMA 方式的优先权比中断方式高。
- DMA 方式只适合于数据传输控制，不能进行复杂的事务处理，而中断方式具有对异常或复杂事务进行处理的能力。

【例 9-4】　关于在 I/O 设备与主机间交换数据的叙述中，错误的是_____。

A. 中断方式下，CPU 需要执行程序来实现数据传送任务

B. 中断方式和 DMA 方式下，CPU 与 I/O 设备都可以并行工作

C. 中断方式和 DMA 方式中，快速的 I/O 设备更适合采用中断方式传递数据

D. 若同时接到 DMA 请求和中断请求，CPU 优先响应 DMA 请求

解：在中断方式下，CPU 通过执行中断服务程序实现数据传输，A 正确。中断方式下 CPU 启动完外设，在外设准备时期 CPU 可以继续执行主程序，在 DMA 方式下，数据传输是 DMA 控制器完成的，它们都能实现 CPU 与 I/O 设备并行工作，B 正确。DMA 方式在数据传输过程中完全由 DMA 控制器控制，不占 CPU 时间，CPU 可以继续执行自己的程序，高速数据传输都采用 DMA 方式，中断方式更适合需要进行复杂事务处理的低速数据传输，C 错误。DMA 请求优先优先级比中断请求优先级高，D 正确。本题选 C。

视频：通道和外围处理机控制传输方式

9.7　通道和 I/O 处理机

在大型计算机系统中，外设的数量、种类较多。为了在处理 I/O 请求时进一步减少中断处理次数和对 CPU 的占用时间，通常把对外设的管理和控制工作从 CPU 中分离出来，使 I/O 控制器更智能化，这种 I/O 控制器称为通道控制器。通道控制器可以独立地执行一系列的 I/O 操作，这些 I/O 操作序列通常称为 I/O 通道程序。通道程序可以存储在

I/O 处理器自己的存储器中,也可以存放在共享的主存中,由 I/O 处理器从主存中取出执行。

9.7.1 通道控制方式

通道(channel,CH)是一个专门的控制器。通道方式与 DMA 方式的区别在于,DMA 方式是通过 DMA 控制器控制外设与主存之间直接实现 I/O 数据传输的,而通道方式是通过执行通道程序进行 I/O 操作管理的。对 CPU 而言,通道比 DMA 具有更强的独立处理能力,通道控制器有自己的专用指令,不仅可以控制数据传输,还可以进行一些简单的事务处理。DMA 控制器通常只控制一台或多台同类设备,而通道可以控制多台不同类型的设备。

在具有通道控制器的系统中,通常采用主机—通道—设备控制器—外设四级结构。图 9-25 所示为通道控制结构。系统中可有多个通道,每个通道可以接多个设备控制器,一个设备控制器可管理多个设备。

图 9-25 通道控制结构

1. CPU 对通道的控制

CPU 对通道的控制通过以下两种途径进行。

(1) 执行 I/O 指令。

需要进行 I/O 操作时,CPU 按约定的格式准备好命令和数据,编制好通道程序,然后通过执行 I/O 指令(如 START I/O;TEST I/O;HALT I/O 等)来启动通道。通道被启动后,从主存指定单元取出通道程序执行。I/O 指令是一种特权指令,在用户程序中不能使用。I/O 指令应给出通道开始工作所需要的全部参数,如通道执行何种操作,在哪个通道和设备上进行操作等。CPU 启动通道后,通道和外设将独立工作。

(2) 处理来自通道的中断请求。

当通道和外设发生异常或结束处理时,通常采用"中断"方式向处理器报告。

2. 通道控制的功能

通道是介于主机和设备之间的机构,它一方面接受 CPU 的控制,向 CPU 发出相应的中断请求信号;另一方面要负责对设备控制器进行管理。它的基本功能如下。

(1) 接受 CPU 的 I/O 指令,按 CPU 的要求与指定的外设通信。

(2) 从内存中读取通道程序,对通道指令进行译码,向设备控制器和设备发送各种控制命令。

(3) 组织外设和内存间的数据传输,并根据要求提供中间缓存。

(4) 从外设得到设备的状态信息,并与通道本身的状态信息一起保存下来,根据要求将状态信息送内存固定单元,供 CPU 测试。

(5) 将外设的中断请求和通道本身的中断请求排序并及时报告给 CPU。

3. 设备控制器的功能

设备控制器类似于 I/O 设备的接口,它接收通道命令,并向设备发出控制信号,是通道对外设实现传输控制的执行机构。一个设备控制器可以控制多个同类设备。它的具体任务包括:

- 接收通道送来的通道命令,控制外设完成所要求的操作。
- 向通道反映外设的状态。
- 将多种外设的不同信号转换为通道能够识别的标准信号。

9.7.2　输入输出处理机

输入输出处理机方式是通道方式的进一步发展,有两种输入输出处理机系统结构。一种是通道结构的输入输出处理机,通常称为 I/O 处理机(I/O processor,IOP)。它与通道的主要区别是:通道只有有限的、面向外设控制和数据传输的指令,而 IOP 有自己专用的指令系统,不仅可以对外设进行控制,完成数据传输,而且可以进行算术运算、逻辑运算、字节变换、测试等。通道程序存储于和 CPU 共用的主存中,并可访问系统的内存。IOP 还有自己独立的存储器,有自己的运算器和控制器。

另一种输入输出处理机系统结构是外围处理机(peripheral processor unit,PPU),在大型计算机系统中,有时直接选用小型通用 CPU 担任 PPU,它基本上独立于主 CPU 工作,也有自己的指令系统,可进行算术/逻辑运算、主存读写和与外设交换信息。

在以上 5 种数据传输方式中,个人计算机系统通常只采用前 3 种数据传输方式。只有在大型计算机系统中,由于被控制的外设种类和数量较多才用到后两种数据传输方式。

9.8　常用标准接口举例

视频:常用
接口介绍

为了使计算机成为真正的控制中心,使各种不同外设都可以与计算机相连,通常设计一些标准接口,构成标准的应用接口环境。这些环境不依赖于计算机,它们允许制造商设计与标准接口兼容的设备。有些通用的标准接口作为计算机硬件系统的标准配置集成在计算机的主板上,如 RS232、USB 接口等;还有一些接口以板卡形式插入计算机主板的扩展总线槽上,如显卡。目前,PC 系统中,常用的标准接口都已集成在主板上。

1. 并行接口

凡是能输出并行数据的接口都称为并行接口。早期的打印机都使用并行接口,因此,并行接口又称打印机接口。并行接口标准采用 36 针 D 型插头座,主要信号功能如表 9-2 所示。

表 9-2　并行接口各针信号含义

针	信　号	来　源	说　明
1	DATA STROBE	计算机	选通数据给打印机缓冲器
2～9	DATA(1～8)	计算机	8 位数据线
10	ACKNOWLEDGE	打印机	确认数据传送
11	BUSY	打印机	打印机不能取数据
12	PAPER-OUT	打印机	无纸
13	SELECT	打印机	打印机连接
14	SIGNAL-GROUND	—	信号接地
17	CHASSIS-GROUND	—	底盘接地
19～30	Paired with 1～11	计算机	用于抗干扰
31	INITIALIZE	计算机	预置打印机
32	FAULT	打印机	打印机出错

2. RS-232 串行接口

凡是能输出串行数据的接口都称为串行接口,其特点是计算机与设备之间每次只能传输一位二进制数,一个字节要分 8 次才能传输完。EIA-RS-232C 是由美国电子工业联合会推荐的串行接口标准(Electronic Industrial Associate Recommended Standard-232C)。通常有 25 针和 9 针两种 D 型插头座。在串行通信中有同步技术和异步技术之分,同步技术包括一个同步时钟信号来实现计算机与外设之间收发完全同步。异步通信没有同步时钟,数据的头部是靠起始位和停止位来确定的。图 9-26 所示为异步串行通信数据格式。

图 9-26　异步串行通信数据格式

串行通信有三种基本的传输方式:单工方式、准双工方式、全双工方式。单工方式是数据只允许一个方向传输(广播式传输方式)。准双工方式是允许两个方向传输数据,但任一时刻只允许一个方向传输数据,数据线可以采用分时复用方式。全双工方式是在任何时刻都允许两个方向传输,既可以发送数据也可以接收数据,发送与接收采用两个通道。

早期的鼠标接口就是采用串行接口标准。

串行接口和并行接口由于插座(头)的尺寸大,传输速度慢,在 PC 系统中已逐步被 USB 接口和 IEEE 1394 接口取代,笔记本电脑已经不再将并行接口和串行接口作为标准接口配置了。

3. USB 接口

通用串行总线（universal serial bus，USB）接口是一种应用在 PC 领域的新型接口。早在 1995 年，就已经有 PC 带有 USB 接口了，但由于缺乏软件及硬件设备的支持，这些 PC 的 USB 接口都闲置未用。1998 年后，随着微软在 Windows 98 中内置了对 USB 接口的支持模块，加上 USB 设备的日渐增多，USB 接口才逐步走进了实用阶段。目前，随着大量支持 USB 设备的个人计算机的普及，USB 接口已成为 PC 的标准接口。在主机（host）端，最新推出的 PC 几乎 100% 支持 USB；而在外设（device）端，使用 USB 接口的设备也与日俱增，如数码相机、扫描仪、游戏杆、移动硬盘、图像设备、打印机、键盘、鼠标等。USB 设备之所以会被大量应用，主要具有以下优点。

- 支持热插拔和即插即用。用户在使用 USB 接口的外设时，不需要重复"关机—将电缆接上—再开机"这样的动作，而是 PC 处于开机状态下，直接将 USB 接口设备插上使用。
- 携带方便。USB 设备大多以"小、轻、薄"见长。对用户来说，同样 20GB 的硬盘，USB 接口的 U 盘比 IDE 硬盘的重量要轻很多。在需要随身携带大容量存储数据设备时，当然 U 盘会是首要之选了。
- 标准统一。常见的 IDE 接口的硬盘、PS/2 接口的鼠标和键盘、并行接口的打印机和扫描仪都需要不同的接口，可是有了 USB 之后，这些应用外设统统可以用同样的标准 USB 接口与 PC 连接，这时就有了 U 盘、USB 接口移动硬盘、USB 接口鼠标、USB 接口打印机等。USB 接口采用标准的 4 针插头（座），体积小。
- 可以连接多个设备。在 PC 上往往有多个 USB 接口，可以同时连接几个设备，如果接上一个有 4 个接口的 USB HUB，就可以再连上 4 个 USB 设备（注：最高可以通过级联扩展连接多至 127 个设备）。
- 速度快。USB 接口有三种标准，USB 1.1 标准的传输速率为 12Mb/s，而 USB 2.0 标准传输速率为 480Mb/s，USB 3.0 标准的最大传输速率高达 5.0Gb/s。现在生产的主板都采用 USB 2.0 以上标准。另外各种不同 USB 标准可以互相兼容，也就是说，USB 2.0 设备可以工作在 USB 1.1 接口上，反之 USB 1.1 设备也可以工作在 USB 2.0 接口上。当然，USB 1.1 设备的速度不会因为安装在 USB 2.0 接口上而有任何提高，同样安装在 USB 1.1 接口上的 USB 2.0 设备的速度也会被限制在 12Mb/s 以下。USB 2.0 和 USB 1.1 使用的连接电缆及接口均相同。
- 具有供电功能。标准的 USB HUB 可以直接向连接在接口上的 USB 设备提供 5V、500mA 电流电源（USB 3.0 提供 900mA 电流），这样小型 USB 设备就无须另外提供电源适配器，减少了设备的体积，降低了设备的成本。

4. IEEE 1394 接口

1394 接口的全称是 IEEE 1394 Interface Card，它是 IEEE 标准化组织制定的一项具有视频数据传输速度的串行接口标准。它支持外接设备热插拔，同时可为外设提供电源，省去了外设自带的电源，支持同步数据传输。IEEE 1394 接口最初由苹果公司开发，据说早期是为了取代并不普及的 SCSI 接口而设计的,英文取名为 FireWare,中文大家称其为"火线"。IEEE 1394 的主要特点如下。

- 数字接口。数据能够以数字形式传输,不需数模转换,从而降低了设备的复杂性,保证了信号的质量。
- 支持热插拔和即插即用。即系统在全速工作时,IEEE 1394 设备也可以插入或拔出,增添一个 1394 设备,就像将电源线插入其电气插座中一样容易,即插即用。
- 速度快。IEEE 1394 标准定义了三种数据传输速率:98.304Mb/s,196.608Mb/s、392.216Mb/s。因为这三种速率分别在 100Mb/s,200Mb/s,400Mb/s 附近,所以标准中亦称为 S100、S200、S400。这个速率完全可以用来传输未经压缩的动态画面信号。而 IEEE 1394.b 标准正在研讨支持 800Mb/s 和 1600Mb/s 的传输速率。
- 接口设备对等(peer-to-peer)。不分主从设备,都是主导者和服务者。其中有足够的智能用于连接,不需附加控制功能。以连接计算机的摄像机为例,不通过计算机而在两台摄像机之间可以直接传输数据,也可以让多台计算机共享一台摄像机。
- 物理体积小,制造成本低,易于安装。
- 非专利性。使用 IEEE 1394 串行总线不存在专利问题。

5. 小型计算机系统接口

小型计算机系统接口(small computer system interface,SCSI)是一个并行的系统级接口。其设计思想来源于 IBM 大型机系统的 I/O 通道结构,目的是使 CPU 摆脱对各种设备的繁杂控制。它可以混接各种磁盘、光盘、磁带机、打印机、扫描仪、条码阅读器及通信设备。最早应用于 Macintosh 和 Sun 平台上,后来发展到工作站、网络服务器和 Pentium 机系统中,并成为美国国家标准局(American National Standards Institute,ANSI)的标准。SCSI 有如下性能特点。

- SCSI 接口总线由 8 根数据线、1 根奇偶校验线、9 根控制线组成。使用 50 芯电缆,规定了两种电气条件:单端驱动,电缆长 6m;差分驱动,电缆最长可达 25m。
- 总线时钟频率为 5MHz,异步方式数据传输率是 2.5Mb/s,同步方式数据传输率是 5Mb/s。
- SCSI 接口总线以菊花链形式连接,最多可连接 8 台设备。在 Pentium 机中通常是由一个主适配器 HBA 与最多 7 台外设相接,HBA 也算作一个 SCSI 设备,由 HBA 经系统总线(如 PCI)与 CPU 相连,图 9-27 所示为 SCSI 配置结构图。

图 9-27 SCSI 配置结构图

- 每个 SCSI 设备有自己的唯一设备号 ID0～ID7。ID＝7 的设备具有最高优先权，ID＝0 设备优先权最低。SCSI 采用分布式总线仲裁策略，在仲裁阶段，竞争的设备以自己的设备号驱动数据线中相应的位线（如 ID＝7 的设备驱动 DB_7 线），并与数据线上的值进行比较，因此仲裁逻辑比较简单。
- SCSI 设备之间是一种对等关系，而不是主从关系。SCSI 设备分为启动设备（发命令的设备）和目标设备（接受并响应命令的设备）。但启动设备和目标设备是依当时总线运行状态来划分的，而不是预先规定的。

SCSI 是系统级接口，是处于主适配器和智能设备控制器之间的并行 I/O 接口。一块主适配器可以接 7 台具有 SCSI 接口的设备，这些设备可以是类型完全不同的设备，主适配器只占主机的一个槽口。这对于缓解计算机挂接外设的数量和类型越来越多、主机槽口日益紧张的状况很有吸引力。

目前，SCSI 已有 SCSI-1、SCSI-2 和 SCSI-3 标准。SCSI-2 扩充了 SCSI 的命令集，通过提高时钟速率和数据线宽度，最高数据传输率可达 40Mb/s，采用 68 芯电缆，且对电缆采用有源终端器。SCSI-3 标准允许 SCSI 总线上连接的设备由 8 提高到 16，可支持 16 位数据传输，最高数据传输率可达 80Mb/s。

SCSI 接口由于传输速度比较慢，基本上已经淘汰。

6. 未来接口标准之争

对于串行接口、并行接口与 IEEE 1394 和 USB 接口的比较而言，它们早就是过时的标准了，因此，这里就着重对现在应用最广泛的 USB 和 IEEE 1394 进行对比。

（1）二者的主要区别在于各自面向的应用上。

USB 接口主要用于个人计算机外设的连接，而 IEEE 1394 主要定位在声音/视频领域，用于制造消费类电子设备，如数字 VCR、DVD 和数字电视等。但随着 USB 接口设备的普及，USB 接口已经成为计算机主机的标准配置接口。IEEE 1394 接口除了笔记本电脑中还保留外，只在一些视频设备上采用。

（2）USB 接口基本上已成为事实上的个人计算机标准接口。

所有的个人计算机主板都集成了 2～8 个 USB 2.0 标准的接口，新生产的个人计算机已经提供 USB 3.0 标准接口了，与个人计算机连接的 USB 外设也越来越多。主流操作系统已经完全支持 USB 2.0、USB 3.0 设备。在 Intel 公司和微软公司的全面支持下，USB 接口基本上已成为事实上的个人计算机标准接口。由于具有 IEEE 1394 接口的设备不分主、从设备，具有设备对等的优点，在影音消费类电器领域，已成为一种事实上的连接标准。个人计算机如果想同这种电器连接，本身必须符合 IEEE 1394 标准。但随着智能手机的普及（智能手机大都含有照相机），新生产的影音消费类电器设备也大多采用 USB 接口了。

（3）速度方面。

USB 2.0 传输速率为 480Mb/s，比 IEEE 1394 还快，USB 3.0 标准的最大传输速率高达 5.0Gb/s，超过 IEEE 1394 的最高传输速率。此外 USB 3.0 兼容目前所有的 USB 2.0 和 USB 1.1，单位造价比 IEEE 1394 便宜，因此，以 Intel、COMPAQ、HP 为首的国际计算机厂商都支持 USB 接口。

（4）大公司的支持方面。

IEEE 1394 接口规范是由苹果的 FireWare 接口发展而成为通用的国际标准的，而个人计算机业界的龙头 Intel 公司当然不会允许苹果公司指定的标准来抢个人计算机市场，虽说没办法公开反对，但肯定不会支持得太好，在 Intel 公司发布的多款主板芯片组中一直对 IEEE 1394 的支持遮遮掩掩，IEEE 1394 设备到今天还没有发展壮大多少与 Intel 的消极态度有关。

虽然 IEEE 1394 接口仍然与 USB 接口并存，但 USB 接口差不多已经成为事实上的主流接口，也许未来还有新的标准出现。

第 9 章课堂练习

第 9 章总结

习　题　9

一、选择题

1. 主机、外设不能并行工作的方式是_____。
   A. 中断方式　　　　B. DMA 方式　　　　C. 通道方式　　　　D. 程序查询方式

2. 以下说法错误的是_____。
   A. 统一编址是将外设的地址看作是存储器地址的一部分
   B. 独立编址时，需要对 I/O 访问和存储器访问采用不同的指令
   C. 统一编址可以简化 CPU 的设计
   D. 独立编址中，对于外部设备的数量没有限制

3. 中断系统是由_____实现的。
   A. 仅用软件　　　　B. 仅用硬件　　　　C. 软、硬件结合　　D. 以上都不对

4. DMA 方式数据的传送是以_____为单位进行的。
   A. 字　　　　　　　B. 位　　　　　　　C. 字节　　　　　　D. 数据块

5. 中断向量地址是_____。
   A. 中断服务程序入口地址的指示器　　　　B. 子程序入口地址
   C. 中断返回地址　　　　　　　　　　　　D. 中断服务程序的入口地址

6. 在 DMA 方式下，数据从内存传送到外设经过的路径是_____。
   A. 内存→数据总线→外设　　　　　　　　B. 内存→DMA 控制器→外设
   C. 内存→CPU→总线→外设　　　　　　　D. 外设→内存

7. 禁止中断的功能可以由_____完成。

  A. 中断允许触发器   B. 中断触发器

  C. 中断屏蔽触发器   D. 中断禁止触发器

8. 下面不属于内部中断的是_____。

  A. 除数为 0   B. 非法指令

  C. 非法数据格式   D. 非法地址

9. DMA 控制器位于_____之间。

  A. CPU 与主存   B. 外设与外设

  C. 主存与外设   D. CPU 内部

10. 以下_____是错误的。

  A. 中断向量地址就是中断服务程序的入口地址

  B. 中断服务程序可以是操作系统模块

  C. 在向量中断法中,不需要经过处理程序查询中断服务的入口地址

  D. 将各个中断向量集中存放在一个表格中,该表格称为中断向量表

11. CPU 响应中断时,最先完成的两个步骤是_____和保护现场信息。

  A. 开中断   B. 恢复现场   C. 关中断   D. 不可屏蔽中断

12. 以下说法错误的是_____。

  A. 中断响应一般需要在一条指令执行完后

  B. DMA 可以控制多台同类设备

  C. 通道方式下可以控制多台不同类设备

  D. DMA 方式的优先权低于中断方式

13. 在下列情况下,可能不发生中断请求的是_____。

  A. DMA 操作结束   B. 一条指令执行完毕

  C. 计算机出现故障   D. 执行"软中断"指令

14. 下列关于 USB 总线特性的描述中,错误的是_____。

  A. 可实现外设的即插即用和热插拔 B. 可通过级联方式连接多台外设

  C. 是一种通信总线,可连接不同外设 D. 同时传输 2 位数据,数据传输率高

15. 下列选项中,用于设备和设备控制器(I/O 接口)之间互连的接口标准是_____。

  A. PCI   B. USB   C. AGP   D. PCI-Express

16. 中断向量表中保存的是_____。

  A. 被中断程序的返回地址   B. 中断服务程序的入口地址

  C. 中断优先级   D. 中断源编码

二、填空题

1. 主机与外设通过_____进行信息交换。

2. I/O 接口位于系统总线_____的中间。

3. 通常主机与外设之间传递的信息有_____、_____和_____三类。

4. 按 I/O 接口传输数据信息的格式分为_____和_____两类。

5. CPU 对 I/O 的编址方式有_____与_____两种。

6. Intel 8086/8088 可对_____个 I/O 端口进行编址。

7. 直接 I/O 端口寻址方式,端口的地址由一个_____二进制数直接指定。

8. 寄存器间接 I/O 端口寻址方式,端口的地址由十六位寄存器_____指定。

9. 常用的 I/O 控制方式有_____、_____、_____和_____ 5 种。

10. 程序直接控制方式分_____和条件传送方式两种。

11. MOV AL,34H;34H 是_____。IN AL,34H;34H 是_____。

12. _____是用来暂存主机传送到外设或外设传送到主机的数据信息。

13. 中断是指_____。

14. 中断技术的主要应用是_____、_____和提供程序调试的方法。

15. _____是指提出中断申请的部件或事件。

16. 根据中断源的位置,可将中断分为_____和_____两类。发生在主机内部的中断请求称为_____。凡是由主机外部事件或部件引起的中断称为_____。

17. 按中断请求是否可预期分中断可分为_____和_____两种。

18. 按中断请求能否被屏蔽,中断可分为_____和_____两类。

19. CPU 停止执行现行程序,转向处理中断请求的过程称为_____。

20. 中断向量就是中断服务子程序的_____。

21. 确定中断源的方法大致有 4 种:_____、_____、_____和_____。

22. 当 CPU 响应中断时,硬件直接产生的一个固定地址即向量地址,由向量地址指出每个中断源的中断服务程序入口,这种方法通常称为_____。

23. 独立请求方式中每个中断源有自己的中断请求线,在优先级(权)高的中断源提出中断申请时,该信号用硬件封锁了优先级_____的中断请求。

24. 在 IBM PC 中,256 个中断服务子程序入口地址以表格的形式按中断类型号的次序存放在以 0000H 为起始地址的 1K RAM 存储区中,这个表格就是_____。

25. 每个中断服务程序入口地址的 4 个字节的内容是_____与_____两部分。

26. 直接存储器存取控制方式的基本工作原理是_____。

27. DMA 控制器与 CPU 分时使用主存的控制方式有_____、_____和_____三种。

28. DMA 传送操作分_____、_____和_____三个阶段。

29. 通道是_____。通道结构的进一步发展,出现了_____和_____两种计算机 I/O 系统结构。

30. 外围处理机的功能比 I/O 通道控制器更_____,还可以完成码制转换、格式处理、数据块检错纠错等操作。

三、解答题

1. 比较程序直接控制方式、程序中断控制方式、直接存储器存取控制方式(或 DMA 方式)的特点。

2. I/O 接口的功能有哪些?

3. USB 接口的主要特点有哪些？

4. 某外设通过 RS-232 串行接口与主机相连，采用异步通信方式。若传输速率为 1200b/s，1 位起始位、2 位终止位、1 位奇偶位、8 位数据位。传输一个字节需要时间为多少？

5. 某计算机有四级中断，优先级从高到低为 1→2→3→4。若将优先级顺序修改，改后 1 级中断的屏蔽码 1000，2 级中断的屏蔽码 1100，3 级中断的屏蔽码 1110，4 级中断的屏蔽码 1111，则修改后的从高到低的优先顺序是什么样的？

参 考 文 献

[1] 袁春风,唐杰,杨若瑜,等. 计算机组成与系统结构[M]. 3 版. 北京:清华大学出版社,2023.

[2] 白中英,戴志涛. 计算机组成原理[M]. 6 版. 北京:科学出版社,2022.

[3] 谭志虎,秦磊华,吴非,等. 计算机组成原理(微课版)[M]. 北京:人民邮电出版社,2021.

[4] 唐朔飞. 计算机组成原理[M]. 3 版. 北京:高等教育出版社,2020.

[5] 陈建铎. 计算机组成原理与系统结构[M]. 北京:清华大学出版社,2015.

[6] 纪禄平,刘辉,罗克露. 计算机组成原理[M]. 5 版. 北京:电子工业出版社,2020.

[7] 张晨曦,王志英,沈立,等. 计算机系统结构教程[M]. 3 版. 北京:清华大学出版社,2021.

[8] 李晓明,张丽. 计算机系统平台[M]. 北京:清华大学出版社,2009.

[9] 徐炜民,严允中. 计算机系统结构[M]. 北京:电子工业出版社,2005.

[10] 幸云辉,杨旭东. 计算机组成原理实用教程[M]. 2 版. 北京:清华大学出版社,2003.

[11] 宋红,李庆义,郭静. 计算机组成原理[M]. 2 版. 北京:中国铁道出版社,2008.

[12] 王健,朱怡健,朱敏. 计算机组成原理[M]. 南京:东南大学出版社,2004.

[13] 杨全胜,胡友彬. 现代微机原理与接口技术[M]. 2 版. 北京:电子工业出版社,2010.

[14] 张新荣,刘锋,杨洁,等. 计算机组成原理教程[M]. 北京:北京希望电子出版社,2002.

[15] 李文兵. 计算机组成原理[M]. 4 版. 北京:清华大学出版社,2010.

[16] 马桂祥. 计算机组成原理[M]. 西安:西安交通大学出版社,2000.

[17] 宋佳兴,王诚. 计算机组成与体系结构[M]. 3 版. 北京:清华大学出版社,2017.

[18] 李亚民. 计算机原理与设计——Verilog HDL 版[M]. 北京:清华大学出版社,2011.

[19] 王爱英. 计算机组成与结构[M]. 5 版. 北京:清华大学出版社,2013.

[20] 唐朔飞. 计算机组成原理——学习指导与习题解答[M]. 2 版. 北京:高等教育出版社,2012.

图 书 资 源 支 持

感谢您一直以来对清华版图书的支持和爱护。为了配合本书的使用,本书提供配套的资源,有需求的读者请扫描下方的"书圈"微信公众号二维码,在图书专区下载,也可以拨打电话或发送电子邮件咨询。

如果您在使用本书的过程中遇到了什么问题,或者有相关图书出版计划,也请您发邮件告诉我们,以便我们更好地为您服务。

我们的联系方式:

清华大学出版社计算机与信息分社网站:https://www.SHUIMUSHUHUI.com/

地　　址:北京市海淀区双清路学研大厦 A 座 714

邮　　编:100084

电　　话:010-83470236　　010-83470237

客服邮箱:2301891038@qq.com

QQ:2301891038(请写明您的单位和姓名)

资源下载: 关注公众号"书圈"下载配套资源。

资源下载、样书申请

图书案例

书圈

清华计算机学堂

观看课程直播